블랙홀

BLACK HOLES

THE KEY TO UNDERSTANDING THE UNIVERSE

블랙홀

사건지평선 너머의 닿을 수 없는 세계

브라이언 콕스·제프 포셔 지음 | 박병철 옮김

BRIAN COX · JEFF FORSHAW

RHK
알에이치코리아

제프의 어머니, 실비아에게

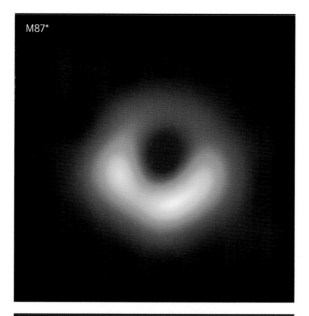

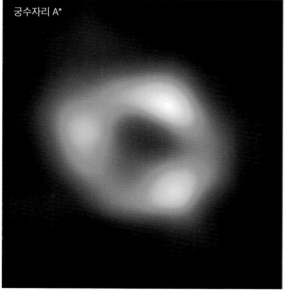

도판 1 (위) M87 은하의 중심부에 있는 초대형 블랙홀. (아래) 우리 은하의 중심부에 있는 궁수자리 A* 블랙홀. 두 사진 모두 사건지평선 망원경으로 촬영한 것이다. (32쪽 그림 1.1)

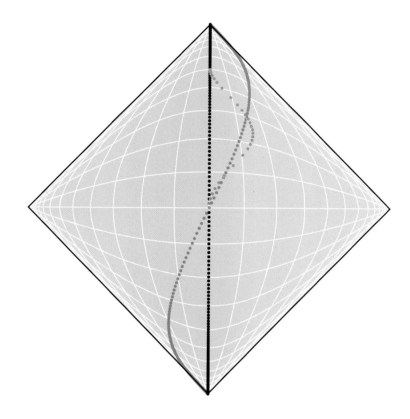

도판 2 쌍둥이 역설. (114쪽 그림 3.7)

BLACK HOLES

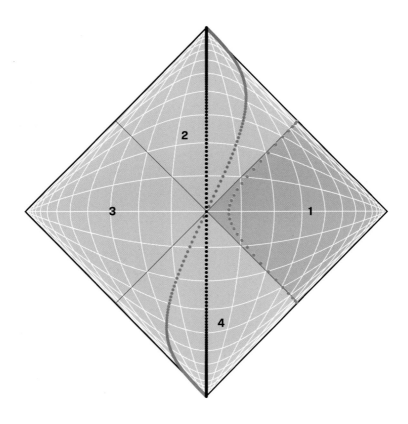

도판 3 가속운동을 하는 세 번째 불멸의 관측자 린들러의 세계선. (117쪽 그림 3.8)

8

도판 4 'Expo 67' 전시장에 건설된 몬트리올 바이오스피어. (131쪽 그림 4.1)

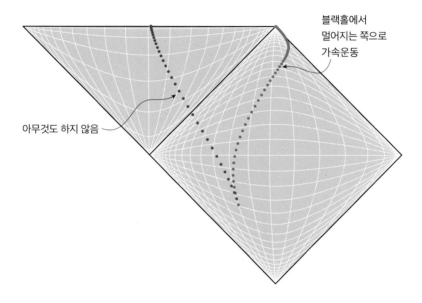

블랙홀에서
멀어지는 쪽으로
가속운동

아무것도 하지 않음

도판 5 슈바르츠실트 블랙홀 근처에서 시작된 블루와 레드의 여행. 각 점은 각자의 세계선에 놓여 있다. M87 은하의 중심에 있는 블랙홀의 경우, 점들 사이의 간격은 한 시간이다. (154쪽 그림 4.8)

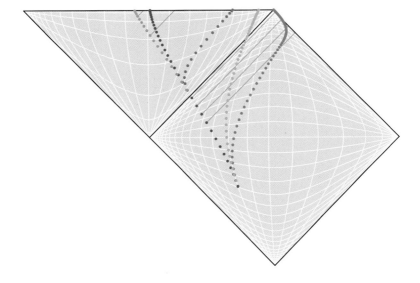

도판 6 슈바르츠실트의 영구 블랙홀을 표현한 펜로즈 다이어그램. 다섯 명의 우주인은 R=1.1에서 정지상태에 있다가 동시에 출발했고, 이들 중 레드를 제외한 네 명은 블랙홀을 향해 돌진했다. 블루는 게으른 천성대로 아무런 조치도 취하지 않은 채 자유낙하하고, 그린은 블루와 함께 자유낙하를 하다가 사건지평선을 통과한 직후에 로켓엔진을 켜서 뒤늦게 탈출을 시도한다(즉, 특이점에서 벌어지는 쪽으로 가속운동을 한다). 가장 과격한 마젠타는 블루, 그린과 동행하다가 사건지평선에 도달한 순간부터 아예 특이점을 향해 가속하기 시작했다. 한편, 죽을 생각이 전혀 없었던 레드는 여행이 시작되는 순간부터 블랙홀에서 멀어지다가, 결국 무한히 먼 곳으로 탈출하는 데 성공한다. 오렌지도 레드처럼 블랙홀에서 멀어지려고 애를 썼지만, 로켓의 출력이 약해서 결국 사건지평선을 넘고 말았다. (160쪽 그림 5.1)

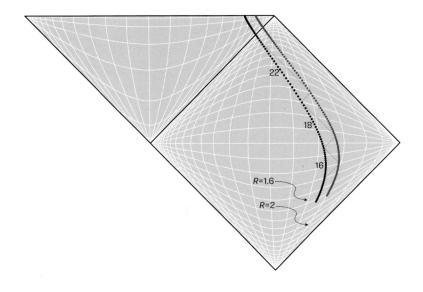

도판 7 스파게티화. (165쪽 그림 5.2)

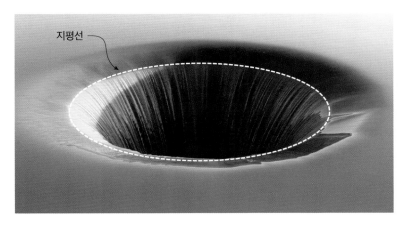

도판 8 블랙홀의 강 모형. (174쪽 그림 5.4)

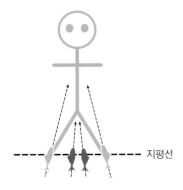

지평선

도판 9 블루의 발에서 방출된 광자-물고기가 오렌지의 눈에 들어오려면 오렌지 자신의 발에서 방출된 광자-물고기보다 더 작은 각도로 입사되어야 한다. 두 종류의 광자-물고기는 오렌지의 눈에 동시에 도달하지만, 오렌지에게는 자신의 발이 정상적인 크기로 보이고 블루의 발은 작게 보인다. 그래서 오렌지는 블루가 멀리 떨어져 있다고 판단하게 되는 것이다. (178쪽 그림 5.5)

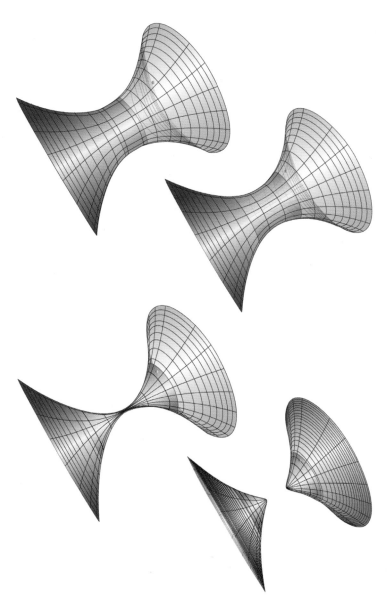

도판 10 슈바르츠실트 블랙홀로 빨려 들어가는 우주인(빨간 점). 그림에서 시간은 왼쪽 위에서 오른쪽 아래로 흐른다. 웜홀은 우주인이 통과하기 전에 끊어지기 때문에, 그는 절대로 반대쪽 우주에 도달할 수 없다. (199쪽 그림 6.8)

14

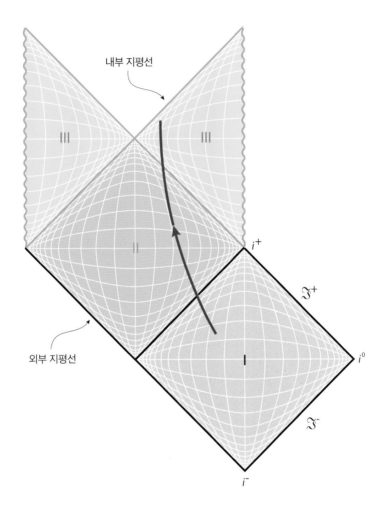

내부 지평선

III

III

i⁺

ℑ⁺

외부 지평선

II

I

i⁰

ℑ⁻

i⁻

도판 11 커 블랙홀에 대한 펜로즈 다이어그램. 아직은 완전한 그림이 아니다. (211쪽 그림 7.4)

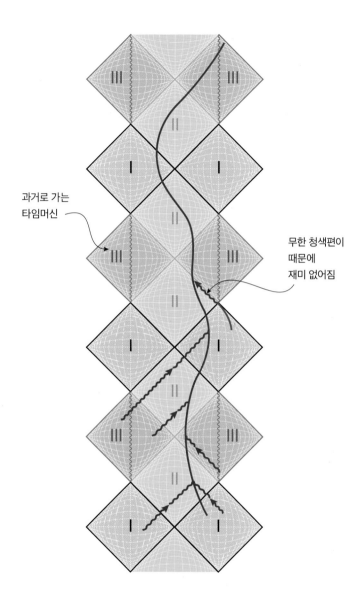

과거로 가는
타임머신

무한 청색편이
때문에
재미 없어짐

도판 12 최대로 확장된 커 블랙홀. 수직 방향으로 구불구불하게 이어진 선은 우리의 용감한 우주인의 세계선이며, 제일 아래쪽이 그림 7.4에 그린 세계선에 해당한다. 광선의 가능한 경로는 물결선으로 표시되어 있다. (212쪽 그림 7.5)

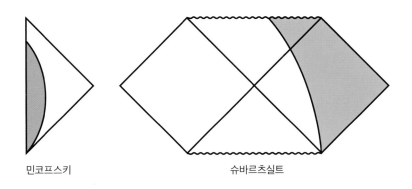

민코프스키   슈바르츠실트

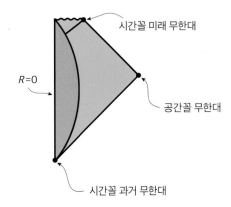

시간꼴 미래 무한대

$R=0$

공간꼴 무한대

시간꼴 과거 무한대

도판 13 붕괴되는 구껍질에 대한 펜로즈 다이어그램(아래). 껍질의 내부는 민코프스키 시공간이고(파란색), 외부는 슈바르츠실트 시공간이다(빨간색). (238쪽 그림 8.3)

도판 14 스티븐 호킹이 유도한 슈바르츠실트 블랙홀의 온도 공식은 웨스트민스터 사원에 마련된 그의 추모비에 새겨져 있다. (288쪽 그림 10.2)

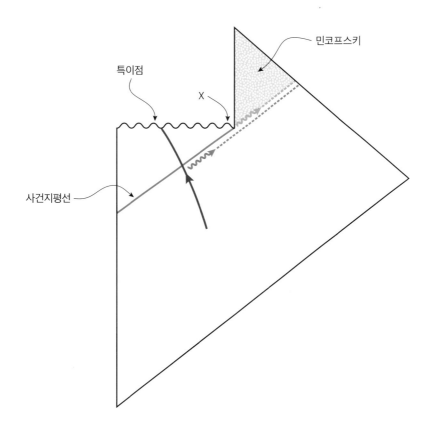

도판 15 증발하는 블랙홀에 대한 펜로즈 다이어그램. 최후의 호킹 입자(오렌지색)가 X에서 방출되면 특이점은 사라진다. 살짝 휘어진 파란 선은 블랙홀에 던져진 책의 세계선이고, 빨간 물결선 화살표는 또 다른 호킹 입자다. 두 호킹 입자는 각자의 세계선(점선)을 따라가다가 빛꼴 미래 무한대에서 끝난다. (298쪽 그림 11.1)

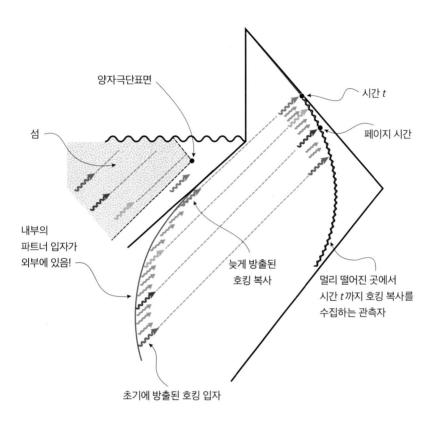

양자극단표면

섬

시간 *t*

페이지 시간

내부의
파트너 입자가
외부에 있음!

늦게 방출된
호킹 복사

멀리 떨어진 곳에서
시간 *t*까지 호킹 복사를
수집하는 관측자

초기에 방출된 호킹 입자

도판 16 증발하는 블랙홀에 대한 펜로즈 다이어그램. 물결선 화살표는 호킹 입자와 그 파트너 입자를 나타낸다(원래 입자는 사건지평선 바깥에 있고, 파트너 입자는 안에 있다). 복사 *R*에 해당하는 양자극단표면Quantum Extremal Surface은 섬과 함께 표시되어 있다(연두색 칠해진 영역). 섬의 내부에 있는 파트너 입자는 *R*의 일부로 간주되어야 한다. (352쪽 그림 14.4)

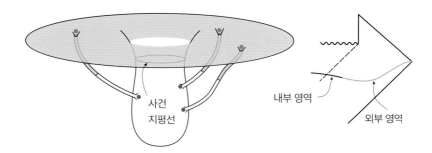

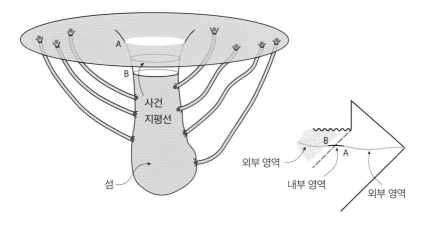

BLACK HOLES

도판 17 섬 아이디어의 작동 원리. 이 그림으로 ER=EPR 추론과 류-다카야나기 추론이 모두 정당화된다. 늙은 블랙홀(아래 그림)은 '내부'의 대부분이 '외부'에 존재한다. 두 그림 모두 외부는 오렌지색으로 칠해놓았으며, 점은 호킹 입자를 나타낸다. (358쪽 그림 14.6)

21

차례

1장

블랙홀의 간단한 역사

미지의 존재와 심오한 이성, 그리고 가장 찬란한 아름다움…….

종교적 자세는 이들을 알고 느끼는 과정에서 탄생한다.

이런 점에서 볼 때, 나는 매우 종교적인 사람인 것 같다.

_알베르트 아인슈타인

  은하수Milky Way|태양계가 속한 은하|의 중심부에는 태양 질량의 무려 400만 배에 달하는 괴물 같은 천체가 자리 잡고 있으며, 그 근처의 시공간spacetime은 이 괴물 때문에 크게 왜곡되어 있다. 이 일대는 시간과 공간이 너무 크게 뒤틀려 있어서, 1200만 킬로미터 이내로 접근하면 우주에서 가장 빠르다는 빛조차 빠져나오지 못한다. 즉, 은하수의 중심에서 반경 1200만 킬로미터짜리 구球의 내부는 외부와 완전히 단절되어 있다. 그래서 천문학자들은 이 구의 표면을 '사건지평선event horizon'이라 부른다.• 또한 이 괴물은 '궁수자리 A*Sagittarius A*'라는 멋진 이름도 갖고 있다.•• 그렇다. 궁수자리 A*는 초대형 블랙홀black hole

---

• 구의 표면이므로 엄밀히 말하면 사건지평선이 아니라 '사건지평면'이라 해야 옳다. 그러나 '~지평면'이라는 단어가 일반인들에게 익숙하지 않아서, 적절한 용어가 아님에도 불구하고 '~지평선'으로 통용되고 있다.—옮긴이

이다.

블랙홀은 과거 한때 은하수의 중심에 존재했던 가장 큰 별이 남긴 흔적이자, 우주에 대해 우리가 알고 있는 지식의 한계이기도 하다. 일반적으로 블랙홀은 충분히 많은 질량이 자체중력에 의해 아주 작은 크기로 압축되면서 탄생한다. 만들어지는 과정은 이렇게 자연의 법칙으로 예측 가능한데, 구체적인 특성은 아직도 상당 부분 미지로 남아 있다. 지금도 물리학자들은 기존의 법칙으로 알 수 없는 것을 알아내기 위해, 자신의 인생을 걸고 고군분투하는 중이다. 하늘에서 블랙홀이 발견될 때마다 과학자들이 펄펄 뛰며 흥분하는 이유는 "우리의 능력으로 설명할 수 없는 자연현상"이 실제로 벌어지고 있는 우주의 실험실을 발견한 것이나 다름없기 때문이다. 블랙홀을 속 시원하게 설명할 수 없다는 것은 우리가 무언가 중요한 요소를 놓치고 있다는 뜻이기도 하다.

블랙홀은 1915년에 알베르트 아인슈타인Albert Einstein의 일반상대성이론General Theory of Relativity이 발표되면서 본격적으로 연구되기 시작했다. 뉴턴의 중력이론에 상대론적 개념을 적용하여 탄생한 일반상대성이론은 지난 100년 동안 수많은 천문 현상을 예측하면서 우주에 대한 기존의 관념을 송두리째 바꿔 놓았는데, 그중 가장 중요한 두 가지를 꼽으면 다음과 같다.

1. 무거운 별이 자체중력에 의해 사건지평선보다 작은 영역으로

•• 궁수자리 A*는 '궁수자리 A-스타'라고 읽는다.

수축되면 '특이점singularity'을 포함하는 블랙홀이 된다.

2. 우리의 우주는 아득한 과거에 특이점에서 시작되었다.

이것은 1973년에 스티븐 호킹Stephen Hawking과 조지 엘리스George Ellis가 일반상대성이론을 주제로 공동집필한 명저《시공간의 거시적 구조The Large Scale Structure of Space-Time》를 펼쳤을 때 제일 먼저 나오는 문장이다.[1] 요즘 블랙홀과 특이점, 사건지평선 등은 일상적인 용어로 자리 잡았지만, 당시만 해도 매우 생소한 전문용어였다. 이 책에서 호킹과 엘리스는 "우주에서 가장 큰 별이 수명을 다하면 자체중력으로 붕괴된다"고 주장했다. 별을 태우는 연료가 소진되면 무지막지한 중력에 의해 사정없이 수축되는데, 그 종착역이 바로 사건지평선 너머에 숨어 있는 블랙홀이라는 것이다. 특이점은 자연에 대한 우리의 지식이 더 이상 통하지 않는 점으로서, 사실 장소라기보다 시간에 가깝다. 일반상대성이론에 의하면 특이점은 "시간의 끝"에 해당한다. 또한 우주를 낳은 초대형 폭발 사건인 빅뱅Big Bang도 특이점에서 시작되었다. 포사체의 궤적과 달의 운동을 설명하는 중력법칙이 시공간의 근본적 특성과 밀접하게 연관되어 있는 것이다.

시간과 공간이 중력과 관련되어 있는 이유는 아직 분명하게 밝혀지지 않았다. 중력의 본질을 과학적으로 설명하다 보면 시간의 시작과 끝에 도달하게 될지도 모른다. 블랙홀은 중력이 개입된 가장 극단적인 사례여서, 중력과 시공간의 관계를 풀어줄 가장 그럴듯한 후보로 떠오르는 중이다. 그러나 1960년대까지만 해도 대부분의 물리학자들은 블랙홀이 일반상대성이론에서 유도된 수학적 결과일 뿐, 실존하는 천체가 아니라고 생각했다. 일반상대성이론의 원조인 아인슈타인조차 1939년에 발표한 논문에서 "블랙홀은 현실 세계에 존재하지 않는다"고 결론지었고,[2] 동시대에 활동했던 영국의 물리학자 아서 에딩턴Arthur Eddington은 블랙홀 같은 괴물의 탄생을 막는 모종의 법칙이 존재할 것이라고 주장했다. 그러나 우주에 그런 법칙은 없으며, 블랙홀은 실제로 존재하는 천체다.

지금 우리는 태양보다 몇 배 이상 무거운 별이 수명을 다하면 필연적으로 블랙홀이 될 수밖에 없다는 것을 잘 알고 있다. 천문학 애호가들 사이에서 이 정도는 상식에 속한다. 그런데 이런 별이 우리 은하에만 수백만 개가 있으므로, 블랙홀도 그 정도로 많을 것이다. 하늘에 떠 있는 모든 별은 자체중력과 맞서 싸우는 거대한 물질 덩어리다. 젊은 별은 중심부의 수소를 헬륨으로 변환하면서 자체중력에 대항하고 있다. 핵융합반응의 결과로 방출된 에너지가 별을 안으로 수축시키는 중력과 균형을 이루는 것이다. 우리의 태양이 지금 이런 단계인데, 중심부에서는 초당 6억 톤의 수소가 헬륨으로 변하고 있다. 천문학에서 이 정도 숫자는 별로 크다는 느낌이 안 들지만, 우리의 일상적인 경험과 비교하면 실로 어마어마한 양이다. 6억 톤이면 웬만한 산의 질량과 맞먹는다. 그러니까 태양은 지구가 탄생하기 전부터 매초 산 하나를 불쏘시개 삼아 태워온 셈이다. 이거 지나친 낭비 아닌가? 다행히도 그렇지는 않다. 현재 태양의 수소 보유량은 향후 50억 년 동안 중력에 대항할 수 있을 정도로 충분하다. 그 비결은 '어마어마한 덩치'에 있다. 태양은 지구 100만 개가 가뿐하게 들어갈 정도로 크다. 태양의 지름은 140만 킬로미터로, 비행기를 타고 가로지르려면 거의

6개월이 걸린다. 그런데도 태양은 별의 세계에서 비교적 작은 편이다. 지금까지 알려진 가장 큰 별은 지름이 태양의 1000배이고, 질량은 거의 10억 배에 달한다. 만일 우리 태양이 이 정도로 컸다면 지구는 물론이고 목성까지 집어삼켰을 것이다. 이런 슈퍼헤비급 별이 마지막 단계에 도달하면 어마어마한 중력붕괴를 일으키면서 요란하게 생을 마감한다.

중력은 전자기력이나 핵력 등 다른 힘과 비교할 때 매우 약한 힘이지만, 상대를 가리지 않고 무자비하게, 가차 없이 작용한다. 또한 중력은 오로지 잡아당기는 쪽으로만 작용하고 거리가 가까울수록 더욱 강해지기 때문에, 한번 끌려가기 시작하면 막을 방법이 없다. 지금도 중력은 지상의 모든 물체와 지표면(땅)을 지구 중심 쪽으로 끌어당기고 있다. 그런데도 지구가 안으로 붕괴되지 않는 이유는 구성 물질이 비교적 견고하기 때문이다. 모든 물질은 작은 입자로 이루어져 있으며, 입자는 양자역학의 법칙에 따라 너무 가까이 접근하면 서로 밀어낸다. 그러나 물질이 '견고하다'는 것은 우리의 어설픈 감각이 만들어낸 환상에 불과하다. 우리를 떠받치는 땅은 본질적으로 '텅 빈 공간'에 가깝다. 원자핵 주변을 도는 전자electron는 질량이 한 지점에 집중된 입자가 아니라 구름처럼 넓게 퍼져 있기 때문에, 물질의 내부가 빽빽하게 채워져 있다는 환상을 낳는다. 그러나 실제로 원자핵은 원자의 극히 일부에 불과하고, 대부분의 공간은 텅 비어 있다. 다행히도 입자들 사이에 작용하는 반발력이 엄청나게 강하기 때문에 당신의 몸은 지구 중심으로 끌려가지 않으며, 질량이 태양의 두 배 이하인 별들은 꽤 긴 시간 동안 안정한 상태를 유지할 수 있다. 물론 반발력에

도 한계가 있어서 무한정 버틸 수는 없는데, 이 한계점을 연구할 때 중요한 역할을 하는 것이 바로 중성자별neutron star이다.

전형적인 중성자별은 질량이 태양의 1.5배 정도인데, 반지름은 겨우 몇 킬로미터에 불과하다. 지구 100만 개를 작은 도시 안에 꽉꽉 욱여넣은 꼴이다. 또한 중성자별은 빠른 속도로 자전하면서 마치 우주의 등대처럼 밝은 라디오파를 빔의 형태로 방출한다.● 이 천체는 1967년에 영국의 천문학자 조슬린 벨 버넬Jocelyn Bell Burnell과 앤터니 휴이시Antony Hewish에 의해 최초로 관측된 후 '펄서pulsar'라는 이름으로 불리기 시작했다. 당시 버넬과 휴이시는 정확하게 1.3373초마다 강한 라디오파를 방출하는 중성자별을 발견하고 '리틀 그린 멘-1Little Green Men-1'으로 명명했다. 지금까지 발견된 펄서 중 가장 자주 깜빡이는 것은 PSR J1748-2446ad로서, 자전 속도가 초당 716회나 된다. 2004년 12월 27일에 초강력 중성자별 에너지가 지구를 강타하여 인공위성을 망가뜨리고 전리층을 일시적으로 확장시킨 적이 있다. 주범은 중성자별 SGR 1806-20이었는데, 그 주변의 자기장이 재배열되면서 방출된 에너지가 무려 5만 광년의 거리를 날아와 값비싼 통신위성을 먹통으로 만든 것이다. 우리의 태양이 25만 년 동안 방출할 에너지를 단 5분의 1초 만에 방출했다고 하니, 생각만 해도 끔찍하다.

중성자별의 표면에 작용하는 중력은 지구 표면의 중력보다 1000억 배쯤 강하다. 이런 곳에 무언가가 떨어지면 순식간에 납작해지면서

● 라디오파는 눈에 보이지 않으므로 밝게 빛날 리도 없다. 여기서 '밝다'는 것은 전파망원경으로 관측했을 때 그렇다는 뜻이다.—옮긴이

핵수프nucleon soup|원자핵만으로 조리된 수프|로 변한다. 만일 당신이 중성자별의 표면으로 추락한다면 당신의 몸을 구성하는 원자들은 완전히 으깨져서 중성자neutron로 변할 것이고, 서로 가까이 다가가는 것을 피하기 위해 거의 빛의 속도로 흔들릴 것이다. 중성자의 질량이 태양의 2배 이하이면 이 '흔들림' 현상으로 현 상태를 유지할 수 있다. 그러나 질량이 누적되다가 이 값을 초과하면 가차 없는 중력이 표면을 잡아당기기 시작하여 도시만 했던 별이 시공간의 특이점으로 붕괴된다. 가톨릭 사제이자 우주론cosmology의 창시자 중 한 사람이었던 조르주 르메트르Georges Lemaître는 우주를 낳았던 빅뱅 특이점을 '어제 없는 날a day without a yesterday'이라고 표현했는데, 이런 맥락에서 볼 때 자체 중력으로 붕괴되면서 형성된 특이점은 '내일이 없는 순간a moment with no tomorrow'이라 할 수 있다. 이 시점이 되면 한때 찬란하게 빛났던 모든 것이 암흑으로 사라지고, 중성자별이 있던 곳에는 미스터리로 가득 찬 미지의 천체가 남는다. 그렇다. 드디어 블랙홀이 탄생한 것이다!

천문학자들은 우주 곳곳에 블랙홀이 산재한다는 증거를 꽤 많이 확보해놓았다. 그림 1.1은 아메리카와 유럽, 태평양, 그린란드, 남극대륙에 설치된 전파망원경을 네트워크로 연결한 '사건지평선 망원경Event Horizon Telescope Collaboration'이 촬영한 사진인데, 왼쪽은 지구로부터 5만 광년 떨어진 M87 은하의 중심부에 있는 초대형 블랙홀이고, 오른쪽은 우리 은하(은하수)의 중심에 있는 궁수자리 A* 블랙홀의 모습이다. 언뜻 보면 희미한 영상에 불과하지만, 아는 것이 많을수록 더욱 아름답게 보인다. 평소 얼굴만 알고 지내던 사람과 깊은 대화를 나눈 후에 더욱 친근감이 느껴지는 것과 같은 이치다.

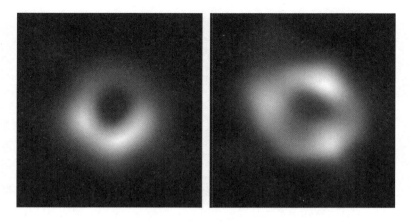

그림 1.1 (왼쪽) M87 은하의 중심부에 있는 초대형 블랙홀. (오른쪽) 우리 은하의 중심부에 있는 궁수자리 A* 블랙홀. 두 사진 모두 사건지평선 망원경으로 촬영한 것이다. (도판 1 참고)

질량이 태양의 65억 배에 달하는 M87 블랙홀은 사진 중앙의 어두운 부분(그림자shadow라고 함)에 자리잡고 있다. 이 영역이 검게 보이는 이유는 중력이 너무 강해서 빛조차도 빠져나올 수 없기 때문이다. 그런데 빛보다 빠른 물체는 우주에 존재하지 않으므로, 결국 이 영역에서는 그 어떤 것도 외부로 유출되지 않는다. 그림자 안에는 M87 블랙홀의 사건지평선이 존재하는데 그 반지름은 지구-태양 간 거리의 240배에 달하며, 특이점을 외부와 단절시키는 차단막의 역할을 한다. 또한 사진의 밝은 부분은 블랙홀 주변을 나선 방향으로 흐르는 기체와 먼지인데, 여기서 방출된 빛이 블랙홀의 중력 때문에 크게 휘어져서 도넛 모양을 하고 있다.

그림 1.1의 오른쪽 사진은 우리 은하의 중심부에 자리잡고 있는 궁수자리 A* 초대형 블랙홀로서, 질량이 태양의 431만 배나 되지만

M87 블랙홀에 비하면 거의 장난감 수준이다(도넛 모양의 밝은 원반은 수성의 공전궤도가 들어갈 만큼 크다). 천문학자들이 궁수자리 A* 블랙홀의 존재를 알게 된 것은 직접 관측을 통해서가 아니라, 그 주변에 있는 별(이들을 'S별'이라 한다) 덕분이었다. 블랙홀 근처에 있는 별은 무지막지한 중력 때문에 비정상적으로 휘둘리는데, 그중 S2라는 별은 블랙홀과의 거리가 매우 가까워서 공전주기가 16.0518년밖에 안된다. 천문학자들은 S2의 공전주기를 가능한 한 정확하게 알아낸 후 일반상대성이론의 예측과 비교하여 그곳에 블랙홀이 존재한다는 사실을 간접적으로 알 수 있었다(그림 1.1의 오른쪽 사진은 그로부터 한참 후에 찍은 것이다). 지난 2018년에 S2는 궁수자리 A* 블랙홀에 가장 가까이 접근하여 사건지평선으로부터 120천문단위 떨어진 지점을 광속의 3퍼센트에 달하는 속도(초속 9000킬로미터)로 통과했다.● 천체물리학자 라인하르트 겐첼Reinhard Genzel과 앤드리아 게즈Andrea Ghez는 이 극적인 현상을 몇 년 동안 끈질기게 관측하여 2020년에 노벨 물리학상을 받았는데, 당시 노벨위원회는 "겐첼과 게즈 덕분에 우리 은하의 중심부에 초대형 밀집체(블랙홀)가 존재한다는 증거가 확보되었다"고 평가했다. 그리고 일반상대성이론에 의거하여 블랙홀을 이론적으로 예측했던 영국의 수학자 겸 물리학자 로저 펜로즈Roger Penrose도 노벨상을 공동 수상했다.

블랙홀이 존재한다는 증거는 이뿐만이 아니다. 작은 블랙홀이 서로 충돌할 때 발생하는 '시공간의 물결'을 포착해도 이들의 존재가 입

● 1천문단위는 지구와 태양 사이의 거리로, 1억 5000만 킬로미터다.

증된다. 2015년에 지구로부터 13억 광년 떨어진 곳에서 두 개의 블랙홀이 충돌하여 생성된 중력파gravitational wave가 라이고LIGO 중력파 검출기에 감지되었다. 이들의 질량은 각각 태양의 29배, 36배였는데, 최초의 접촉이 일어난 후 0.2초 만에 하나로 합쳐졌다. 이때 방출된 에너지의 최대출력은 지금까지 관측된 모든 별의 에너지 출력을 더한 값보다 50배 이상 크다(에너지 출력=단위시간당 방출된 에너지). 시공간의 물결(중력파)이 지구에 도달했을 때 라이고에 설치된 4킬로미터짜리 레이저 눈금자는 양성자proton 지름의 1000분의 1만큼 미세하게 이동했고, 이 값은 일반상대성이론의 예측과 정확하게 일치했다. 그 후로 라이고와 버고Virgo(라이고의 자매 검출기)는 충돌 후 하나로 합

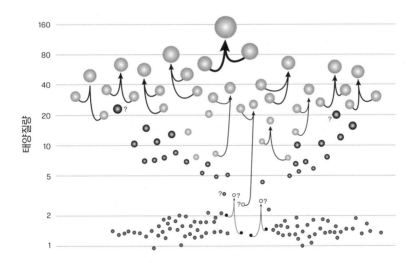

그림 1.2 지금까지 관측된 소형 블랙홀과 중성자별의 목록(위로 갈수록 질량이 크다). 가장 작은 원은 중성자별이며, 두 개의 블랙홀이나 중성자별이 하나로 합쳐진 경우는 화살표로 표현되어 있다. 세로축의 숫자는 태양질량Solar Masses을 1로 간주했을 때 블랙홀과 중성자별의 질량을 나타낸다(1태양질량=태양의 질량).

쳐지는 블랙홀을 여러 번 감지했고, 라이고의 설계와 건설 및 운영을 주도했던 라이너 바이스Rainer Weiss와 배리 배리시Barry Barish, 킵 손Kip Thorne은 2017년에 노벨 물리학상을 공동으로 수상했다. 그림 1.2는 지금까지 관측된 소형 블랙홀과 중성자별을 크기순으로 나열한 것이다.

이 정도면 중성자별과 블랙홀이 실제로 존재한다고 믿기에 부족함이 없다. 공상과학의 영역에 머물던 이론이 실험이나 관측을 통해 증명되면 정규 과학이론이 된다. 과학자들은 지난 몇백 년 동안 이런 사례를 수도 없이 겪어왔다. 그러므로 앞으로 물리학과 우주론이 희한한 이론을 제시한다 해도, 그것이 언제라도 사실로 입증될 수 있음을 염두에 둬야 한다. 겉모습에 제아무리 희한해도 그것은 어디까지나 자연의 일부이므로, 자연의 법칙으로 설명하는 길을 찾아야 한다. 백방으로 노력했는데도 설명을 못했다면, 그야말로 더없이 좋은 소식이다. 지금까지 어느 누구도 눈치채지 못한 자연의 숨은 법칙을 발견할 절호의 기회이기 때문이다. 도중에 길을 잃지 않는다면 초기의 선구자들조차 상상하지 못했던 기상천외한 법칙을 발견할 수도 있다. 이것은 과학의 역사가 증명하는 사실이다.

오류를 피하기 위한 노력 ───────

블랙홀의 개념은 1783년에 영국의 목사이자 과학자인 존 미셸John Michell이 최초로 떠올렸고, 1798년에 프랑스의 수학자 피에르 시몽 라플라스Pierre-Simon Laplace도 비슷한 개념을 도입했다. 지표면에서 위로 던져진 돌멩이가 다시 아래로 떨어지는 것처럼, 미셸과 라플라스는 "돌멩이뿐만 아니라 빛까지도 다시 떨어질 정도로 강력한 중력을 행사하는 천체"가 존재할 수도 있다고 생각했다.

지구에서 위로 던져진 물체가 중력을 극복하고 우주로 날아가려면 속도가 초당 11.2킬로미터에 도달해야 한다. 이 값이 바로 행성을 탈출하는 데 필요한 '탈출속도escape velocity'다. 즉, 어떤 물체든 지구라는 행성의 중력권을 벗어나려면 최소한 초당 11.2킬로미터보다 빨라야 한다.• 태양의 표면 중력은 지구보다 훨씬 강하기 때문에 탈출속도가 초당 약 620킬로미터이며, 중성자별의 탈출속도는 거의 광속에 가깝다.•• 라플라스는 약간의 계산을 거친 후 다음과 같이 결론지었다. "밀도가 지구와 비슷하면서 지름이 태양의 250배인 천체는 중력이 너무 강해서 탈출속도가 광속보다 빠르다. 즉, 이런 천체에서는 빛조차도 빠져나올 수 없다. 그러므로 우주에서 가장 큰 천체는 빛을 방출하지 않아서 우리 눈에 보이지 않을지도 모른다."[3] 18세기에 이런 생각을 떠올렸다니, 시대를 한참 앞서간 선구자임이 분명하다. 라플라스가 말했던 "거대한 검은 별"의 표면에 가상의 구형 껍질을 만들어서 덮어씌워보자. 이 껍질에서 물체가 별의 중력을 탈출하는 데 필요한 속도(탈출속도)는 빛의 속도와 같다. 이제 별을 덮은 껍질은 그대로 놔두고 별만 압축시켜서 크기를 줄여보자. 그러면 별의 밀도는 이

• 물론 우주로켓은 이륙할 때부터 이런 속도를 낼 수 없다. 그러나 발사 후 지구를 선회하면서 서서히 가속하여 초당 11.2킬로미터에 도달해야 지구를 벗어날 수 있다.─옮긴이
•• 빛의 속도는 초당 299,792,458미터다.

전보다 높아지고, 껍질은 별과 바깥세계를 구별하는 경계면이 된다. 이런 경우 별에서 방출된 빛은 물론이고, 누군가가 껍질 위에서 횃불을 비춰도 바깥세계로 전달되지 않는다. 빛이 마치 얼어붙은 것처럼 껍질 내부 영역에 영원히 갇히는 것이다. 이 껍질이 바로 별의 '사건지평선'으로, 그 안에서(또는 사건지평선상에서) 외부를 향해 방출된 빛은 중력에 끌려 별이 있는 쪽으로 떨어진다. 사건지평선보다 바깥에서 방출된 빛만이 외부세계로 날아갈 수 있다.

미셸과 라플라스는 "어두운 별(블랙홀)이 되려면 무조건 덩치가 커야 한다"고 생각했다. 별의 밀도가 상상을 초월할 정도로 높아질 수 있다는 것을 몰랐기 때문이다. 중력이 강하다고 해서 반드시 몸집이 클 필요는 없다. 예를 들어 중성자별 중에는 몸집이 작은데도 밀도가 높아서 탈출속도가 거의 광속에 가까운 것도 있다. 아이작 뉴턴Isaac Newton의 중력법칙을 이용하면 "아무것도 빠져나올 수 없는 영역"의 반지름 R_S를 계산할 수 있는데, 구체적인 값은 다음과 같다.

$$R_S = \frac{2GM}{c^2}$$

여기서 G는 중력의 세기와 관련된 중력상수gravitational constant이고 M은 별의 질량, c는 빛의 속도다. 질량 M인 구형 물체의 반지름이 위에 적은 R_S보다 작으면 어두운 별(블랙홀)이 된다. 태양의 경우, 이 값은 약 3킬로미터다. 즉, 태양이 블랙홀로 변하려면 반지름이 3킬로미터까지 압축되어야 한다. 그렇다면 지구는 어떨까? 놀라지 마시라. 지구가 현재의 질량을 그대로 유지한 채 블랙홀이 되려면 반지름이

1센티미터 이하로 줄어들어야 한다. 미셸과 라플라스가 큰 병을 떠올린 것은 지구가 조그만 자갈 크기로 압축되는 상황을 도저히 상상할 수 없었기 때문이다. 그러나 어두운 별이 실제로 존재한다고 해서 딱히 문제 될 것은 없다. 이런 별은 빛을 방출하지 않아서 우리 눈에 보이지 않겠지만, 인류는 "눈에 보이는 것이 전부가 아니다"라는 진리를 수천 년 전부터 알고 있지 않았는가?

블랙홀의 기본 개념(중력이 너무 강해서 빛조차 빠져나오지 못하는 별)은 위와 같이 뉴턴의 중력법칙에 입각한 간단한 논리를 통해 이해할 수 있다. 그러나 중력이 이 정도로 강한 경우에는 아인슈타인의 이론을 적용해야 한다.

일반상대성이론도 "빛조차 탈출할 수 없을 정도로 중력이 강한 천체"를 허용하고 있지만, 다루는 방식이 매우 난해하고 결과도 많이 다르다. 행성의 반지름이 특정 임계값보다 작을 때 빛이 탈출하지 못한다는 점은 뉴턴의 중력법칙과 비슷한데, 그 임계 반지름은 1915년에 관련 논문을 발표했던 독일의 물리학자 카를 슈바르츠실트Karl Schwartzschild의 이름을 따서 '슈바르츠실트 반지름'으로 알려져 있다. 한 가지 신기한 것은 뉴턴의 중력법칙으로 계산된 블랙홀의 반지름과 일반상대성이론으로 계산된 슈바르츠실트 반지름이 동일하다는 점이다. 좀 더 정확하게 말하면, 슈바르츠실트 반지름은 블랙홀 자체의 반지름이 아니라 '블랙홀의 사건지평선의 반지름'을 의미한다.

아인슈타인의 일반상대성이론은 4장에서 구체적으로 다룰 예정이다. 그때가 되면 독자들은 슈바르츠실트 반지름의 의미를 좀 더 실감 나게 이해할 수 있을 것이다. 그러나 궁금증만 유발해놓고 뒤로 미루는 건 예의가 아닌 듯하여, 몇 가지 결과를 미리 소개하고자 한다. 가장 희한한 결과는 블랙홀 주변에서 시간이 다른 속도로 흐른다는 것이다. 예를 들어 어떤 불운한 우주인이 우주유영을 하다가 블랙홀 근처로 다가간다면, 그의 시계는 멀리 떨어져 있는 다른 우주인의 시계보다 느리게 간다.• 이 정도면 꽤 신기하긴 하지만 입이 딱 벌어질 정도는 아니다. 정말로 놀라운 것은 멀리 떨어진 관측자가 볼 때, 블랙홀의 사건지평선에 도달하는 순간 불운한 우주인의 움직임이 아예 멈춰버린다는 것이다! 추락 중인 당사자에게는 시간이 정상적으로 흐르는 것 같지만, 멀리 떨어진 곳에서 이 광경을 바라보면 불운한 우주인은 사건지평선에 도달하는 순간부터 완벽한 '얼음땡' 상태가 된다. 자체중력으로 압축되어 블랙홀이 되는 별도 마찬가지다. 이 과정을 외부에서 바라보면 별의 표면이 서서히 작아지다가 사건지평선에 도달하는 순간부터 시간의 흐름이 완전히 멈춰버린다. 이처럼 일반상대성이론에서 유도된 결과들은 대체로 난센스에 가깝다. 사건지평선에서 시간이 멈춘다면 수축되는 별을 아무리 오랫동안 바라봐도 사건지평선보다 작아지는 모습을 절대로 볼 수 없을 텐데, 사건지평선보다 작은 블랙홀이 무슨 수로 만들어진다는 말인가? 아인슈타인을 비롯한 우주론 창시자들은 이 역설적인 문제를 놓고 심각한 고민에 빠졌으나, 사실 이것은 앞으로 제기될 수많은 역설 중 하나에 불과했다.

아인슈타인 이후로 1960년대까지, 대부분의 물리학자들은 이 지

• 그러나 정작 본인은 시간이 느리게 흐른다는 것을 눈치채지 못한다. 시계뿐만 아니라 신진대사와 생각하는 속도 등 모든 사건이 똑같이 느리게 진행되기 때문이다.—옮긴이

독한 역설을 자연이 알아서 해결해줄 것으로 생각했다. 이론적으로는 말이 안 되지만, 그래도 우주는 멀쩡하게 유지되고 있으므로 우리가 모르는 재난방지책이 존재한다고 믿은 것이다. 그래서 이 무렵 블랙홀에 관한 연구는 주로 "블랙홀은 존재할 수 없다"는 주장을 증명하는 쪽에 집중되었다. 사실 멀쩡한 별을 무한정 압축시켜서 그 주변에 사건지평선을 만들어내기란 도저히 불가능할 것 같다. 그러나 중성자별에서 채취한 1세제곱센티미터짜리 덩어리의 무게가 최소 1억 톤이라는 점을 감안하면, 완전 불가능은 아닐 것 같기도 하다. 어쩌면 초고밀도 물체의 거동 방식이 일상적인 물체와 완전히 다를지도 모른다.

별의 내부에서는 핵융합반응이 격렬하게 진행되고 있다. 대부분의 별은 이 과정에서 방출된 에너지가 중력에 의한 자체붕괴를 막으면서 아슬아슬하게 균형을 이루고 있다. 그러나 별이 보유한 연료는 유한하기 때문에 언젠가는 핵융합이 끝날 수밖에 없고, 그 후의 운명은 전적으로 별이 보유한 질량에 의해 좌우된다. 1926년에 에딩턴의 동료 랠프 파울러Ralph Fowler는 〈고밀도 물질On Dense Matter〉이라는 제목의 논문에서 다음과 같이 주장했다. "최근 대두된 양자이론에 의하면, 별이 자체중력으로 붕괴된다 해도 전자 축퇴압electron degeneracy pressure이라는 힘이 작용하기 때문에 사건지평선 같은 것은 만들어지지 않는다."[4] 이것은 중성자별에서 일어나는 '양자요동quantum jiggling'을 언급한 최초의 논문으로 평가된다. 파울러의 주장은 양자이론에서 유도된 두 가지 결과에 기초한 것인데, 그것은 바로 볼프강 파울리Wolfgang Pauli의 배타원리Exclusion Principle와 베르너 하이젠베르크

Werner Heisenberg의 불확정성 원리Uncertainty Principle였다.

배타원리에 의하면 전자와 같은 소립자들은 동일한 공간을 점유할 수 없다. 즉, 하나의 전자가 특정 위치를 이미 점유하고 있을 때, 또 다른 전자들은 그와 똑같은 위치에 놓일 수 없다는 뜻이다. 이것은 블랙홀을 싫어하는 과학자들에게 더할 나위 없이 좋은 소식이었다. 별이 자체중력으로 수축되면 수많은 전자들이 작은 공간 안에 모여서 간격이 점차 좁아질 것이고, 이 간격이 0에 가까워질수록 파울리의 배타원리가 강하게 작용하여 더 이상의 수축을 막아줄 것이기 때문이다. 또 별의 수축이 이 지경에 이르면 하이젠베르크의 불확정성 원리가 작동하여 입자의 운동량이 점점 커지기 시작한다. 각 입자의 '운신의 폭'이 좁아질수록 운동이 더욱 격렬해지는 것이다. 그러면 별의 내부 압력이 높아지는데, 이것은 별이 젊었던 시절에 핵융합반응으로 발생한 열이 원자를 격렬하게 흔들어서 중력에 의한 수축을 막았던 것과 비슷한 상황이다. 단, 수축하는 별의 전자 축퇴압은 핵융합과 같은 에너지원이 없어도 중력에 의해 자연스럽게 발생하고, 별도의 에너지를 방출하지도 않는다. 이런 식으로 따지면 별은 중력에 의한 자체수축을 무한정 버틸 수 있을 것 같다.

천문학자들은 이런 상태에 있는 별을 실제로 발견했다. 밤하늘에서 가장 밝은 별인 시리우스Sirius(천랑성)의 쌍둥이별 '시리우스 B'가 바로 그 주인공이다. 시리우스 B의 질량은 태양과 거의 비슷한데, 반지름은 지구와 비슷할 정도로 작다. 이 별의 밀도는 약 세제곱센티미터당 100킬로그램으로, 각설탕 한 개만한 조각의 무게가 마이클 조던Michael Jordan의 체중과 맞먹는다. 그래서 파울러는 시리우스 B가 "천문학 역사상 가장 흥미로운 별"이라며 각별한 관심을 기울였고, 에딩턴은 그의 저서 《별의 내부 구조The Internal Constitution of Stars》에서 "말도 안 되는 결론이 도출될 것"이라고 예견했다. 그 후로 시리우스 B의 밀도는 관측 장비가 개선될수록 점점 높아져서, 지금은 세제곱센티미터당 1000킬로그램(1톤)이 넘을 것으로 추정된다. 파울러는 초고밀도 별이 중력에 대항하는 원리를 설명함으로써, 당대의 물리학자들에게 커다란 안도감을 선사했다. 그의 이론에 의하면 별은 백색왜성white dwarf이 되면서 파란만장한 생을 마감한다. 여기에 양자요동까지 고려하면, 별은 자체중력으로 수축된다 해도 슈바르츠실트 반지름보다 작아지지 않으며, 따라서 사건지평선도 형성되지 않는다.

그러나 이 안도감은 별로 오래가지 못했다. 1930년 에딩턴, 파울러와 공동연구를 하기 위해 마드라스발 케임브리지행 18일짜리 뱃길에 오른 열아홉 살의 청년 물리학자 수브라마니안 찬드라세카르Subrahmanyan Chandrasekhar는 전자의 축퇴압이 얼마나 강력한지 직접 계산해보기로 마음먹었다. 당시 파울러를 비롯한 대부분의 물리학자들은 중력에 의한 수축을 계산할 때 별의 질량에 상한선을 두지 않았는데, 찬드라세카르는 전자의 축퇴압에 한계가 있음을 깨달았다. 아인슈타인의 특수상대성이론Special Theory of Relativity에 의하면, 전자의 위치가 좁은 영역에 한정되어 움직임이 제아무리 격렬해진다 해도, 그 속도는 절대로 광속을 초과할 수 없다. 찬드라세카르가 이 점을 고려하여 계산을 해보니, 질량이 태양의 90퍼센트인 백색왜성에서 전자의 속도가 이 한계에 도달하는 것으로 나타났다.[5] 이것이 바로 '찬드라세카르 한계Chandrasekhar limit'인데, 지금까지 수행된 가장 정확한 계산에 의하면 태양 질량의 90퍼센트가 아니라 140퍼센트, 즉 1.4배다. 다시 말해서, 질량이 태양의 1.4배를 초과하는 별이 자체중력에 의해 붕괴되면 전자의 축퇴압으로 붕괴를 저지할 수 없는 시점이 반드시 찾아온다는 뜻이다(별의 크기가 작아질수록 입자의 속도가 빨라져서 축퇴압이 커지지만, 입자의 속도는 광속을 초과할 수 없으므로 축퇴압도 어떤 한계를 초과할 수 없다). 그러나 에딩턴은 찬드라세카르가 계산과정에서 오류를 범했다며 이 결과를 선뜻 받아들이지 않았다. 신생이론인 양자역학과 20년이 넘은 특수상대성이론을 하나로 엮는 것은 결코 쉬운 과제가 아니었기 때문이다. 에딩턴은 "찬드라세카르의 오류를 수정하여 제대로 계산하면 백색왜성의 질량에는 한계가 없을 것"이라고 생각했다. 그 후 찬드라세카르는 이 문제를 놓고 에딩턴과 여러 차례 부딪혔는데, 신출내기 물리학자와 세계적인 대학자 사이의 논쟁은 애초부터 게임이 되지 않았다. 1944년에 에딩턴이 세상을 떠났을 때, 찬드라세카르는 지난 일을 회상하며 "나의 연구가 천문학자들 사이에서 완전히 무시당했던 암울한 시기"라고 했다. 그러나 찬드라세카르의 이론은 결국 옳은 것으로 판명되었고, 별의 구조를 밝힌 공로를 인정받아 1983년에 노벨 물리학상을 수상했다.

찬드라세카르의 논문이 처음 출판된 1931년만 해도, 물리학자와 천문학자들은 그의 계산 결과를 "블랙홀이 존재한다는 증거"로 인정하지 않았다. 1939년에는 아인슈타인조차도 사건지평선에서 시간이 얼어붙는(즉, 시간이 흐르지 않는) 현상에 대해 깊은 우려를 표명했다. 전자의 축퇴압이 한계에 도달한 후에도 백색왜성을 유지시켜주는 또 다른 물리적 과정이 존재할 것인가? 1930년대 후반에 미국의 물리학자 프리츠 츠비키Fritz Zwicky와 러시아의 물리학자 레프 란다우Lev Landau는 "백색왜성보다 밀도가 높은 별은 전자의 축퇴압이 아닌 중성자의 축퇴압에 의해 유지될 수 있다"고 제안하여, 블랙홀 때문에 전전긍긍하던 물리학자들을 안심시켜주었다. 중력붕괴가 어떤 한계에 도달하면 전자가 양성자와 결합하여 중성자로 변신하고, 이 과정에서 중성미자neutrino라는 가벼운 입자가 생성되어 별의 외부로 방출된다. 그리고 별에 남은 중성자는 이전의 전자처럼 격렬하게 움직이는데, 중성자의 질량은 전자보다 훨씬 크기 때문에 훨씬 강한 압력을 행사할 수 있다. 이렇게 만들어진 천체가 바로 중성자별이다.

백색왜성의 축퇴압에 한계가 있다는 것은 분명한 사실이지만, 무거운 별이 최종적으로 중성자별이 된다는 것도 그다지 무리한 주장은 아니다. 아마도 우주에서 가장 무거운 별은 자체중력으로 붕괴되면서 온갖 물질을 외부로 방출하거나, 중성자별의 밀도에 가까워졌을 때 격렬한 진동을 겪다가 폭발할 것이다. 1930년대의 물리학자들은 이런 가능성을 완전히 배제할 수 없었다. 당시만 해도 핵물리학은 신생 분야였고, 중성자는 1932년에야 발견되었기 때문이다.

1939년에 로버트 오펜하이머Robert Oppenheimer와 그의 제자 조지 볼코프George Volkov는 리처드 톨먼Richard Tolman의 연구에 기초하여 중성자별이 가질 수 있는 질량을 태양의 약 3배 이하로 제한하는 '톨먼–오펜하이머–볼코프 한계Tolman-Oppenheimer-Volkov limit'를 제안했다. 그 후 오펜하이머는 또 다른 제자인 하틀랜드 스나이더Hartland Snyder와 함께 후속 연구를 진행하여 "몇 가지 가정을 수용하면 우주에서 가장 무거운 별은 사건지평선 너머로 붕괴될 수 있다"는 놀라운 결론에 도달했다.[6] 이 역사적인 논문의 도입부는 다음과 같은 문장으로 시작된다.

> 무거운 별의 열핵 에너지원이 고갈되면 자체중력으로 수축된다. 자전이나 복사radiation를 통해 질량을 방출하여 별의 질량이 태양과 비슷한 수준으로 줄어들지 않는 한, 이 수축은 무한정 계속된다.

서론의 마지막 부분에서는 아인슈타인이 걱정했던 "사건지평선에서 시간이 멈추는 현상"을 다음과 같이 설명했다.

> 별과 함께 움직이는 관측자가 볼 때 붕괴에 소요되는 시간은 유한하다. 전형적인 별의 경우 지금처럼 이상화된 조건하에서는 대략 하루 정도 걸린다. 그리고 외부 관측자가 볼 때 별의 반지름은 점차 중력반지름*에 가까워진다.

다시 말해서, 질량이 태양과 비슷한 별의 표면에 서 있는 관측자의 관점에서 보면 별이 사건지평선 안으로 사라지는 데 약 하루가 걸리지만, 외부에 있는 관측자의 관점에서는 영원의 시간이 걸린다는 뜻이다(이것은 앞에서도 언급한 바 있다). 오펜하이머와 스나이더는 일반상대성이론에서 유도된 이 기본적인 결과를 군말 없이 수용했다.

---

* 여기서 말하는 중력반지름gravitational radius이란 슈바르츠실트 반지름을 의미한다.

이로부터 초래되는 흥미로운 결과들은 다음 장에서 다루기로 한다.

그러나 이 무렵 제2차 세계대전이 발발하는 바람에, 핵심 물리학자들은 상아탑을 떠나 전쟁 지원사업에 몰두해야 했다. 특히 미국에서는 별을 연구하던 핵물리학자들이 원자폭탄을 개발하는 맨해튼 프로젝트Manhattan Project에 대거 투입되었으며, 오펜하이머는 프로젝트의 과학기술 총괄 책임자로 발탁되어 미국의 승리를 견인했다. 그런데 전쟁이 끝나고 물리학자들이 연구실로 돌아왔을 때에는 자신이 하던 연구를 신세대 물리학자들이 이어받은 후였고, 이들이 대부로 모시는 사람은 '신조어 창출의 대가'로 알려진 존 아치볼드 휠러John Archibald Wheeler였다. 블랙홀이라는 용어를 처음 사용한 사람도 휠러다. 그는 1967년 12월 29일에 뉴욕 힐턴호텔 웨스트볼룸에서 개최된 강연에서 "블랙홀"이라는 단어를 최초로 언급했다. 그의 자서전에는 블랙홀과 사투를 벌였던 1950년대의 연구 이야기가 생생하게 기록되어 있다.[7] "처음 몇 년 동안 나는 별이 붕괴되어 블랙홀이 된다는 시나리오에 별 관심을 갖지 않았다. 특별한 이유는 없고, 그냥 마음에 들지 않았기 때문이다. 나는 거대한 천체가 슈바르츠실트 반지름보다 작은 크기로 내파內破되는 것을 막기 위해 백방으로 노력했지만, 결국 실패하고 말았다. 과거 물리학자들의 희망사항과 달리, 블랙홀의 탄생을 막아주는 자연법칙 같은 것은 존재하지 않았다." 1962년에 휠러는 박사과정 제자였던 로버트 풀러Robert Fuller와 공동 연구를 수행한 끝에 "시공간에는 아무리 오래 기다려도 빛 신호를 절대로 방출하지 않는 점이 존재한다"고 결론지었다.[8] 이런 점은 사건지평선 내부에 존재하며, 외부세계와 영원히 고립되어 있다. 휠러의 주장이 옳다면, 블랙홀은 "있어선 안 될 우주 괴물"이 아니라 "우주가 낳은 필연적 결과물"이 된다. 단, 여기에는 몇 가지 이론적 걸림돌이 남아 있었는데, 1965년에 영국의 물리학자 로저 펜로즈가 〈중력붕괴와 시공간의 특이점Gravitational Collapse and Space-Time Singularities〉이라는 논문을 발표하면서 말끔하게 해결되었다. 달랑 3쪽에 불과한 이 역사적 논문에서 펜로즈는 "블랙홀의 중심에 특이점이 존재한다"는 것을 수학적으로 완벽하게 증명했으며,[9] 이 공로를 인정받아 2020년에 노벨 물리학상을 수상했다.

심오한 광채 ————

블랙홀 연구의 역사는 스티븐 호킹이 관련 논문을 발표했던 1974년으로 거슬러 올라간다. 이 논문에서 호킹은 향후 50년 동안 블랙홀 사냥꾼들의 길을 안내해온 유명한 질문을 제기했다.

1970년대에도 천문학자들은 블랙홀을 하나도 발견하지 못했고, 소수의 연구 집단은 여전히 '블랙홀 부재론'을 증명하기 위해 기를 쓰고 있었지만, 이론물리학계는 블랙홀의 존재를 대체로 인정하는 분위기였다. 호킹의 논문은 〈블랙홀은 폭발하는가?Black Hole Explosions?〉라는 제목으로 네이처에 게재되었는데,[10] 여기서 그는 사건지평선이 주변 공간에 극적인 영향을 미친다는 것을 여실히 보여주었다. 양자 이론에 의하면 텅 빈 공간, 즉 진공은 사전적 의미처럼 완전히 빈 곳이 아니라 끊임없이 요동치는 장場, field으로 가득 차 있으며, 이로부터 광자photon, 전자, 쿼크quark 등 온갖 입자들이 탄생한다. 또한 진공은 나름대로 확고한 구조를 갖고 있다. 지금도 진공 중에서는 장이 격렬하게 요동치면서 아무것도 없는 무無에서 소위 말하는 가상입자virtual particles가 쉴 새 없이 만들어지고 있다. 단, 한번 생성된 입자는 일련의 과정을 거쳐 곧바로 소멸되기 때문에, 현실 세계에 존재하는 실제 입자real particles가 뜬금없이 만들어지는 경우는 없다. 그러나 사건지평선 근처에서는 이 규칙을 벗어나 가상입자가 소멸되지 않고 살아남을 수도 있다. 이것이 바로 호킹이 주장했던 '호킹 복사Hawking radiation'로서, 블랙홀 에너지의 아주 작은 부분을 간직한 채 우주 공간을 표류한다. 다시 말해서, 블랙홀이 (아주 느리지만 꾸준하게) 증발하고 있다는 뜻이다. 그러므로 현재 우주의 나이보다 훨씬 긴 시간이 흐르면, 전형적인 블랙홀은 꾸준히 증발하다가 결국 폭발하게 된다. 그래서 호킹은 "블랙홀은 이름과 달리 완전히 검지 않다"고 주장했다. 그렇다. 블랙홀은 차디찬 우주 공간에서 꺼져가는 숯불처럼 희미하게나마 빛을 발하고 있다. 태양과 질량이 같은 블랙홀의 온도는 절대온도 0켈빈(섭씨 −273.15도)보다 0.00000006도쯤 높다. 이 정도면 오늘날 우주 공간의 평균온도보다 낮다.● 궁수자리 A* 블랙홀의 온도는 이보다 훨씬 낮은데, 수치로 말하자면 태양만한 블랙홀보다 431만 배나 차갑다.●● 어쨌거나 블랙홀의 온도는 0켈빈이 아니며, 이로부터 매우 중요한 결과가 유도된다. 나중에 다시 언급하겠지만, 블랙홀은 숯

● 오늘날 마이크로파 우주배경복사cosmic microwave background radiation의 온도는 2.725켈빈(섭씨온도 −270.875도)이다.

●● 참고로, 절대온도 0.000001켈빈은 1켈빈보다 100만 배 차갑다.—옮긴이

불과 증기기관, 그리고 별의 일생을 지배하는 열역학 제2법칙을 그대로 따르고 있다. 간단히 말해서, 블랙홀은 불멸의 존재가 아니라는 이야기다. 세월이 충분히 흐르면 우주 최후의 보루인 블랙홀도 흔적 없이 사라진다.

이 시점에서 중요한 의문 하나가 떠오른다. 블랙홀이 사라지면, 그 안으로 빨려 들어간 온갖 잡동사니는 어떻게 되는가? 호킹의 복사 이론에 의하면, 사건지평선 근처에서 방출된 복사는 블랙홀의 내부에 갇힌 물질과 아무런 관련이 없는 것처럼 보인다. 그렇다면 블랙홀을 구성하는 원래 물질이나 나중에 블랙홀로 빨려 들어간 물질의 정보는 그곳에서 방출된 복사에너지에 어떤 식으로 저장되는가? 호킹이 수행했던 계산에 따르면, 블랙홀의 복사에는 아무런 정보도 담겨 있지 않다.

블랙홀 연구의 선구자 중 한 사람인 레너드 서스킨드Leonard Susskind는 1983년에 샌프란시스코의 작은 다락방에서 호킹과 마주 앉아 이 문제를 논의했는데, 당시 40대 초반이었던 호킹은 "블랙홀의 정보는 서서히 사라진다"고 주장했고, 서스킨드는 이 역설적인 문제와 사투를 벌인 끝에 나름대로 해답을 찾아 《블랙홀 전쟁: 양자역학으로 운영되는 세상을 구원하기 위해 호킹과 벌였던 논쟁The Black Hole War: My Battle with Stephen Hawking to Make the World Safe for Quantum Mechanics》이라는 책으로 출간했다. 참으로 드라마틱한 제목이다. 과거에 그가 발표한 논문 중에는 〈반-드지터 공간에서 날아온 거대 중력자의 침공 Invasion of the Giant Gravitons from Anti-de Sitter Space〉이라는 제목도 있었다. 《블랙홀 전쟁》에서 서스킨드는 다음과 같이 적어놓았다. "호킹은 블랙홀의 정보가 유실된다고 주장했고, 심지어 그것을 증명까지 해낸 것 같았다. 만일 그의 주장이 사실이라면…… 우리가 일생을 바쳐 연구해온 분야가 완전히 붕괴될 판이었다."

서스킨드는 현대물리학의 대전제 중 하나인 '결정론determinism'을 언급했다. 기체가 들어 있는 조그만 상자이건, 우주 전체이건 간에, 이와 관련된 모든 정보를 알고 있으면 계의 과거와 미래도 알 수 있다. 물론 원리적으로 그렇다는 이야기다. 주어진 물리계의 모든 정보를 알아내기란 현실적으로 불가능하기 때문에, 계의 모든 과거와 미래를 알 수는 없다. 그러나 정치와 달리 과학에서는 원리가 매우 중요하다. 호킹이 옳다면 우주는 블랙홀이라는 고춧가루 때문에 예측이 불가능할 뿐만 아니라, 물리학의 기초까지 위태로워진다.

지금 우리는 호킹이 틀렸다는 것을 잘 알고 있으며, 호킹도 기꺼이 인정했다. 어떤 경우에도 정보는 유실되지 않고, 물리학은 여전히 굳건하다. 그러나 호킹의 '틀린 주장'은 이 분야의 연구를 촉진하여, 시공간의 특성과 물리적 현실을 이해하는 데 커다란 공헌을 했다.

호킹은 《시간의 역사A Brief History of Time》 마지막 판에서 "내가 틀렸음을 인정하고, 존 프레스킬John Preskill과 걸었던 내기 약속을 이행했다"고 고백했다. 이때 그가 프레스킬에게 준 것은 야구의 모든 정보가 담긴 백과사전이었다고 한다. 그러나 호킹이 이 글을 쓸 때만 해도 물리학자들은 블랙홀에서 정보가 빠져나간다는 사실만 인지했을 뿐, 구체적인 과정에 대해서는 아무도 모르고 있었다. 호킹은 유출된 정보를 해독하기가 엄청나게 어렵다는 점을 강조하면서 이렇게 말했다. "그것은 책을 태우는 것과 비슷하다. 타고 남은 재와 허공으로 날아간

연기를 하나도 빠짐없이 긁어모으면, 원래 책에 들어 있던 정보를 고
스란히 복구할 수 있다. 내가 프레스킬에게 야구 백과사전을 선물한
것도 이런 이유였다. 그때 좀 더 신중하게 생각했다면, 멀쩡한 사전 대
신 불에 태우고 남은 재를 선물했을 것이다."

지평선을 넘어서 ————————

당신이 길을 걷다가 바닥에 떨어진 시계 하나를 발견했다고 하
자. 내부를 살펴보니 모든 부품과 작동 원리가 정교하기 이를 데 없다.
이런 물건이 저절로 만들어질 리 없으니, 솜씨 좋은 창조주가 반드시
존재할 것이다. 시계를 자연에 비유하면 창조주는 신에 대응된다. 이
것이 바로 1802년에 윌리엄 페일리William Paley|잉글랜드의 성공회 신부|가
펼쳤던 '목적론적 창조론'의 골자다. 그러나 19~20세기에 찰스 다윈
Charles Darwin의 자연선택 및 진화론을 뒷받침하는 증거가 수없이 발
견되면서, 페일리의 주장은 점차 설득력을 잃어갔다. 시계는 조물주
가 아닌 자연의 작품인데, 놀랍게도 자연에는 '눈eye'이 달려 있지 않
다. 다윈은 말한다.

이런 생명관生命觀에는 위대한 속성이 내재되어 있다. 다양한 능
력을 보유한 생명체들은 원래 단 하나, 또는 단 몇 개의 형태에서
시작되었다. 지구는 명확한 중력법칙에 따라 장구한 세월 동안
주기운동을 수행해왔고, 이렇게 규칙적인 환경에서 가장 아름답

고 경이로운 생명체들이 다양한 형태로 진화하여 지금에 이르 렀다.

그렇다면 다양한 생명체를 낳은 중력법칙은 언제, 어떻게 탄생했는가? 또 생명체의 몸을 하나로 유지해주는 전기 및 자기법칙은 어떻게 탄생했으며, 생명체의 몸을 구성하는 입자(전자, 양성자, 중성자 등)의 기원은 어디서 찾아야 하는가? 모든 만물을 순환시키는 거대한 법칙은 누가, 언제, 어떻게 만들었는가?

현대물리학의 역사는 환원주의reductionism의 역사와 맥을 같이한다. 자연의 섭리를 이해하기 위해 굳이 백과사전을 뒤질 필요는 없다. 자연현상의 종류는 양성자의 내부 구조에서 은하에 이르기까지 거의 무한대에 가깝지만, 우리는 이 모든 것을 수학이라는 가성비 최고의 언어를 이용하여 깔끔하게 설명할 수 있다. 이론물리학자 유진 위그너Eugene Wigner는 말한다. "물리학의 법칙이 왜 하필 수학으로 그토록 완벽하게 표현된다는 것일까? 아무리 생각해봐도 도통 모르겠다. 그리고 우리가 그 완벽한 수학을 마음대로 남발할 자격이 있는지 확신이 서지도 않는다. 어쨌거나 수학은 인류에게 주어진 기적 같은 선물이기에, 항상 감사하는 마음으로 대해야 할 것이다."[1] 20세기 수학이 서술한 바에 따르면 우주는 상호작용을 교환하는 수많은(그러나 종류는 유한한) 기본 입자로 이루어져 있으며, 이들의 활동 무대인 시공간의 규칙은 종이 한 장에 요약할 수 있다. 우주가 누군가의 의도에 따라 만들어졌다면, 설계자는 아마 수학자일 것이다.

최근 들어 블랙홀 연구의 선두주자로 떠오른 집단은 물리학자나 천문학자가 아니라 '정보의 언어'를 다루는 양자컴퓨터 과학자들이다. 시간과 공간은 기존의 이론으로 설명할 수 없는 새로운 영역일지도 모른다. 그렇다면 시공간의 정보는 컴퓨터 코드와 비슷한 방식으로 만들어진 양자비트로 서술될 수도 있지 않을까? 문득 우주의 설계자가 컴퓨터 프로그래머일 수도 있다는 생각이 든다.

하지만 속단은 금물이다. 과거에 윌리엄 페일리가 그랬듯이, 생각이 너무 앞서가면 잘못된 결론에 도달하기 쉽다. 정보과학은 블랙홀을 비롯한 우주 만물에 대해 새로운 설명을 제시할 수 있지만, 그렇다고 해서 모든 존재가 프로그램되었다는 뜻은 아니다. 이것은 그저 컴퓨터 언어가 우주를 서술하는 데 적절하다는 뜻일 뿐이지, 프로그래머가 우주를 창조했다는 뜻은 아니다. 이런 맥락에서 볼 때, 물리법칙이 수학으로 깔끔하게 서술되는 것은 기적이 아니라 그냥 우주가 그런 식으로 생겨먹었기 때문이다. 입출력 정보비트를 주무르는 정보처리과정도 컴퓨터과학의 산물이기 전에, 우주의 특성으로 간주되어야 한다. 시공간이 양자컴퓨터의 큐비트qubit로 서술된다고 해서 '시공간=양자컴퓨터'라는 등식에 매달리는 것은 섣부른 판단이다. 아득한 옛날부터 우주에 이미 존재해왔던 특성을 양자컴퓨터 과학자들이 뒤늦게 발견했을 수도 있지 않은가. 이런 관점에서 볼 때, 블랙홀은 그동안 쌓아온 관측 자료를 새로운 언어로 재해석하여 우주의 아름다움을 만천하에 드러내는 로제타석Rosetta Stone이 될 수도 있다.

2장

시간과 공간의 통일

'거리'는 일반상대성이론에 어울리지 않는 용어다.

우리에게 너무나 친숙한 개념인 '시간'도 마찬가지다.

_에드윈 테일러, 존 아치볼드 휠러, 에드먼드 버칭거[1]

블랙홀은 물리학을 공부하는 데 더없이 좋은 과제다. 블랙홀을 이해하려면 물리학의 거의 모든 내용을 알아야 하기 때문이다. 캐나다 물리학자 돈 페이지Don Page의 논문 〈호킹 복사에 대한 간략한 검토inexhaustive review of Hawking Radiation〉는 다음과 같은 문장으로 시작된다(제목에는 간략하다고 되어 있지만, 내용은 결코 간략하지 않다). "블랙홀은 우주에서 가장 완벽한 열역학적 물체임에도 불구하고, 그 속성은 아직 완전히 규명되지 않았다."[2] 열역학Thermodynamics은 온도와 에너지 같은 친숙한 개념에서 엔트로피entropy 같은 생소한 개념에 이르기까지, 우주의 모든 것을 다루는 물리학의 초석이다. 그러므로 블랙홀을 이해하려면 열역학과 관련된 약간의 사전지식이 필요하다. 또한 호킹의 유명한 논문 〈블랙홀에 의한 입자 생성Particle Creation by Black Holes〉은 다음과 같이 시작된다. "고전물리학에 의하면 블랙홀은 입자를 빨아들이기만 할 뿐, 절대로 방출하지 않는다. 그러나 양자역학에 의하면 블랙홀은 뜨겁게 달궈진 물체처럼 입자를 방출할 수 있다……."[3] 따라서 블랙홀을 이해하려면 양자역학도 알아야 한다. 물론 블랙홀의 존재를 최초로 예견했던 일반상대성이론도 빼놓을 수 없다. 찰스 마이스너Charles Misner와 킵 손, 존 휠러가 공동집필한 벽돌 교과서 《중력Gravitation》의 도입부에는 다음과 같이 적혀 있다. "이제 독자들은 블랙홀의 세계로 순간이동하여 정적한계static limit와 작용권作用圈, ergosphere, 그리고 사건지평선을 수시로 접할 것이며, 우주 최강의 깡패인 특이점singularity과도 마주하게 될 것이다."[4] 요약하자면 우리에게 필요한 것은 열역학과 양자역학, 상대성이론이다. 이 정도면 "물리학의 거의 전부"라 해도 과언이 아니다.

학창 시절에 배운 중력은 그다지 유별난 힘이 아니었다. 중력이란 두 물체 사이에 작용하는 인력으로, 우주 어디서나 똑같은 규칙을 따른다. 지표면에서 위로 뛰어오르거나 물건을 위로 던지면 특정 높이에 도달한 후 다시 아래로 떨어지기 마련이다. 중력법칙을 충실하게 따르는 지구가 모든 만물을 아래로 잡아당기고 있기 때문이다. 아이작 뉴턴은 이 모든 내용을 1687년에 출간된 과학사 최고의 걸작 《프린키피아Principia》에 일목요연하게 정리해놓았다. 뉴턴의 중력이론을 적용하면 날아가는 야구공과 같은 일상적인 사례는 물론이고, 인공위성과 달의 공전궤도까지 정확하게 계산할 수 있다. 그런데 이 과정에서 시간과 공간은 그다지 특별한 역할을 하지 않는 것처럼 보인다. 뉴턴은 자신의 이론을 수학적으로 정리하면서 시간과 공간에 대해 두 가지 가정을 내세웠다. 시간과 공간의 절대성이 바로 그것이다.

뉴턴은 시간이 우주 전역에 걸쳐 똑같은 속도로 흐른다고 가정했다. 즉, 우주 전역에 거주하는 외계인들이 완벽한 시계를 갖고 있으면서 어느 한순간에 시간을 0시 0분으로 맞췄다면, 그 후로 어떤 순간을 선택해도 이들의 시계는 항상 동일한 시간을 가리킨다는 가정이다. 뉴턴의 설명은 좀 더 시적詩的이다. "절대적 진실인 수학적 시간은 외부의 어떤 것에도 영향을 받지 않은 채 동등하게 흐른다……." 그는 우리의 삶이 펼쳐지는 공간도 시간처럼 절대적 개념이라고 생각했다. "공간도 시간처럼 절대적 존재여서 외부의 어떤 요인에도 영향을 받지 않은 채 항상 그 자리에 고정되어 있으며, 우주 어디서나 동일한 척도를 갖고 있다. 절대운동이란 임의의 물체가 하나의 절대적 위치에서 다른 위치로 이동하는 것이다." 가정이라기보다 지극히 당연한 상식처럼 들린다. 그런데도 이것을 가정으로 내세운 것을 보면, 뉴턴은 역시 최고의 물리학자임이 분명하다. 그의 진정한 천재성은 이 가정이 틀린 것으로 판명된 240년 후(1905년)에 더욱 극명하게 드러났다. 대부분의 과학자들이 평범하게 여겼던 것을 '가정'으로 내세운 이유는 그 가정이 틀릴 수도 있음을 간파했기 때문이다. 시간과 공간이 절대적 양이 아니라면 여기에 기초한 이론은 대대적으로 수정되어야 한다.

아인슈타인의 일반상대성이론은 "두 지점 사이의 거리"와 "시간이 흐르는 속도"가 관측자의 상태(별, 행성, 블랙홀 등과 관측자 사이의 거리)에 따라 달라지는 우주를 서술하는 이론이다. 심지어 시간과 공간은 마트에 물건을 사러 갈 때와 쇼핑을 마치고 돌아올 때도 달라질 수 있다.

시간이 흐르는 속도는 위치마다 다르고, 여러 물체의 상대속도에 따라 달라진다(이것을 '시간의 비등시성'이라 한다). 이것은 수많은 실험을 거쳐 확인된 사실이다. 1971년에 조지프 하펠레Joseph Hafele와 리처드 키팅Richard Keating은 시간의 비등시성을 확인하기 위해 초정밀 원자시계 네 개를 수하물 가방에 넣고 지구를 한 바퀴 도는 비행기에 탑승했다(물론 논스톱 비행은 아니었다). 여기서 잠시 그들의 이야기를 들어보자.

> 과학에서는 이론보다 실험 결과가 우선이다. 이론에 제아무리 완벽해 보여도 실험과 다르면 그 즉시 수정되거나 폐기되어야 한다. 우리는 아인슈타인의 일반상대성이론을 검증하기 위해 세슘 원자시계 네 개를 들고 상업용 제트여객기에 올랐다. 처음에는 서쪽으로 지구 한 바퀴를 돌고, 다음에는 동쪽으로 한 바퀴를 돌고……. 이렇게 여행을 마친 후 원자시계를 미국 해군 천문대의 원자시계와 비교한 결과, 동쪽으로 여행하는 동안에는 시간이 느리게 흘렀고 서쪽으로 이동하는 동안에는 시간이 빠르게 흘렀음을 확인할 수 있었다.[5]

동쪽으로 이동한 시계는 59나노초●만큼 느려졌고, 서쪽으로 이동한 시계는 273나노초만큼 빨라졌다. 물론 일상생활에서는 감지할 수 없을 정도로 작은 차이였지만, 중요한 것은 실제로 차이가 났다는

● 1나노초=10억 분의 1초.

점이다. 그리고 이 차이는 아인슈타인의 이론으로 계산한 값과 정확하게 일치했다. 실험을 마친 후 하펠레와 키팅이 발표한 논문은 다음과 같이 간결한 문장으로 마무리된다.

어쨌거나 두 시계가 반대 방향으로 지구를 돌았을 때 시간이 일치하지 않는다는 점에는 더 이상 논란의 여지가 없을 것으로 사료된다. 우리의 실험이 그것을 확실하게 입증했기 때문이다.

그렇다. 우리의 우주는 보는 관점(관측자의 상대속도)에 따라 시간이 다르게 흐르는 희한한 우주였다. 마음에 들지 않겠지만 엄연한 현실이다. 시간은 우리의 직관대로 흘러가지 않는다.

희한하기는 공간도 마찬가지다. 우리는 두 지점 사이의 거리가 모든 사람에 동일하다고 알고 있지만, 이것도 관점에 따라 다를 수 있다. 지금 당장 당신의 눈앞에서 엄지와 검지 사이를 벌려보라. 두 손가락 사이의 간격을 자로 재보니 대충 15센티미터쯤 되는 것 같다. 정확한 값이 얼마인지는 모르지만 초정밀 장비를 동원하면 얼마든지 알 수 있고, 모든 사람이 이 값에 동의할 것이다. 이 세상에 손가락 간격을 놓고 "보는 사람의 관점에 따라 다르다"고 주장하는 정신 나간 사람이 과연 있을까? 있다. 게다가 그를 정신 나간 사람으로 치부하기도 어렵다. 그가 바로 20세기 최고의 천재로 알려진 아인슈타인이기 때문이다. 관측자의 상대속도에 따라 길이가 갈라진다는 것도 실험으로 입증된 사실이다. 프랑스와 스위스의 국경 근처에 자리한 유럽입자물리공동연구소CERN에서는 세계 최대규모의 대형 강입자 충돌기Large Hadron Collider, LHC라는 입자가속기가 운용되고 있다. LHC 안에서는 한 쌍의 양성자가 서로 반대 방향으로 광속의 99.999999퍼센트까지 가속된 후 격렬하게 충돌한다. 실험의 목적은 충돌의 여파로 탄생한 입자를 분석하여 자연에 존재하는 힘의 물리적 특성을 규명하는 것이다. LHC는 거대한 도넛 모양으로 생겼는데, 그곳에서 일하는 연구원들의 관점에서 볼 때 가속기의 둘레는 무려 27킬로미터에 달한다. 그러나 거의 미친 속도로 내달리는 양성자의 관점에서 볼 때, LHC의 둘레는 기껏해야 4미터밖에 안 된다.

아인슈타인이 특수상대성이론을 발표했던 1905년에는 원자시계가 없었고 지구를 한 바퀴 돌 수 있는 비행기는 물론 LHC도 없었으며, 절대공간과 절대시간에 대한 뉴턴의 가정을 검증하는 실험 역시 단 한 번도 실행된 적이 없었다. 그런데 아인슈타인은 어떻게 그토록 희한한 이론을 떠올릴 수 있었을까? 발단은 바로 '두 이론 사이의 충돌'이었다. 17세기에 탄생한 뉴턴의 중력이론과 19세기에 확립된 제임스 클러크 맥스웰James Clerk Maxwell의 전자기학electromagnetism 사이에 근본적인 불일치가 발견된 것이다.

불일치가 발생한 이유는 전자기학에서 빛의 거동 방식이 워낙 유별나기 때문이다. 19세기에 마이클 패러데이Michael Faraday와 앙드레 마리 앙페르André Marie Ampère 등은 진공 중에서 전자기파electromagnetic wave(빛)의 속도를 여러 번 관측한 끝에 "빛은 관측자의 운동상태에 상관없이 항상 일정한 속도로 진행한다"는 결론에 도달했다. 현재 알려진 정확한 광속은 초당 2억 9979만 2458미터다(이 값을 흔히 c로 표기한다). 고전 전자기학에 의하면 빛의 속도는 관측자가 빛을 쫓아가면서 측정하건, 빛과 반대 방향으로 도망가면서 측정하건, 또는 제자리에 서서 측정하건 간에, 항상 똑같은 값으로 나타난다. 이상하지 않은가? 우리가 아는 물체는 이런 식으로 거동하지 않는다.

크리켓 경기 역사상 최고 강속구는 2003년에 케이프타운에서 파키스탄의 쇼아이브 아흐타르Shoaib Akhtar가 영국팀을 상대로 던진 공으로, 시속 100.2마일(시간당 160킬로미터)•을 찍으며 무실점 경기를 기록했다. 만일 아흐타르가 시속 600마일(시간당 960킬로미터)로 날아가는 F-14 톰캣 전투기를 타고 던졌다면, 공은 960+160, 즉 시간당 1020킬로미터의 속도로 타자를 향해 날아갔을 것이고, 타자는 공을 보지도 못했을 것이다. 그러나 빛의 속도는 이런 식으로 더해지지 않는다. F-14 전투기에서 크리켓 공 대신 레이저빔을 발사했다면[레이저도 빛의 일종이다], 빛은 960킬로미터가 아니라 여전히 c 라는 속도로 진행할 것이다.

광속이 누구에게나 일정하다는 비상식적 결과를 말이 되도록 만들 수는 없을까? 두 가지 방법이 있다. 첫 번째 방법은 빛의 속도가 크리켓 공처럼 더해지도록 맥스웰 방정식을 수정하는 것이다. 물론 여기에는 실험적 증거가 뒷받침되어야 한다. 즉, 실험을 여러 번 반복 실행해서 기존의 맥스웰 방정식이 틀렸음을 입증해야 한다. 그러나 수많은 실험에도 불구하고 맥스웰 방정식은 항상 옳은 결과를 내놓았고, 결국 빛의 속도는 항상 일정한 것으로 판명되었다.

• 크리켓과 관련된 숫자여서, 대영제국단위계Imperial Units로 표기했다.

그렇다면 두 번째 방법밖에 없다. 우리가 믿어왔던 시간과 공간의 특성에 대대적인 수정을 가해서, "관측자의 운동상태에 상관없이 빛이 항상 일정한 속도로 관측되는 시공간"으로 바꿔야 한다. 그렇다면 뉴턴이 말했던 절대적 시간과 절대적 공간의 개념을 포기하고 관측자에 따라 달라지는 상대적 시공간을 도입해야 한다. 이 요구에 부응하여 탄생한 것이 바로 아인슈타인의 상대성이론이었다.

아인슈타인의 상대성이론 ──────

아인슈타인의 상대성이론은 "자연에 존재하는 물체의 거동을 미리 예측하는 수학 체계"로서 본질적으로 기하학에 기초한 이론이다. 그 덕분에 복잡한 방정식 없이 직관적인 그림으로 표현할 수 있어서, 교양과학서에 적합한 주제이기도 하다. 내가 보기에 상대성이론은 역사적 배경을 되짚는 것보다 기하학적 그림으로 설명하는 편이 훨씬 나을 것 같다. 배경지식을 구구절절 늘어놓을 필요 없이 "이러이러한 이유로 상대성이론은 옳다"고 결론지으면 그것으로 끝이다. 실제로 아인슈타인은 맥스웰의 이론이나 다양한 실험을 일절 언급하지 않은 채 불쑥 자신의 생각을 제시했고, 이 이론은 지난 한 세기 동안 수많은 검증을 거쳐 확고한 진리로 자리 잡았다.

과학 역사상 가장 유명한 방정식인 $E=mc^2$을 포함하여 상대성이론을 가장 간단명료하게 설명하는 방법은 '시공간의 간격the spacetime interval'이라는 개념을 사용하는 것이다. 이 개념을 도입하면 하펠레와 키팅의 실험 결과도 설명할 수 있는데, 기본 아이디어는 간단하면서도 매우 아름답다.

2003년에 케이프타운에서 열린 파키스탄과 영국의 크리켓 경기장으로 되돌아가보자. 이 경기에서 파키스탄의 쇼아이브 아흐타르는 영국의 타자 닉 나이트Nick Knight를 향해 시속 160킬로미터짜리 강속구를 던졌다. 일단은 문제가 복잡해지는 것을 피하기 위해, 중력은 작용하지 않는다고 가정하자. 중력이 개입된 경우는 이 장의 끝부분에서 다룰 것이다. 무중력 상태에서 아흐타르의 손을 떠난 공은 지면에 대하여 시간당 160킬로미터의 속도로 완벽한 직선을 그리며 날아간다.• 다소 비현실적이긴 하지만, 크리켓 공에 시계가 장착되어 있다고 가정해보자. 이 시계는 공이 아흐타르의 손을 떠나는 순간에 한차례 섬광을 방출하면서 작동하기 시작하고, 나이트가 휘두르는 배트에 닿는 순간 또 한 번의 섬광을 방출하면서 멈추도록 설계되어 있다. 이제 첫 번째 섬광과 두 번째 섬광 사이의 시간 간격을 $\Delta\tau$라 하자('델타타우'라고 읽으면 된다).

중계석에서는 BBC 아나운서 조너선 애거스Jonathan Aggers가 자신의 관점에서 두 섬광 사이의 시간 간격을 측정하여 Δt_{Aggers}라는 값을 얻었다고 하자.•• 또한 그는 아흐타르의 손에서 나이트의 배트까지의 거리를 측정하여 Δx_{Aggers}라는 값을 얻었다.

• 전문용어로 표현하면 크리켓 경기장은 '관성기준계inertial reference frame'에 해당한다. 물론 이 기준계는 지표면에 붙어 있고, 지구는 텅 빈 우주 공간을 표류하고 있다. 모든 경우에 공기저항은 작용하지 않는다고 가정한다.
•• 공에서 빛이 방출된 시간을 정확하게 측정하려면 방출된 빛이 자신의 눈에 도달할 때까지 걸리는 시간을 고려하여 보정해야 한다.

바로 그때, 상공에서는 못 말리는 장난꾸러기 파일럿 톰 크루즈 Tom Cruise가 F-14 톰캣 전투기를 타고 시간당 960킬로미터의 속도로 초저공비행을 하면서 첫 번째 섬광과 두 번째 섬광의 시간 간격을 자신의 관점에서 측정하여 Δt_{Tom}이라는 값을 얻었다고 하자. 또 톰은 애거스가 했던 것처럼 아흐타르의 손에서 나이트의 배트까지의 거리를 자신의 관점에서 측정하여 Δx_{Tom}이라는 값을 얻었다고 하자.

하펠레와 키팅의 실험에 의하면, 애거스가 측정한 시간과 톰 크루즈의 시간, 그리고 공 속에 장착된 시계가 측정한 시간 간격은 모두 달라야 한다. 시간뿐만 아니라, 이들이 측정한 투수와 타자 사이의 거리도 제각각이다. 상대성이론을 처음 접하는 사람은 이 말을 듣고 꽤 큰 충격을 받을 것이다. 거리와 시간 간격이 관측자의 운동상태에 따라 다르다는 것은 분명히 직관에서 벗어난 주장이지만, 이로부터 엄청나게 중요한 결과가 유도된다.

자, 정신을 가다듬고 집중해보자. 애거스가 자신이 얻은 시간과 거리를 각각 제곱해서 뺀 값, 즉 $(\Delta t_{\text{Aggers}})^2 - (\Delta x_{\text{Aggers}})^2$은 동일한 양을 톰 크루즈가 계산한 값, 즉 $(\Delta t_{\text{Tom}})^2 - (\Delta x_{\text{Tom}})^2$과 같다. 또한 이 값은 크리켓 공에 장착된 시계로 측정한 시간 간격의 제곱 $(\Delta \tau)^2$과도 같다. 이 관계를 정리하면 다음과 같다.

$$(\Delta \tau)^2 = (\Delta t_{\text{Aggers}})^2 - (\Delta x_{\text{Aggers}})^2 = (\Delta t_{\text{Tom}})^2 - (\Delta x_{\text{Tom}})^2$$

여기서 $(\Delta \tau)^2$은 "투수의 손에서 공이 이탈하는 사건"과 "공이 배트와 충돌하는 사건" 사이의 시공간 간격에 해당한다. 독자들은 이렇게 묻고 싶을 것이다. "시간 간격의 제곱에서 공간 간격의 제곱을 뺀 값이 대체 무슨 의미인가?" 시공간에서 두 사건 사이의 간격(또는 거리)은 둘 중 하나의 사건에서 출발한 빛이 다른 사건에 도달할 때까지 걸리는 시간으로 정의된다. 그러므로 시공간에서의 간격은 빛이 1초 동안 가는 거리, 즉 '광초light second'의 단위를 갖는다. 시공간에서 "두 사건 사이의 간격(또는 줄여서 간격)"이 중요한 이유는 이 값이 각 관측자의 운동상태에 상관없이 모두에게 동일하게 나타나기 때문이다. 물리학에서는 이런 값을 '불변량invariant'이라 한다. 자연은 관측자의 개인적 관점 따위에는 아무런 관심도 없기 때문에,• 자연을 서술하고 싶을 땐 무조건 불변량부터 찾는 것이 상책이다. 그러므로 불변량을 찾았다는 것은 우주의 본질에 그만큼 가까이 다가갔다는 뜻이다.

테일러, 휠러, 버칭거는 이들이 공동집필한 《블랙홀 탐험Exploring Black Holes》에서 "시공간의 간격을 서술하는 방정식은 물리학뿐만 아니라 모든 과학 분야를 통틀어 가장 중요한 방정식 중 하나"라고 단언했고, 킵 손과 로저 블랜드퍼드Roger Blandford는 《현대적 고전물리학Modern Classical Physics》에서 시공간의 간격이 "물리법칙의 가장 근본적 특성"임을 강조했다. 여기서 우리가 눈여겨볼 것은 '근본적'이라는 단어다. 당신은 이렇게 묻고 싶을 것이다. "시공간의 간격은 왜 하필 이런 형태인가?" 또는 이렇게 물을 수도 있다. "시간과 공간을 그런 식으로 조합한 값이 왜 모든 관측자에게 똑같은 값으로 나타나는가?" '근

• 이 말을 듣고 충격받는 사람도 있겠지만 엄연한 현실이다. 자연은 결코 개인의 사정을 봐주지 않는다.

본적'이라는 단어에서 알 수 있듯이, 우주가 원래 그런 식으로 만들어졌기 때문이다. 이보다 더 근본적인 답은 없다. 만일 누군가가 "우주는 왜 그런 식으로 만들어졌나요?"라고 묻는다면, 물리학자들은 똑같은 답을 내놓을 것이다. "거참⋯⋯. 그걸 어떻게 알아요?"

그렇다고 질문이 바닥난 건 아니다. 당신은 이렇게 물을 수 있다. "물리법칙의 근본적 특성이라는 '간격'을 어떤 식으로 받아들여야 하는가?" 좋은 질문이다. 물리학자는 방정식에서 벌어지는 일을 머릿속에 그리기 위해 안간힘을 쓰고 있다. 물리적 직관은 방정식에 생명을 불어넣는 원동력이기 때문이다. 다행히도 시공간의 간격을 물리적으로 해석하는 방법이 있긴 있다. 두 사건 사이의 간격은 공간상의 거리가 아니라, 시공간상에서의 거리다. 이게 무슨 뜻인지, 좀 더 깊이 생각해보자.•

시공간에서의 사건과 세계선 ——————

사건event은 상대성이론을 관통하는 기본 개념이다. 사건이란 특정 시간, 특정 장소에서 일어나는 일인데, 이론적으로는 "발생 시간과 장소가 명확한 값으로 정의되는 것"을 사건이라 한다. 손가락을 튕기는 행위는 시간과 장소가 다소 두루뭉술하게 정의되지만, 근사적

• 시공간spacetime은 '시간과 공간space and time'의 줄임말이 아니라, 시간과 공간을 하나로 합쳐놓은 새로운 용어다. 이제 곧 알게 되겠지만, 시공간의 차원은 3차원 공간과 1차원 시간을 더한 4차원이다.—옮긴이

으로 보면 이것도 하나의 사건이다. 앞에서 예로 들었던 "크리켓 공에서 섬광(빛)이 방출되는 것"도 사건에 속한다. 엄밀히 말해서 사건은 매우 이상화된 개념으로, 하나의 사건은 시공간의 한 점에 대응된다. 즉, 사건이란 "아주 짧은 시간 동안 아주 좁은 영역에서 일어난 일"이며, 이런 사건은 시공간에서 하나의 점으로 나타낼 수 있다.

상대성이론은 사건들 사이의 관계에 관한 이론이다. 두 사건은 시공간에서 얼마나 떨어져 있으며, 서로에게 어떤 영향을 미치는가? 이것이 바로 상대성이론의 주제다. 뭔가 거창한 것 같지만, 사실 사건이라는 개념은 우리의 일상적인 대화 속에 고스란히 녹아들어 있다. "내일 저녁 8시에 단골 술집에서 만나자"라거나, "저는 1968년 3월 3일에 올덤Oldham에서 태어났습니다"라는 말은 모두 시공간의 특정 시간, 특정 위치에서 발생한(또는 발생할 예정인) 사건을 언급하고 있다. 여기서 표현 방식을 조금만 바꾸면 상대성이론의 기초가 만들어진다. 과거에 발생했던 일과 미래에 발생할 일은 예외 없이 시공간 속의 사건들이다. 시공간이란 무엇인가? 길게 말할 것 없다. 시공간은 모든 사건을 모아놓은 집합이다. 우주에 존재했거나 앞으로 존재하게 될 모든 것이 시공간에 들어 있다.

그렇다면 시공간을 그림으로 나타낼 수 있을까? 물론이다. 당신의 과거를 떠올려보라. 학교에 처음 등교하던 날, 할아버지 할머니와 함께 크리스마스를 보냈던 날, 술집에서 완전히 뻗어 필름이 끊겼던 날……. 기쁨과 슬픔으로 얼룩진 당신의 삶이 일련의 사건으로 기록되어 시공간 곳곳에 점처럼 박혀 있다. 그러므로 사건은 당신의 경험을 이루는 구성요소, 즉 '경험의 원자'인 셈이다. 우리는 과거의 경험에 시간과 장소라는 꼬리표를 붙여놓고, 이것을 기준으로 사건을 구별한다. 이제 과거에 당신이 겪었던 사건들을 시공간 속에 일일이 나열해보자(하나의 사건은 하나의 점에 대응된다). 누락된 사건이 없다면 이 점들은 매끄럽게 이어져서 하나의 매끄러운 곡선이 될 것이다. 앞으로 이 선을 '세계선world line'이라 부르기로 하자.

그림 2.1은 시공간을 가로지르는 세계선의 한 사례다. 이런 그림을 시공간 다이어그램spacetime diagram이라 한다. 그림에 나타난 곡선을 당신이 지나온 세계선이라 하자. 당신의 삶이 시공간에서 적나라하게 펼쳐져 있다. 마음에 들지 않는다면 특정 시간, 특정 위치에 당신만의 사건을 추가해서 세계선을 바꿔도 된다. 이렇게 그려놓고 보니 시공간은 기억을 자극하는 향수 촉진제 같다. 단, 당신의 세계선은 과거뿐만 아니라 현재를 거쳐 미래까지 계속 이어지고, 당신의 기억은 과거에 일어났던 사건에 국한되어 있다. 과거에 겪었던 사건들(여섯 살 때의 크리스마스, 학교 친구들과 보냈던 어느 여름날의 오후, 풋풋했던 첫 키스와 가슴 아팠던 이별 등)은 사라진 게 아니라, 시공간의 어딘가에 남아 있다. 또한 당신의 미래(아직 일어나지 않은 사건들)와 세계선이 끝나는 지점(죽음)도 시공간의 어딘가에서 당신이 도달하기를 기다리고 있다. 모든 사건을 이런 식으로 배열하면 시공간에서 당신이 나아가는 지도가 만들어지고, 각 사건 사이의 거리는 시공간의 간격으로 주어진다. 이 지도에서 모든 방향으로 종횡무진 누빌 수 있다면 얼마나 좋을까? 만일 그렇다면 이미 지나간 과거를 재방문할 수 있고, 아직 오지 않은 미래를 사전답사할 수도 있을 것이다. 그러나 우리는 오직 한쪽 방향으로만 흐르는 시간에 묶여 있기 때문에 재방문도, 사전답

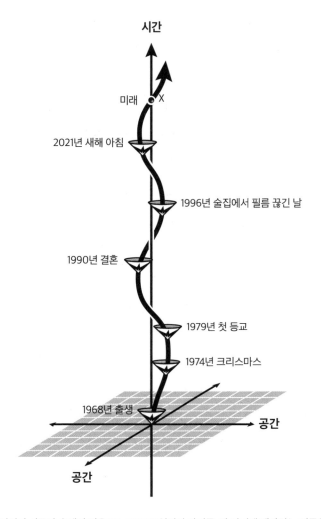

그림 2.1 당신이 시공간 속에서 겪은(또는 겪게 될) 일련의 사건들. 각 사건에 해당하는 점들을 연결한 선을 세계선이라 한다. 그리고 개개의 사건에 할당된 작은 원뿔(깔대기 모양)을 광원뿔light cone이라 한다. 원뿔의 옆면은 해당 사건에서 방출된 빛의 경로인데, 이 세상 그 어떤 것도 빛보다 빠르게 이동할 수 없으므로 원뿔 내부에 있는 사건만이 원래 사건(원뿔의 꼭짓점에 해당하는 사건)의 영향을 받는다.●

────────────

● 공간은 원래 3차원이지만, 그림으로 표현할 수가 없어서 2차원 평면으로 단순화시켰다.─옮긴이

사도 할 수 없다. 공간에서는 전-후, 좌-우, 상-하로 자유롭게 움직일 수 있지만, 시간에서는 자유로운 이동이 불가능하다. 왜 그럴까? 그 이유는 시공간의 간격에서 찾을 수 있다.

지금까지 언급된 내용을 정리해보자. 특정 관측자의 관점에서 측정된 두 사건 사이의 공간상 거리를 Δx, 시간상 거리(시간 간격)를 Δt라 하자. 직관적으로 생각하면 다른 관측자가 얻은 Δx와 Δt도 당연히 같을 것 같지만, 사실은 얼마든지 다를 수 있다. 그러나 이로부터 계산된 시공간의 간격 $(\Delta \tau)^2$은 관점에 상관없이 누구에게나 동일한 값으로 나타난다.

$$(\Delta \tau)^2 = (\Delta t)^2 - (\Delta x)^2$$

이 값으로부터 '세계선의 길이'라는 개념을 도입할 수 있다. 예를 들어 그림 2.1에서 주인공이 출생한 1968년부터 X로 표시된 미래 사건으로 이어지는 세계선을 생각해보자. 이 세계선의 길이는 얼마나 될까? 사건 X가 '1968년에 출생한 사건'과 정확하게 같은 위치에서 발생한다면, 두 사건 사이의 간격은 오직 시간 간격만으로 주어진다. 즉, $\Delta x = 0$이므로 $\Delta \tau = \Delta t$가 된다. 이 값은 두 사건 사이의 시공간 간격이지만, 세계선의 길이는 아니다. 그림 2.1에서 세로축(시간축)을 따라 위로 구불구불하게 올라가는 굵은 선의 길이가 바로 세계선의 길이에 해당한다. 올덤에서 위건Wigan으로 가는 길의 길이가 경로에 따라 달라지듯이, 시공간에서의 거리(세계선의 길이)도 "도중에 어떤 경로를 거쳐왔는가?"에 따라 달라진다. 그림 2.1에서 뱀처럼 굽은 세계선의 길이를 계산하는 한 가지 방법은 세계선을 아주 짧은 조각으로 분할하는 것이다. 세계선 자체는 곡선이지만, 짧게 자른 조각 하나는 거의 직선으로 간주할 수 있다.• 그다음에 앞서 언급했던 공식을 이용하여 각 선분의 $\Delta\tau$를 계산한 후, 이들을 모두 더하면 세계선의 전체 길이를 구할 수 있다.

시공간의 간격 $\Delta\tau$은 $(\Delta t)^2 - (\Delta x)^2$이므로 양수, 음수, 0이라는 세 가지 결과가 나올 수 있다. 일상적인 공간에서는 거리가 항상 양수인데, 시공간에서는 거리가 무려 세 가지나 된다.

두 사건 사이의 시간 간격이 거리 간격보다 크면, 시공간의 간격은 양수다. 이런 경우 물리학자는 두 사건이 "시간꼴로 분리되어 있다timelike seperated"고 말한다. 세계선에 포함된 모든 사건은 시간꼴로 분리되어 있다. 이게 대체 무슨 뜻일까? 당신이 태어난 순간부터 스톱워치를 몸에 지니고 살아왔다고 가정해보자(스톱워치는 태어난 순간부터 작동하기 시작했다). 그러면 당신이 언제 어디에 있건, 스톱워치는 당신이 태어난 순간부터 지금 이 순간까지 거쳐온 세계선의 길이를 측정한다. 따라서 세계선의 길이는 당신의 나이와 같다. 이것이 바로 '시간꼴로 분리된' 간격의 의미다. 즉, 시간꼴로 분리된 간격은 당신이 시공간에서 세계선을 따라 진행하는 데 걸린 시간을 의미한다.••

이와 반대로 두 사건 사이의 거리 간격이 시간 간격보다 크면 시

• 세계선의 특정 구간이 직선이라는 것은 당신이 그 구간을 이동할 때 가속운동을 하지 않았다는 뜻이다. 공간이나 시공간에 그려진 임의의 궤적은 아주 짧은 직선의 연속체로 간주할 수 있다.

•• 시계는 자기 자신에 대해 움직이지 않으므로 $\Delta x = 0$이고, 따라서 $\Delta\tau = \Delta t$이다.

공간 간격은 음수가 된다. 이런 경우 "두 사건은 공간꼴로 분리되어 있다spacelike seperated"고 말한다. 공간꼴로 분리된 경우(공간꼴 분리)에는 시간꼴 분리와 달리 '나와 함께 움직이는 스톱워치'처럼 적절한 비유를 찾을 수 없지만, 물리적 해석은 가능하다. 예를 들어 두 사건이 각기 다른 장소에서 동시에 발생한 경우, 이들 사이의 간격은 "두 장소 사이의 거리를 자로 측정해서 얻은 값"으로 해석할 수 있다. 두 사건이 공간꼴로 분리되어 있으면 "내가 분명히 확인했는데, 두 사건은 정확하게 동시에 일어났다"고 주장하는 관측자가 항상 존재한다.|"동시에 일어나지 않았다"고 주장하는 관측자도 존재할 수 있다는 뜻이다.| 이는 곧 관측자(또는 관측 장비)가 사건이 일어난 두 장소에 동시에 존재할 수 없음을 의미한다. 사실 이것은 "당신이 가진 스톱워치로는 각기 다른 장소에서 일어난 두 사건의 발생 시간을 동시에 측정할 수 없다"는 당연한 말을 물리적으로 표현한 것뿐이다.

그러므로 모든 사건의 주변 시공간은 근본적으로 다른 두 영역으로 분리된다. (1) 세계선에서 해당 사건을 방금 통과한 시계가 잠시 후 도달할 수 있는 지점들을 포함하는 영역과 (2) 이 시계가 도달할 수 없는 지점들을 포함하는 영역이 바로 그것이다. 두 영역의 차이가 얼마나 심오하고 중요한지는 잠시 후에 알게 될 것이다.

그런데 방금 언급한 두 가지 경우 중 어디에도 포함되지 않는 세 번째 경우가 있다. 두 사건 사이의 시간 간격과 공간 간격이 정확하게 같은 경우다. 이런 경우 두 사건을 연결하는 세계선은 빛의 경로와 일치한다. 이 말을 이해하기 전에, 단위부터 명확하게 짚고 넘어가자. 지금 우리는 시간을 초second 단위로 표기하고, 거리는 광초light second

단위로 표기하고 있다. 즉, 빛은 1초 동안 1광초만큼 이동하고, 2초 동안 2광초만큼 이동하고…… 하는 식이다. 그러므로 빛이 지나가는 경로에서 임의의 두 사건을 취하면 항상 $(\Delta t)^2 = (\Delta x)^2$이 되어 시공간의 간격은 0이다. 이런 관계에 있는 사건들은 "빛꼴로 분리되어 있다 lightlike seperated"(빛꼴 분리)라고 말한다. 시공간에서 발생한 하나의 사건에서 출발하여 가능한 빛의 진행 경로를 모두 그리면 원뿔 모양의 도형이 되는데, 이것을 '미래 광원뿔future light cone'이라 한다. 그림 2.1에 깔대기처럼 그려 넣은 것이 바로 각 사건에 해당하는 광원뿔인데, 항상 출발점에서 45도 각도로 퍼져나간다.● 미래 광원뿔 내부에 있는 사건들은 원래 사건(원뿔의 꼭짓점에 해당하는 사건)과 시간꼴로 분리되어 있고, 원뿔 바깥에 있는 사건들은 원래 사건과 공간꼴로 분리되어 있다. 당신은 출생 후 지금까지 겪었던 모든 사건 현장에 분명히 존재했으므로, 당신의 세계선은 광원뿔의 내부를 벗어나지 않은 채 구불구불하게 진행된다.●●

지금부터 광원뿔의 의미와 시공간에서 일어나는 사건들 사이의

● 거리의 단위를 '미터'가 아닌 '광초'로 잡았으므로, 흐른 시간 t와 빛이 이동한 거리 x는 같은 값을 갖는다. 즉, 빛의 경우에는 $t=x$이다. 이 관계를 (x, t)로 이루어진 직교좌표에 그리면 기울기가 1인 정비례 그래프(직선)가 되므로, x축과 이루는 각도는 45도다. ―옮긴이

●● 2차원 평면 공간의 한 점에서 방출된 빛은 평면을 벗어나지 못한 채 사방으로 퍼져나가고, 빛의 선단先端, wavefront은 원을 형성한다. 그러므로 2차원 공간과 1차원 시간으로 만들어진 3차원 시공간에서 광원뿔은 우리에게 익숙한 원뿔 모양이 된다. 그러나 공간을 3차원으로 확장하면 빛의 선단은 구의 표면이 되고, 4차원 시공간에서 광원뿔은 4차원의 초원뿔hyper-cone이 된다. 이런 도형은 그릴 방법이 없기 때문에, 당분간은 공간을 2차원으로 간주할 것이다.

관계를 좀 더 자세히 알아보자. 이것은 블랙홀의 특성과 그로부터 야기된 역설을 이해하는 데 매우 중요한 내용이므로, 과자 봉지를 잠시 옆으로 치우고 집중해서 읽어주기 바란다. 세계선에 놓인 하나의 사건을 크게 확대하면, 그 주변을 에워싼 광원뿔과 주변 사건들 사이의 관계를 좀 더 명확하게 이해할 수 있을 것 같다.

시공간에서 맞이한 크리스마스 ————————

세계선에 놓인 수많은 사건 중 '1974년 크리스마스'와 그 근처의 영역을 확대해보자. 가족들 모두 TV 앞에 모여 앉아 한바탕 논쟁을 벌이고 있다. 한 팀은 BBC 제1방송의 브루스 포사이스Bruce Forsyth와 세대 간 게임The Generation Game을 보려 하고, 다른 팀은 BBC 제2방송의 연속극 헨리 5세Henry V에 나오는 로런스 올리비에Laurence Olivier를 봐야 한다며 우기는 중이다. 두 팀 모두 한 치의 양보 없이 목소리를 높이고 있는데, 그 광경을 물끄러미 바라보던 할머니가 (고의인지 아닌지 끝내 미스터리로 남았지만) 발로 와인잔을 차는 바람에 그 안에 담겨 있던 하비 브리스틀 크림Harvey's Bristol Cream|와인의 일종|이 전기난로에 뿌려졌고, 그 여파로 퓨즈가 끊어져서 TV를 포함한 모든 가전제품이 먹통이 되었다. 졸지에 암흑천지가 된 거실에는 침묵이 흐르고……. 가족 간의 논쟁은 그렇게 종료되었다.

그림 2.2는 1974년 크리스마스 날, 당신의 집에 모인 가족 중 누군가의 관점에서 그린 시공간 영역이다. 원뿔의 꼭짓점에 있는 사건 A는

'할머니의 발이 와인잔과 접촉한 사건'이고, 사건 D는 '퓨즈가 끊어진 사건'이다. 이 관점에서 볼 때 사건 A와 D는 거의 같은 위치에서 발생했지만, 발생 시간이 다르다. D는 A보다 미래에 발생했다. A에서 위쪽 대각선 방향으로 뻗은 직선은 A의 미래 광원뿔을 나타내고, 아래쪽으로 뻗은 대각선은 과거 광원뿔로서 그 안에 A가 거쳐온 과거가 들어 있다. 미래 광원뿔(위쪽에서 진하게 칠해진 부분) 안에 있는 모든 사건들은 A와 시간꼴로 분리되어 있으므로, A에 있는 사람은 (시간이 흐르면) 이 영역에 들어 있는 임의의 사건에 도달할 수 있다. 또한 과거 광원뿔 안에 있는 사건들도 A와 시간꼴로 분리되어 있으므로, 시

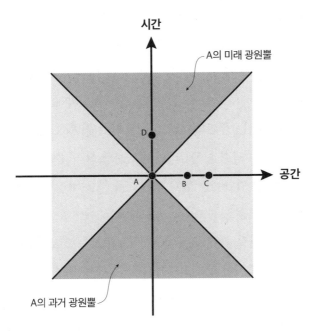

그림 2.2 시공간에서 발생한 하나의 사건 A와 그 근처 영역을 확대한 그림. 대각선은 A를 지나는 빛의 경로인데, 이들이 모여서 A의 과거 광원뿔과 미래 광원뿔을 형성한다.

간이 흐르면 A에 도달할 수 있다. 그림에서 A와 D 사이의 (시공간) 간격은 $(\Delta\tau)^2=(\Delta t)^2$인데, 여기서 Δt는 집에 있는 시계로 측정한 두 사건 사이의 시간 간격이다.●

그림 2.2에는 B와 C라는 다른 사건도 표시되어 있다. 집안 내부의 관점에서 볼 때 B와 C는 A와 같은 시간에 발생했지만 발생 장소가 다르다. 예를 들어 집 밖 길목 끝 어딘가에서 알람시계가 울린 사건을 B라 하고, 이웃 마을 어딘가에서 누군가가 자동차에 시동을 건 사건을 C라 하자. 그러면 A와 B의 간격은 $(\Delta\tau)^2=-(\Delta x_{AB})^2$이고, A와 C의 간격은 $(\Delta\tau)^2=-(\Delta x_{AC})^2$이 된다. 시공간의 간격이 음수라는 것은 두 사건(A와 B, 또는 A와 C)이 공간꼴로 분리되어 있다는 뜻이다. 여기서 Δx_{AB}와 Δx_{AC}는 두 지점 사이의 공간적 거리를 자로 측정한 값이다.

자, 지금부터가 핵심이다. 사건 A는 분명히 사건 D를 일으켰다(할머니가 전기난로에 와인을 뿌려서 퓨즈가 끊어졌다). 그러나 A는 결코 B와 C의 원인이 될 수 없다. A가 B와 C를 일으키려면 A의 영향이 B와 C에게 '즉각적으로' 전달되어야 한다. 왜냐하면 A, B, C는 동시에 일어난 사건이기 때문이다. 사건들 사이의 인과관계는 이런 식으로 쉽게 구별할 수 있다. 앞에서 광원뿔이 중요하다고 강조한 것은 바로 이런 이유였다. 서로 상대방의 광원뿔 안에 자신이 포함된 두 개의 사건은 신호나 영향을 주고받을 수 있으므로 인과관계로 엮일 수 있다. 그러

───────────

● 우리가 일상적으로 겪는 사건들은 $(\Delta\tau)^2=(\Delta t)^2$을 거의 만족한다. 앞서 말한 대로 지금 우리는 1광초를 1로 간주한 단위를 사용하고 있는데, 사람들이 이동하는 거리는 겨우 몇 미터에서 몇 킬로미터, 기껏해야 수천 킬로미터에 불과하여 광초 단위로 환산하면 거의 0에 가깝다. 일상생활에서 시간이 어디서나 똑같은 속도로 흐르는 것처럼 느껴지는 이유는 일상적인 Δx가 1광초보다 훨씬 짧기 때문이다.

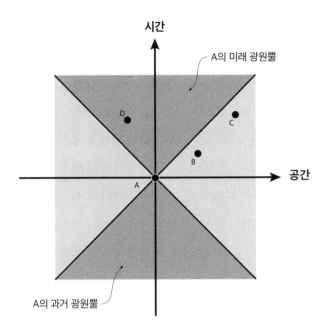

시간

A의 미래 광원뿔

D

C

B

공간

A

A의 과거 광원뿔

그림 2.3 '사건 A를 지나 그림의 왼쪽에서 오른쪽을 향해 일정한 속도로 움직이는 관측자'의 관점에서 그린 시공간 다이어그램. 그의 눈에는 사건 B, C가 A보다 나중에 일어난 것처럼 보인다.

나 서로 상대방의 광원뿔 바깥에 있는 사건들은 인과관계로 엮이기가 원리적으로 불가능하다. 그러므로 시공간의 간격에는 '원인'과 '결과'의 개념이 자동으로 포함되어 있다. 특정 사건은 다른 사건의 원인이 될 수 있으며, 각 사건의 광원뿔은 시공간에서 '인과관계의 한계선'을 보여준다.

동일한 사건을 각기 다른 두 가지 관점에서 바라보면 무엇이 어떻게 달라질까? 그림 2.3은 할머니가 와인잔을 발로 차는 순간 당신의 집을 지나쳐서, 이웃 마을에 주차된 자동차를 향해 일정한 속도로 내달리는 관측자의 관점에서 바라본 시공간 다이어그램이다. 앞서 말한 대로 이 관측자가 측정한 두 사건 사이의 시간 간격과 거리 간격은 다른 관측자가 관측한 값과 다를 수 있지만, 두 사건 사이의 '시공간 간격'은 누구에게나 동일하다. 다시 한번 강조하건대 자연은 특정인의 관점에 아무런 관심이 없으며, 시공간의 간격은 자연의 근본적인 속성이다. 시간과 거리가 어떻게 변하건, 자연의 관심사는 시공간의 간격을 똑같은 값으로 유지하는 것뿐이다. 그래서 뭐 어쩼냐고? 놀라지 마시라. 지금부터 놀라운 일이 벌어진다. 시공간의 간격이 누구에게나 똑같다는 조건을 부과하면, 자동차를 향해 내달리는 관측자가 볼 때 사건 B와 C는 사건 A가 일어난 후 뒤늦게 일어난 것처럼 보인다.

그림 2.4는 일정한 속도로 반대 방향으로 움직이는 관측자가 당신의 집을 지나치는 순간에 작성한 시공간 다이어그램이다. 보다시피 이 관측자에게는 사건 B와 C가 A보다 먼저 일어난 것처럼 보인다.

사건의 발생 순서가 관측자의 관점(정확하게는 관측자의 운동상태)에 따라 다르다니, 지나가는 개가 웃을 일이다. 대체 어떻게 과거가 미래로, 미래가 과거로 바뀔 수 있단 말인가? 이런 황당한 이론을 주장하는 사람은 당장 정신병원에 가둬야 할 것 같다. 그런데 문제는 그 사람이 바로 아인슈타인이고, 그 이론이 바로 상대성이론이라는 점이다. 오케이. 아인슈타인의 이론이니 일단 믿어보기로 하자. 하지만 순차적으로 일어난 두 사건의 순서가 바뀌는 건 아무리 생각해도 도를 넘은 것 같다. 그 두 사건이 당신의 탄생과 죽음이라면 어쩔 것인가? 어떤 관측자는 당신이 죽은 후에 태어나는 모습을 볼 수 있다는 말인가?

이 역설을 해결하려면 광원뿔을 좀 더 자세히 들여다봐야 한다.

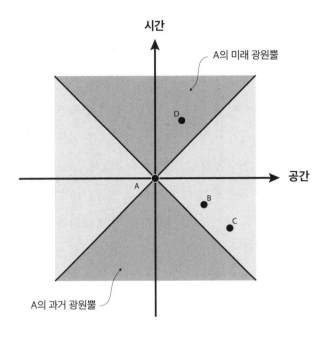

그림 2.4 '사건 A를 지나 그림의 오른쪽에서 왼쪽을 향해 일정한 속도로 움직이는 관측자'의 관점에서 그린 시공간 다이어그램. 그의 눈에는 사건 B, C가 A보다 먼저 일어난 것처럼 보인다.

그림 2.2~2.4에서 광원뿔은 모두 같은 위치에 있다. 빛의 속도는 모든 관측자에게 동일하기 때문이다. 관점을 바꾸면(즉, 다른 관측자의 관점에서 보면) 시공간 다이어그램에서 사건 B, C, D가 다른 위치로 이동하지만, 사건 D는 항상 A의 미래 광원뿔 안에 놓여 있고 사건 B, C는 항상 A의 미래 광원뿔과 과거 광원뿔의 바깥에 놓여 있다. 일단 다행이다. 그런데 항상 그렇다는 것을 어떻게 확신할 수 있을까? "두 사건 사이의 시공간 간격은 불변"이라는 사실이 이것을 보장한다. 즉, 특정 관점에서 볼 때 두 사건 사이의 간격이 시간꼴이면, 어떤 관점에서 봐도 시간꼴이다. 그러므로 서로 영향을 미칠 수 있는 사건들은 관점을

바꿔도 시간 순서가 뒤집히지 않는다. 반면에 서로 영향을 미칠 수 없는 사건들은 관점을 바꿨을 때 시간 순서가 뒤집힐 수 있지만, 이들은 어차피 영향을 줄 수 없는 관계이므로 순서가 뒤집혀도 상관없다. 할머니가 와인잔을 넘어뜨리기(A) 전이나 넘어뜨린 후에 알람이 울리거나(B) 이웃 마을 자동차의 시동이 걸린다 해도(C) 모순은 발생하지 않는다. 이 사건들은 공간꼴로 분리되어 있어서 서로 영향을 미칠 수 없기 때문이다. 또 할머니가 와인잔을 쓰러뜨리기(A) 전에 집의 퓨즈가 끊어졌다면(D) 모순이지만, 사건 D는 어떤 관점에서 봐도 A의 미래 광원뿔 안에 놓여 있기 때문에 절대로 순서가 뒤바뀌지 않는다.

그러므로 A라는 사건의 미래 광원뿔은 시공간에서 A가 미래에 도달할 수 있는 영역과 금지된 영역(도달할 수 없는 영역)을 나누는 경계선에 해당한다. 그리고 과거 광원뿔은 과거의 시공간에서 어떤 사건들이 A에 영향을 미쳤는지를 알려준다. 그림 2.1의 세계선을 보면 과거로 돌아갈 수 없다는 것을 한눈에 알 수 있다. 당신의 인생을 통틀어 광원뿔 내부에서 일어난 모든 사건은 광원뿔 밖으로 나갈 수 없기 때문이다. 광원뿔 밖으로 나가려면 빛보다 빠르게 이동해야 하는데, 시공간의 간격은 불변량이므로 원리적으로 불가능하다. 우리의 기억은 시공간의 어디엔가 남아 있겠지만, 우리는 결코 그곳을 재방문할 수 없다.

앞에서 제시한 시공간 그림은 아인슈타인이 1905년에 발표했던 특수상대성이론 논문에 실린 그림이다. 특수상대성이론은 "중력이 작용하지 않는 우주"를 서술하는 이론으로, 케이프타운에서 열린 영국과 파키스탄의 크리켓 경기에서 중력을 고려하지 않은 것도 우리의 논지가 특수상대성이론의 범주를 벗어나지 않았기 때문이다. 아인슈타인은 특수상대성이론을 발표하고 10년이 지난 후에야 중력을 고려한 일반상대성이론을 완성할 수 있었다.

특수상대성이론에서 일반상대성이론으로 ──────────

"시공간은 고무판처럼 휘어질 수 있다." 이것이 바로 일반상대성이론의 핵심이다. 앞으로 알게 되겠지만, 이것은 사건들 사이의 간격계산규칙을 바꾸는 것과 같다. 물질과 에너지는 주변의 시공간을 휘어지게 만드는데, 아인슈타인은 질량(또는 에너지)과 시공간의 휘어진 정도를 연결하는 방정식을 유도하여 우주론의 새로운 장을 열었다. 그림 2.5는 지구의 질량에 의해 주변 시공간이 휘어지는 원리를 도식적으로 표현한 것이다. 국제우주정거장International Space Station, ISS 같은 물체가 지구에 가까이 접근하면 시공간의 휘어진 영역으로 접어들면서 자연스럽게 궤도운동을 하게 된다. 뉴턴의 물리학에 집착하는 사람은 "우주정거장의 궤도가 중력의 영향을 받아 직선에서 곡선으로 바뀌었다"라고 주장하겠지만, 아인슈타인의 이론에는 힘이라는 개념이 아예 등장하지 않는다. 일반상대성이론에 의하면 중력은 기하학을 통해 이해될 수 있다.

중력이 기하학적 대상이라니, 이건 또 무슨 소린가? 아니, 그건 그렇다 치고 시간과 공간이 휘어졌다는 건 대체 무슨 뜻이며, 휘어진 시공간을 어떻게 표현한다는 말인가? 앞서 보았던 시공간 다이어그램

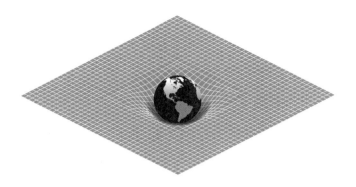

그림 2.5 지구 근방에서 휘어진 시공간.

에서는 세계선만 구불구불했을 뿐, 시간축과 공간축은 똑바로 뻗은 직선이었다(그림 2.1에서 공간은 2차원 평면이었고, 그림 2.2~2.4에서는 1차원으로 간주했다). 그러나 현실 세계는 그렇게 단순하지 않다. 우리가 사는 공간은 앞-뒤, 좌-우, 위-아래로 이동할 수 있는 3차원 공간이다. 게다가 시간의 흐름을 나타내는 네 번째 차원까지 추가하면 그림은커녕, 머릿속에 떠올리기도 어렵다.

4차원으로 직행하는 건 아무래도 무리일 것 같으니, 일단은 납작한 생명체들이 살고 있는 2차원 평면세계를 상상해보자.• 평면세계 거주자들••은 앞-뒤 또는 좌-우로 이동할 수 있지만, 위-아래로는 이동할 수 없다. 평평한 세상에는 '위'나 '아래'라는 개념이 아예 없기 때

• 평평한 세계를 배경으로 한 대표적 소설로는 에드윈 애벗Edwin Abbott이 1884년에 발표한 〈플랫랜드Flatland〉를 꼽을 수 있다. 유명한 인형 캐릭터 플랫 에릭Flat Eric이 등장하는 미스터 와조Mr. Oizo의 뮤직비디오 〈플랫 비트Flat Beat〉도 볼 만하다.

•• 앞으로 이들을 '평평민'이라 하자.—옮긴이

문이다. 이들의 평평한 눈은 평평한 표면에서 평평한 물체만 볼 수 있고, 평평한 두뇌는 평평한 것만 이해할 수 있다. 그러던 어느 날, 평면세계 최고의 물리학자 플랫 알베르트Flat Albert가 놀라운 주장을 펼치기 시작했다. "여러분, 우리가 사는 세상은 2차원이 아닌 3차원이었습니다! 그동안 차원 하나를 모르는 채 살아온 겁니다!" 평평민들은 "거 무슨 울퉁불퉁한 소리냐"며 그의 말을 믿지 않았다. 플랫 알베르트는 그럴 줄 알았다는 듯 씩 웃으며 말을 이어나갔다. "평평한 눈에는 세 번째 차원이 보이지 않지만, 수학적으로 표현하는 건 가능합니다!"

플랫 알베르트의 주장이 사실이어서, 허름한 사무실 한 귀퉁이에 놓인 넓고 지저분한 책상 표면이 그들이 아는 세상의 전부라고 가정해보자(그림 2.6 참조). 우리는 책상 표면에서 위로 올라가는 방향이 세 번째 차원임을 알고 있지만, 평평민들은 그 방향을 볼 수 없다. 그들은 책상 끝까지 가본 적이 없어서 세상 끝에 낭떠러지가 있다는 사실을 까맣게 모른 채 살아왔다. 그러나 일부 용감한 평평 탐험가들 덕분에 "우리가 사는 세상에 도저히 뚫고 지나갈 수 없는 장애물이 존재한다"라는 사실은 알고 있었다. 그 장애물은 지역에 따라 원형, 타원형, 직사각형 등 모양이 제각각이어서, 오랜 세월 동안 평평민들의 호기심을 한껏 자극해왔다. 더욱 이상한 것은 평면세계가 이상하게 생긴 경계선을 따라 어두운 지역과 밝은 지역으로 분리된다는 점이었다.

플랫 알베르트는 책상 표면을 이탈한 적이 없으면서도 여분의 차원이 존재한다는 사실을 어떻게 알 수 있었을까? 그는 말한다. "나의 이론은 밝고 어두운 영역이 공존한다는 사실로부터 유추한 것입니

그림 2.6 2차원 평면세계.

다. 드디어 그 원인을 알아냈어요. 어두운 영역의 정체는 바로 평평한
세상에 드리워진 그림자였습니다!"

알베르트는 3차원 물체(커피잔, 책)가 2차원 평면에 투영되어 그
림자를 만든다는 사실을 깨닫고, 약간의 수학을 사용하여 3차원 물
체의 원래 모양을 추측해나갔다. 가끔은 그림자의 경계선이 바뀔 때
도 있었는데, 알베르트는 그 원인이 "고차원 세계에서 광원의 위치가
달라졌기 때문"이라고 생각했다. 평면세계 최고 과학자다운 발상이지
만, 3차원 세계에서는 삼척동자도 아는 사실이다. 책상 위에서 조명
스탠드의 위치를 옮기면 그림자의 위치는 당연히 달라진다.

독자들은 이 비유를 쉽게 이해할 수 있을 것이다. (관점이 달라져
도 변하지 않는) 간격이란 공간보다 차원이 높은 4차원 시공간에 존재
하는 개념이다. 공간적 거리(Δx)와 시간 간격(Δt)은 시공간 간격($\Delta \tau$)
이 3차원 공간에 드리운 그림자일 뿐이며, 그 값은 3차원 관측자의

관점에 따라 달라진다.● 우리가 4차원 물체를 상상할 수 없는 것처럼, 플랫 알베르트는 커피잔이나 조명 스탠드, 또는 책의 형태를 형상화할 수 없었다. 그러나 그는 2차원 평면에서 세 번째 차원이라는 혁신적인 아이디어를 도입하여 공간을 확장시켰고, 그곳에 존재하는 불변의 물체들(커피잔, 책)을 수학적으로나마 표현하는 데 성공했다.

플랫 알베르트의 사례에서 차원을 하나만 늘리면 아인슈타인의 일반상대성이론이 작동하는 방식을 이해할 수 있다. 평평민들은 그들이 살고 있는 책상 표면이 아무런 굴곡 없이 평평하다고 믿는다. 이것이 사실이라면 그곳에 그린 한 쌍의 평행선은 절대로 만나지 않고, 삼각형 내각의 합은 항상 180도일 것이다. 여기에 기초한 기하학 체계가 그 유명한 '유클리드 기하학Euclidean geometry'으로, 모든 논리가 2차원 평면에서 전개되기 때문에 '평면기하학'으로 불리기도 한다.

만일 책상 표면이 약간 휘어져 있다면, 평평민들은 자신의 세계가 유클리드 기하학과 다르다는 것을 알아챌 수 있을까? 방법이 있다. 정밀한 측정장치를 동원해서 삼각형 내각의 합이 180도에서 벗어나거나 평행선이 어디선가 만난다는 것을 입증하면 된다. 막상 이런 결과가 나오면 순진했던 평평민들은 멘붕에 빠질 것이다. 이것이 바로 아인슈타인이 새로운 중력이론(일반상대성이론)을 발표했을 때 물리학자들이 겪었던 일이다. 알고 보니 중력의 본분은 물체를 잡아당기는 것이 아니라, 시공간을 휘어지게 만드는 것이었다(그림 2.5를 다

● 또는 "4차원 시공간의 간격을 3차원 공간(또는 1차원 시간)에 투영한 방향에 따라 달라진다"라고 말할 수도 있다.—옮긴이

시 한번 음미하기 바란다).

이상과 같이 평평한 2차원 세계를 상상하면 '공간에 추가된 차원'이나 '휘어진 공간'을 좀 더 쉽게 이해할 수 있다. 실제로 우리가 사는 공간은 3차원이지만, 차원을 하나 낮춰서 2차원으로 간주하면 "3차원 초공간(사무실)에 포함된 2차원 공간(책상 표면)"이라는 더 큰 그림이 시야에 들어온다. 굳이 차원을 낮추지 말고 그냥 4차원으로 직진할 수는 없을까? 나도 그러고 싶다. 하지만 인간은 장구한 세월 동안 3차원 공간에 갇혀 살아왔기에, 4차원을 상상하는 능력을 습득하지 못했다. 0차원(점)과 1차원(선), 2차원(면), 3차원(입체)에 존재하는 물체는 쉽게 그릴 수 있지만, 4차원 이상의 물체는 우리의 상상력을 넘어선 곳에 존재한다. 이런 의미에서 볼 때, 우리는 '높이'라는 개념을 모르는 채 살아가는 평평민과 별반 다르지 않다.

4차원 시공간이 머릿속에 그려지지 않는다고 실망할 필요는 없다. 그려지는 게 오히려 이상하다. 평생 이 분야를 연구해온 물리학자들도 그려지지 않기는 마찬가지다. 4차원 시공간에 관한 한, 우리 모두는 그림자를 들여다보는 플랫 알베르트와 비슷한 처지다. 한 가지 다행인 것은 4차원 시공간을 굳이 시각화하려고 애쓸 필요가 없다는 것이다. 차원을 몇 개 줄여도 이론의 핵심을 이해하는 데에는 아무런 문제가 없다. 앞에서 시공간 다이어그램을 제시할 때, 공간을 1차원으로 줄였는데도(그림 2.1에서는 2차원) 할 말은 다 하지 않았던가? 공간을 2차원으로 확장하면 그림은 좀 더 예뻐졌겠지만, 이해도가 더 높아지지는 않았을 것이다. 그리고 3차원 공간과 1차원 시간을 모두 그리려고 했다면, 나의 두뇌는 과부하를 견디다 못해 파업에 돌입했을 것이다.

블랙홀을 다룰 때도 공간 차원은 하나만 고려해도 충분하다. 우리의 주 관심사는 '블랙홀과 관측자 사이의 거리'이기 때문이다. 앞으로 블랙홀을 본격적으로 다룰 때가 되면 기하학적 뒤틀림이 인과율因果律에 미치는 영향을 주로 논하게 될 텐데, 이 경우에도 가장 중요한 과제는 광원뿔의 경로를 추적하는 것이다. 지난 100년 동안 물리학자들은 이 과제를 효율적으로 수행하기 위해 수많은 아이디어를 떠올렸다. 그중 가장 널리 사용되는 것은 로저 펜로즈가 고안한 '펜로즈 다이어그램Penrose diagram'으로, 3~4장에 걸쳐 집중적으로 다룰 예정이다. 이 아름다운 시공간 지도만 있으면, 우리는 지평선 너머로 흥미진진한 항해를 떠날 수 있다.

3장

유한한 그릇에 무한대를 담다

　물리학자들은 일반상대성이론을 두고 "아름답다"는 표현을 자주 사용한다. 이론 자체가 심오하기도 하지만, 그 저변에 깔린 수학적 얼개가 상상을 초월할 정도로 정교하기 때문이다. 여기서 아름답다는 것은 우아하면서도 효율적이라는 뜻인데, 사실 수학에는 별로 어울리지 않는 수식어다. 솔직히 말해서, 수학이 아름답다고 생각하는 사람이 몇이나 되겠는가? 대부분의 사람에게 수학은 그저 난해하고 지루한 숫자놀음일 뿐이며, 아름다움을 논하는 과학자들에게 수학은 '그들만의 리그'일 뿐이다. 말 나온 김에, 그들만의 리그에 심취했던 아서 에딩턴의 일화 하나를 소개한다.

　기자: 제가 듣기론 상대성이론을 이해하는 사람이 이 세상에 단 세 명뿐이라고 하던데요. 한 명은 당연히 아인슈타인일 거고, 당

신도 그중 한 명이라고 하더군요. 어떻게 생각하십니까?

에딩턴: …….

기자: 에딩턴 교수님, 너무 겸손하신 거 아니에요?

에딩턴: 아뇨, 저는 지금 세 번째 사람이 대체 누구인지 생각하는
중입니다.

물론 수학도 그 자체로 아름다운 구석이 있지만, 학창 시절에 수
학 때문에 고문 같은 세월을 보냈던 절대다수를 설득하기에는 역부
족이다. 그러므로 "아름답다"는 수식어는 수학에 붙일 것이 아니라,
일반상대성이론의 극도로 효율적이고 우아한 체계와 중력을 기하학
으로 설명한 아이디어에 헌정되어야 할 것이다. 존 아치볼드 휠러는
일반상대성이론의 핵심을 다음과 같이 짤막한 문장으로 표현했다.
"시공간은 물질의 거동을 알려주고, 물질은 시공간의 휘어진 정도를
알려준다." 일반상대성이론이 난해한 이론으로 소문난 이유는 방정
식으로부터 시공간의 곡률曲率, curvature(휘어진 정도)을 계산하기가 엄
청나게 어렵기 때문이다. 물질의 분포 상태가 조금만 복잡하면 방정
식의 해를 구하기가 거의 불가능하다. 그런데 다행히도 블랙홀은 정확
한 해를 구할 수 있는 몇 안 되는 사례 중 하나여서, 블랙홀의 기하학
적 구조를 알면 그림으로 표현할 수 있다. 문제는 블랙홀 주변의 휘어
진 시공간을 종이 위에 표현하는 것이다. 다들 알다시피 종이는 2차
원 평면이고 시공간은 4차원이므로 시각화하기가 아예 불가능하다.
1차원 직선에 입체도형을 그릴 수 없는 것과 같은 이치다. 게다가 시
공간이 똑바르지 않고 휘어지기까지 했다면 문제는 더욱 어려워진다.

그림 3.1 마우리츠 에스허르Maurits Escher, 〈반사구를 든 손Hands with Reflecting Sphere〉, 1935.

무슨 좋은 방법이 없을까? 있다. 시공간을 표현할 때 했던 것처럼 차원의 수를 줄이면 된다. 앞에서 우리는 3차원 공간을 1차원으로 단순화하여 시공간을 2차원으로 표현했다. 그리고 또 한 가지, 중요한 특징이 두드러지게 나타나서 이해가 쉽게 되도록 그림을 조금 왜곡시키는 것도 좋은 방법이다.

휘어진 곡면을 평평한 종이에 표현한 대표적 사례로는 지도를 들 수 있다. 지도는 다양한 방법으로 그릴 수 있는데, 그중 가장 흔한 것이 1569년에 네덜란드의 지리학자 헤라르트 데 크레이머Gerard de Kremer가 항해사들을 위해 고안한 메르카토르 도법Mercator projection 이다(그림 3.2 참조).[•] 항해 중인 선원들은 오로지 '나침반이 가리키는 방향'을 따라갈 수밖에 없으므로, 메르카토르 도법은 지구 어디서나 나침반의 방향이 실제 지구면 위에서의 방향과 일치하도록 고안되었다. 지도 위에서 두 지점(현재 위치와 목적지) 사이를 직선으로 이으면, 이 선과 경도선 사이의 각도가 목적지로 가는 항로와 북극 사이의 각도와 같다. 단, 두 지점 사이의 거리는 실제와 다르며, 이 오차는 극지방으로 갈수록 커진다. 메르카토르 도법에서 그린란드는 아프리카와 거의 같은 크기지만, 실제로는 14분의 1밖에 안 된다. 그리고 북극점과 남극점은 무한정 왜곡되어 지도에 나타낼 수 없다. 메르카토르 도법은 거리와 실제 거리와 면적을 포기하고 각도와 형태만 보존한 '정각도법conformal projection'의 한 사례다.

[•] 헤라르트 데 크레이머는 훗날 자신의 이름을 헤라르뒤스 메르카토르Gerardus Mercator 로 개명했다. 메르카토르는 상인을 뜻하는 단어 'Kremer'를 라틴어로 옮긴 것이다.

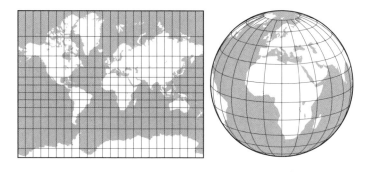

그림 3.2 지구의 남위 85도-북위 85도 지형을 평면에 표현한 메르카토르 도법.

2장에서 제시한 시공간 다이어그램은 모든 방향으로 무한히 확장될 수 있다. 시간은 위아래(과거와 미래)로 한계가 없고, 공간은 좌우로 무한정 뻗어나간다. 무한히 먼 미래나 과거에 관심이 없다면 굳이 좌표축을 무한정 길게 그릴 필요가 없지만, 블랙홀 근처의 시공간을 그림으로 나타내려면 무한대를 표현할 수 있어야 한다. 즉, 블랙홀을 직관적으로나마 시각화하려면 유한한 종이 위에 무한대를 담아야하는 것이다. 과연 가능할까? 바로 여기서 펜로즈의 다이어그램이 막강한 위력을 발휘한다.●

● 이 다이어그램은 로저 펜로즈가 1960년대 초에 개발한 후 호주의 이론물리학자 브랜던 카터Brandon Carter에 의해 더욱 개선되었다. 그래서 요즘은 시공간 정각도법을 '카터-펜로즈 다이어그램'이라 한다. (이름의 순서는 기여도순이 아니라 알파벳순이다.—옮긴이)

펜로즈 다이어그램 ─────

그림 3.3은 '평평한' 시공간을 펜로즈 다이어그램으로 표현한 것이다. 시공간이 평평하다는 것은 중력이 작용하지 않는다는 뜻으로, 2장에서 논했던 특수상대성이론이 바로 이런 경우에 속한다. 평평한 시공간은 시공간의 개념을 최초로 도입한 독일의 물리학자 헤르만 민코프스키Hermann Minkowski의 이름을 따서 '민코프스키 시공간 Minkowski spacetime'이라 부른다. 여기서 잠시 그의 설명을 들어보자.

> 이 자리에서 내가 말하고자 하는 시간과 공간은 실험물리학에서 탄생한 개념이다. 이론이 아닌 실험에서 탄생했다는 사실 자체가 커다란 장점이며, 동시에 파격적이기도 하다. 시간과 공간은 단순한 그림자에 불과하며, 앞으로는 이들을 결합한 '시공간' 이 독립적인 현실을 대변할 것이다.•

앞서 말한 대로 물질과 에너지는 시공간을 왜곡시킨다. 따라서 별과 행성, 블랙홀은 근처 시공간의 기하학적 구조에 변형을 일으킨다. 그러나 왜곡된 시공간을 향해 곧바로 들어가면 독자들의 정신상태도 왜곡될 것 같아, 일단은 왜곡되지 않은 평평한 시공간부터 다루기로 한다.

─────

• 1908년에 헤르만 민코프스키가 독일 자연과학자 및 의사 협회German Natural Scientist and Physicians의 학술회의에서 '공간과 시간Raum unt Zeit'이라는 제목으로 베풀었던 강연의 일부.

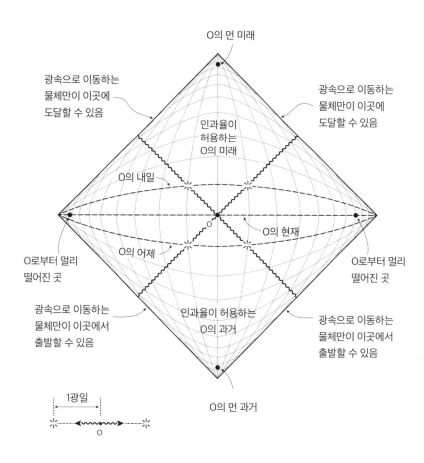

O의 먼 미래

광속으로 이동하는
물체만이 이곳에
도달할 수 있음

인과율이
허용하는
O의 미래

광속으로 이동하는
물체만이 이곳에
도달할 수 있음

O의 내일

O로부터 멀리
떨어진 곳

O의 현재

O로부터 멀리
떨어진 곳

O의 어제

광속으로 이동하는
물체만이 이곳에서
출발할 수 있음

인과율이 허용하는
O의 과거

광속으로 이동하는
물체만이 이곳에서
출발할 수 있음

1광일

O

O의 먼 과거

그림 3.3 평평한 시공간을 표현한 펜로즈 다이어그램(공간을 1차원으로 단순화).

평평한 시공간을 펜로즈 다이어그램으로 표현한 그림은 정말 아름답기 그지없다. 모든 시간과 모든 공간이 유한한 크기의 마름모 안에 알뜰하게 담겨 있지 않은가! 모든 과거와 모든 미래에, 우주의 모든 곳에서 일어난(또는 일어나게 될) 모든 사건은 이 다이어그램 어딘가에 존재한다. 물론 시공간이 왜곡된 정도는 메르카토르 도법보다 훨씬 심하지만(무한대를 종이 한 장에 담았기 때문에), 왜곡된 방식은 여러 사항을 고려해서 매우 신중하게 선택된 것이다.• 기본적으로 펜로즈 다이어그램은 메르카토르 도법처럼 "각도를 정확하게 나타내기 위해 거리를 포기한" 정각도법에 속한다. 이 그림에서 빛은 항상 45도 각도로 이동하고, 모든 광원뿔은 그림 2.2~2.4처럼 수직 방향으로 서 있다. 그러므로 임의의 점에서 시간은 수직 방향을 따라 위로 진행한다. 광원뿔이 중요한 이유는 이로부터 과거와 미래가 정의되고, 두 사건 사이의 인과관계를 알 수 있기 때문이다. 광원뿔이 따르는 간단하고 직관적인 규칙만 알고 있으면 블랙홀 근처의 시공간에서 일어난 사건들 사이의 인과관계를 알 수 있다. 펜로즈 다이어그램의 또 다른 장점은 앞서 말한 대로 무한히 큰 시공간을 유한한 종이 한 장에 표현할 수 있다는 점이다.

그림 3.3은 'O'로 표기된 특정 사건을 중심으로 무한하고 평평한 우주를 보여주고 있다. O가 중심에 있다고 해서 특별하다는 뜻은 전혀 아니다. O가 아닌 다른 사건을 중심에 놓을 수도 있다. 그러나 "우

• 펜로즈 다이어그램에 나타난 왜곡은 "물질에 의한 시공간의 왜곡"과 완전히 무관하다. 지금 우리의 목적은 "무한히 크면서 평평한 시공간"을 종이 한 장에 욱여넣는 것이다.

리가 관심을 갖고 있는 사건"을 중심에 놓는 것이 여러모로 편리하다. 원한다면 당신의 관심 대상을 마름모의 가장자리에 갖다 놓아도 된다. 굳이 고생을 사서 하겠다는데, 말릴 사람은 없다. 중요한 것은 이 다이어그램 안에 모든 시간과 모든 공간이 들어 있다는 점이다. 과거에 일어났거나 미래에 일어날 모든 사건이 다이어그램 어딘가에 하나의 점으로 존재한다. 단, 그림 3.3에서 "모든 공간"은 1차원(좌-우)으로 제한되었다. 공간을 2차원으로 그릴 수도 있지만, 그래봐야 그림이 복잡해지기만 할 뿐 원리를 이해하는 데에는 큰 도움이 되지 않는다 (게다가 공간을 3차원으로 확장하면 종이 위에 그리는 것 자체가 불가능하다). 공간을 2차원으로 간주한 펜로즈 다이어그램은 이 장 끝에 있는 박스 글(124~127쪽)에 첨부했으니, 관심 있는 사람은 읽어보기 바란다. 중심을 마음대로 잡을 수 있는 것은 메르카도르 도법도 마찬가지다. 예를 들어 항해 목적지가 북극 근처라면 싱가포르를 북극으로 잡는 것이 편리하다. 그래야 그린란드를 비롯한 북극 일대가 실제와 비슷한 크기로 표현되기 때문이다(물론 이런 지도에서는 싱가포르의 면적이 엄청나게 커진다).

다이어그램의 중심에는 어떤 사건도 놓일 수 있다고 했으니, 이왕이면 당신에게 가장 중요한 사건을 골라보자. 뭐니 뭐니 해도 당신의 인생에서 가장 중요한 사건은 '세상에 처음 태어난 일'일 것이다. 이 역사적인 사건 'O'를 다이어그램의 중심에 놓아보자. 자, 지금부터 광활한 우주는 당신을 중심으로 돌아간다. 45도 각도로 그린 한 쌍의 물결선은 O의 미래 광원뿔과 과거 광원뿔인데, 미래 광원뿔 안에 있는 영역은 '인과율이 허용하는 O의 미래'(O의 인과적 미래)이고, 과거 광원뿔의 내부는 '인과율이 허용하는 O의 과거'(O의 인과적 과거)에 해당한다. 즉, 미래 광원뿔 안에 있는 모든 사건은 O로부터 도달할 수 있으며, 과거 광원뿔 안에 있는 모든 사건은 O에 영향을 미칠 수 있다. 당신은 O에서 태어났으므로, 당신의 세계선이 어떤 궤적을 그리건 미래 광원뿔을 벗어날 수 없다.

광원뿔은 먼 과거에서 출발한 두 개의 섬광이 시공간을 가로지르다가 사건 O에서 만난 후 각자 먼 미래로 나아가는 경로로 간주할 수 있다. 우리의 다이어그램에는 공간 차원이 하나밖에 없으므로, 섬광 하나는 왼쪽에서 오고 다른 섬광은 오른쪽에서 온다. 이것은 그림 3.3의 왼쪽 아래에 별도로 그려 넣은 '공간 전용 다이어그램'에 표현되어 있다. 두 개의 섬광이 서로를 향해 다가오다가 O에서 만난 후, 각기 반대 방향으로 멀어진다. 그리고 시공간 다이어그램(마름모)과 공간 전용 다이어그램(왼쪽 아래 그림)에 모두 들어 있는 '✳' 표시는 섬광이 O에 도달하기 하루 전과 하루 후의 위치를 나타낸다.

방금 말한 대로 두 섬광은 먼 과거에서 출발하여 먼 미래를 향해 나아간다. 그러므로 이들의 경로를 펜로즈 다이어그램에 그리면 마름모의 아래쪽 모서리에서 출발하여 위쪽 맞은편 모서리로 향하는 직선이 된다(그림 3.3에는 두 가닥의 물결선으로 표현되어 있다). 마름모의 위쪽 모서리는 모든 빛이 영원의 시간 동안 날아갔을 때 도달하는 곳이다. 또한 펜로즈 다이어그램에서 모든 빛은 45도 각도로 진행하므로, 임의의 사건에서 방출된 빛은 (도중에 방해를 받지 않으면) 예외 없이 위쪽 모서리에 도달한다. 그래서 위쪽 모서리를 '빛꼴 미래 무한대 future lightlike infinity'라 한다. 이와 마찬가지로 무한히 먼 과거에서 방출된 빛은 아래쪽 모서리에서 출발하므로, 이곳을 '빛꼴 과거 무한대 past lightlike infinity'라 한다.[•]

이제 다이어그램의 격자선에 집중해보자. O 근처에서는 격자가 바둑판과 비슷하지만, 변두리로 갈수록 점점 더 크게 왜곡된다. 사진에 비유하면 '어안렌즈 효과의 최상급'이라 할 수 있다. 무한히 긴 시간과 무한히 큰 공간이 위치마다 다른 비율로 축소되어 마름모 안으로 들어왔다. 좀 더 구체적으로 말하면 중심에서 멀어질수록 축소비율이 크다. 메르카토르 도법은 적도에서 멀어질수록 축소비율이 역으로 커져서 남극과 북극이 아예 누락되어 있다(실제 지구에서 남극과 북극은 크기가 없는 점에 불과하지만, 메르카토르 지도에서는 무한히 크다). 펜로즈 다이어그램에서는 마름모의 가장자리로 갈수록 많이 축소되다가 가장자리에서는 축소비율이 무한대에 도달한다. 이것이 바로 우주 전체를 마름모에 담는 비결이다.

지표면에서 한 점의 위치가 위도와 경도로 표현되듯이, 시공간에서 한 점의 좌표는 왜곡된 격자를 기준으로 표현된다. 그림 3.2에 제시된 메르카토르 도법에서 극지방으로 갈수록 위도선의 간격이 넓어지는 것을 볼 수 있다. 이런 지도에서 두 점 사이의 간격을 자로 재면 실제보다 훨씬 긴 값이 얻어진다. 여기서 눈여겨볼 것은 위도-경도 격자선 중 어떤 것을 기준선(0도 선)으로 잡아도 무방하다는 점이다. 지구의 위도와 경도는 지구의 자전 방향과 지리적 북극의 위치를 기준으로

• 전문 서적에서는 종종 빛꼴 미래 무한대를 ℑ⁺(스크리 플러스scri plus)로, 빛꼴 과거 무한대를 ℑ⁻(스크리 마이너스scri minus)로 표기한다.

결정되었지만, 역사적 원인도 한몫했다. 다들 알다시피 경도(=0도)인 기준선은 런던 그리니치 천문대Greenwich Observatory를 지나는 자오선이다. 그러나 지구를 완벽한 구球로 간주한 이상, 그리니치 천문대의 위치와 시드니 오페라 하우스의 위치는 기하학적으로 완전히 동등하다. 그러므로 굳이 그리니치를 경도의 기준점으로 잡을 이유가 없다.

이와 마찬가지로 시공간을 표현할 때도 어떤 격자를 사용하건 상관없다. 그러니 다른 격자보다 압도적으로 편리한 격자가 존재한다면, 그것을 사용하지 않을 이유가 없다. 예를 들어 자전하지 않는 블랙홀은 기하학적 구형이므로, 블랙홀 근처의 시공간을 서술할 때는 구면기하학에 알맞은 좌표계를 사용하는 것이 바람직하다. 당신이 선택한 격자가 다른 사람이 바라본 시공간과 다르다고 해서 문제될 것은 전혀 없다. 그저 각 사건에 꼬리표를 붙이는 방식이 다를 뿐이다. 중요한 것은 어떤 격자를 사용하건 특정한 경로를 따라 계산한 (시공간의) 간격이 불변량이라는 사실이다(즉, 격자의 선택과 무관하다). 지구를 예로 들면, 위도와 경도의 기준점을 제멋대로 바꿔도 런던과 뉴욕 사이의 거리가 달라지지 않는 것과 같은 이치다.

그림 3.3에 제시된 펜로즈 다이어그램의 격자는 시공간을 바라보는 '당신'의 관점에서 그린 것이다. 지금부터 마름모의 중앙에 있는 사건 O, 즉 당신이 탄생한 사건에 집중해보자. O를 지나는 수평선(점선)은 '지금' 당신이 볼 수 있는 모든 공간을 나타낸다. 이 선에 놓인 모든 사건은 당신의 관점에서 볼 때 당신이 태어난 사건과 동시에 일어났다.

이제 '관점'이라는 단어를 좀 더 정확하게 정의할 때가 된 것 같다. 방금 말한 '지금 선'에 균일한 간격으로 시계가 할당되어 있고, 이 시계들은 당신이 태어난 순간에 일제히 동기화되었다고 가정해보자. 똑같은 시간을 가리키는 시계들이 작은 자尺로 연결되어 있다고 생각하면 된다. 모든 시계는 O에 있는 시계에 대해 정지해 있으며(즉, 시간 차이가 없으며), 시간이 흐름에 따라 펜로즈 다이어그램의 꼭대기에 있는 미래를 향해 나아간다. 그러므로 이들의 세계선은 다이어그램의 '휘어진 세로선'으로 나타낼 수 있다. O에 있는 시계(당신이 태어난 위치에 할당되었고, 당신이 태어난 순간 당신에 대해 정지상태인 시계)는 똑바로 선 수직선을 따라 미래로 나아간다. 만일 당신이 세상에 태어난 후 조금도 움직이지 않는다면, 이 수직선이 곧 당신의 세계선이 될 것이다. 다른 시계는 펜로즈 다이어그램에서 곡선을 따라가지만, 그들의 관점에서 보면 똑바로 뻗은 수직선을 따라가고 있다.

당신이 태어난 후 정확하게 24시간이 지난 시점을 '내일'이라고 하자. O에서 시간이 흐르면 시계들이 늘어선 점선 전체는 일제히 다이어그램의 위쪽으로 이동하여 'O의 내일'이라고 표시된 (위로 살짝 휘어진) 점선으로 이동한다.• 또 당신이 태어나기 24시간 전을 '어제'로 정의하면, 이 시점에서 모든 시계는 'O의 어제'라고 표시된 점선 위에 놓여 있다(시제에 맞게 표현하면 '놓여 있었다'). 그러므로 다이어그램에서 수평 방향으로 나열된 모든 곡선은 당신이 각기 다른 시간에 바라본 공간, 즉 시공간의 단면에 해당한다.•• 이 모든 것을 충분히 숙지

• 공간이 3차원이면 시계들은 선을 따라 나열되지 않고 공간을 가득 채우게 된다.
•• 이 상황을 3차원으로 확장하면 시계들은 3차원 입체 격자에 하나씩 들어가고, 각 격자들은 길이가 똑같은 자尺로 연결되어 있다. 이렇게 시계와 자로 이루어진 격자체계를 상대성이론의 용어로 '관성기준계inertial reference frame'라 한다.

한 후에야 'O의 내일'(당신이 태어난 다음 날)의 정확한 의미를 알 수 있다. 물리학자들의 시공간 놀음에 슬슬 질리기 시작한다고? 그럴 필요 없다. 이것은 결코 젠체하는 학자들의 현학적 놀이가 아니다. 시간과 공간이 관측자의 관점에 따라 달라지지 않는 절대적 양이었다면, 펜로즈 다이어그램은 간격이 일정한 바둑판 모양이었을 테니 애초부터 이런 번거로운 짓을 하지도 않았을 것이다. 아무튼, 당신이 앞서 말한 '시계들의 집합'에 대해 평생 움직이지 않은 채 살아간다면, 다이어그램의 (휘어진) 수평선들은 내일, 모레, 글피로 이어지는 당신의 미래에 해당한다. 물론 당신의 세계선은 '죽음'이라는 사건에 도달하면서 끝나겠지만, 펜로즈 다이어그램의 내일은 무한히 먼 미래까지 계속된다. "내일, 내일, 그리고 또 내일……. 날마다 꾸역꾸역 기어가네. 시간의 마지막 한 음절이 끝날 때까지."•

이제 펜로즈 다이어그램에 등장하는 다섯 개의 무한대 중 나머지 세 개에 대해 알아보자. 앞에서 가정했던 상상의 시계들이 무한 과거부터 무한 미래까지 줄기차게 존재한다면, 이들의 세계선은 마름모의 아래 꼭짓점에서 출발하여 위 꼭짓점에서 끝난다. 2장에서 말한 대로 빛을 제외한 모든 물체는 시간꼴 세계선을 따라가야 하며, 이들 모두는 자신만의 시계를 지니고 다닐 수 있다.•• 그러므로 (불멸의) 모든 물체는 마름모의 아래 꼭짓점에서 출발하여 위 꼭짓점에서 끝난다. 그래서 아래 꼭짓점을 '시간꼴 과거 무한대past timelike infinity'라 하

• 윌리엄 셰익스피어의 〈맥베스Macbeth〉 5막 5장에 나오는 맥베스의 독백.
•• 빛을 제외한 모든 물체는 질량이 있는 것으로 간주한다.

고, 위 꼭짓점을 '시간꼴 미래 무한대future timelike infinity'라 한다. 앞서 말한 대로 "시간의 마지막 음절이 끝나는 곳"이다.

'지금'에 해당하는 모든 수평선은 '지금 이 순간에 보이는 공간단면'의 집합으로,• 왼쪽 꼭짓점에서 출발하여 오른쪽 꼭짓점에서 끝난다. 임의의 공간단면에서 두 사건은 동일한 시간대에 놓여 있으므로 $|\Delta t=0|$, 이들 사이의 시공간 간격은 자로 측정한 거리와 같다$|\Delta \tau=\Delta x|$. 따라서 마름모의 좌-우 꼭짓점은 O로부터 공간적으로 무한히 멀리 떨어진 곳에서 일어난 사건에 대응되며, 이것을 '공간꼴 무한대spacelike infinity'라 한다.

그림 3.3은 유한한 면적에 무한대를 담은 기적의 다이어그램이다. 무한히 넓은 공간과 무한히 긴 시간을 하나의 그림에 함축적으로 표현했으니, 블랙홀을 다루는 최상의 도구로 부족함이 없다. 이제 어느 정도 준비가 되었으니 블랙홀로 직행해도 상관없지만, 평평한 시공간에 대한 펜로즈 다이어그램에는 아인슈타인의 특수상대성이론에서 유도되는 중요한 결과들이 함축되어 있으므로, 나중을 생각해서 본전을 뽑고 가는 게 좋을 것 같다.

• '지금'이라는 시제는 시간이 흐름에 따라 수시로 바뀌고 있으므로, '지금 보이는 공간'도 계속 바뀌고 있다. 이때 임의의 한 순간에 보이는 공간을 '공간단면'이라 한다.—옮긴이

불멸의 두 관측자 ─────────

2장에서 우리는 1974년 크리스마스로 되돌아가서 온 가족이 TV 앞에 모여 채널을 놓고 다투는 광경을 보았다. 또한 우리는 어느 한 사람의 관점에서 볼 때 동시에 일어난 사건들이 다른 사람의 관점에서는 동시가 아닐 수도 있음을 확인했다. 서로에 대해 등속운동을 하고 있는 관찰자들이 측정한 공간상의 거리(Δx)와 시간 간격(Δt)은 각기 다를 수도 있지만, 두 사건의 시공간 간격($\Delta \tau$)은 누구에게나 동일하다. 여기에 펜로즈 다이어그램을 도입하면 이 모든 상황을 좀 더 체계적으로 이해할 수 있다.

블랙Black과 그레이Grey라는 두 관측자가 서로에 대해 등속운동을 하고 있다고 가정해보자.● 펜로즈 다이어그램에 그린 두 사람의 세계선은 그림 3.4와 같다. 이들은 우리의 이해를 돕기 위해 아득한 과거에 선발된 특수요원으로, 상대성의 신으로부터 영생을 부여받았다(자세한 내막은 묻지 말아주기 바란다). 그리하여 블랙과 그레이의 (시간꼴) 세계선은 마름모의 아래 꼭짓점(시간꼴 과거 무한대)에서 출발하여 위 꼭짓점(시간꼴 미래 무한대)에서 끝난다. 이들은 똑같은 시계를 항상 지니고 다니면서 세 시간마다 한 번씩 손뼉을 쳐서 시간을 확인하기로 했다. 그림 3.4에서 세계선을 따라 그려진 점들(블랙과 그레이)은 이들이 "박수를 치는 사건"을 나타낸다. 다행히도 블랙과 그레이는 더글러스 애덤스Douglas Adams의 SF 소설 《은하수를 여행하는 히

─────────

● 별로 중요한 정보는 아니지만, 블랙은 여자고 그레이는 남자다.─옮긴이

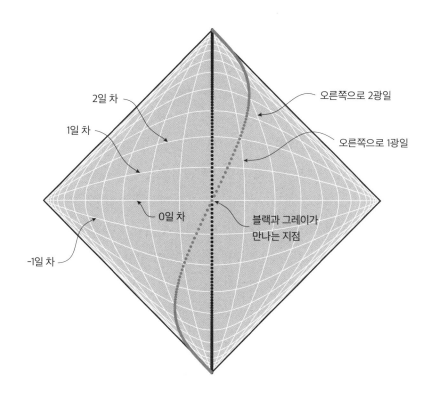

그림 3.4 두 관측자가 시공간에서 그리는 궤적. 그레이는 블랙에 대해 왼쪽에서 오른쪽으로 등속운동을 하고 있다. 각 격자는 블랙에 대해 정지해 있는 시계와 자를 이용하여 측정한 시간과 거리를 나타낸다.

치하이커를 위한 안내서The Hitchhiker's Guide to the Galaxy》에 등장하는 외계인 와우배거Wowbagger보다 훨씬 품위 있고 고결한 존재다. 와우배거는 우연한 기회에 영생을 얻고 좋아하다가 곧 지루함을 느끼고 자신만의 소일거리를 찾았는데, 허망하게도 그것은 우주에 존재하는 생명체들을 알파벳 순서로 찾아다니면서 모욕을 주는 것이었다. 예를 들면 주인공 아서 덴트Arthur Dent를 찾아와 "얼간이에 또라이"라고 놀려대는 식이다. 사실 와우배거의 세계선은 시간꼴 과거 무한대가 아닌 마름모 내부의 어디선가 시작되었다. 왜냐하면 그는 태생적인 불멸의 존재가 아니라 평범한 외계인으로 태어나 평범하게 살다가, 어느 날 고무줄과 입자가속기, 그리고 액체형 점심 식사가 개입된 일련의 사고를 겪으면서 본의 아니게 영생을 얻었기 때문이다. 그래도 그의 세계선은 시간꼴 미래 무한대까지 이어질 것이므로, 자신의 엉뚱한 과업을 마무리할 수 있다.•

블랙과 그레이에 대한 펜로즈 다이어그램은 그림 3.3과 동일하다. 이 격자는 블랙에 대해 정지해 있는 시계와 자尺에 해당한다. 그렇다면 당신은 그림 3.4의 다이어그램만 보고 "그레이는 블랙에 대해 왼쪽에서 오른쪽으로 등속운동을 하고 있다"라는 사실을 확신할 수 있는가?

블랙과 그레이의 세계선은 펜로즈 다이어그램의 중앙에서 만난다. 즉, 이들이 같은 시간, 같은 장소에 존재한 적이 딱 한 번 있다는 뜻이다. 이 시간을 '0일 차Day Zero'라 부르기로 하자. 블랙의 관점에서

• 와우배거 이야기는 그냥 잡담이었으니, 잊어버려도 된다.—옮긴이

볼 때 자신은 전혀 움직이지 않고 있으므로 그녀의 세계선은 수직 방향으로 나열된 선 중 하나를 따라갈 텐데, 다이어그램의 중앙에서 그레이와 만났으므로 중앙에 나 있는 똑바른 수직선을 따라 위로 이동한다. 블랙이 중앙의 왼쪽이나 오른쪽 어딘가에서 출발했다면 살짝 구부러진 수직선 중 하나를 따라갔겠지만, 이런 경우에도 그녀의 세계선은 해당 격자를 벗어나지 않을 것이다. 장거리 비행을 하면서 좌석 모니터에 표시된 항로를 멍하니 바라본 적이 있다면, 직선 항로가 곡선으로 나타난다는 사실을 알고 있을 것이다. 그림 3.5는 부에노스아이레스에서 베이징을 잇는 '대원大圓, Great circle' 항로를 메르카토르 도법 위에 나타낸 것이다. 대원이란 구면 위에 그릴 수 있는 가장 큰 원으로, 임의의 두 점을 잇는 가장 짧은 선은 그 두 점을 동시에 지나

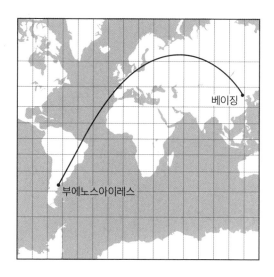

그림 3.5 지표면에서 부에노스아이레스와 베이징을 잇는 대원. 구면 위에 그린 대원은 두 점 사이를 잇는 가장 짧은 선(직선)이지만, 메르카토르 지도에 그리면 휘어진 곡선으로 나타난다.

는 대원과 일치한다. 즉, 대원호(대원의 일부)는 구면에 그린 직선이라 할 수 있다. 그런데 메르카토르 도법은 구면을 평면으로 변형시켜서 투영한 지도이기 때문에, 가장 짧은 직선 항로가 휘어진 곡선으로 나타나는 것이다.

블랙과 달리 그레이는 격자에 대해 움직이고 있다. 그림 3.4에 의하면 그레이는 블랙을 스쳐 지나간 후 이틀이 지났을 때, 블랙으로부터 공간상으로 1광일 떨어진 곳에 도달한다(이것은 블랙의 시계와 자, 즉 블랙의 격자로 측정한 값이다). 여기서 이틀이 더 지나면 그레이와 블랙의 공간상 거리는 2광일로 멀어지고, 그 후로도 줄곧 같은 비율로 증가한다. 이로부터 무엇을 알 수 있을까? 그렇다. 블랙과 그레이 사이의 공간적 거리가 이틀에 거의 1광일씩 멀어지고 있으니, 블랙에 대한 그레이의 속도는 광속의 약 절반이다.● 여기서 진도를 더 나가기 전에, 다이어그램을 제대로 이해하고 있는지 확인해보자.

그림 3.4에서 블랙과 그레이의 세계선은 세 번 만나는 것처럼 보인다. 앞에서는 두 사람이 시공간에서 만나는 횟수가 딱 한 번이라고 했는데, 그림상으로는 세 번이다. 왜 그럴까? 정답은 한 번 만나는 게 맞다. 마름모의 아래 꼭짓점과 위 꼭짓점에서는 무한히 큰 공간이 하나의 점으로 압축되어 있으므로, 이런 곳에서 만나는 건 만나는 게 아니다(그림에서 보다시피 모든 세로선이 이 점에서 만난다). 그러므로 블랙과 그레이는 '0일 차'에서 딱 한 번 만난다.

● 블랙에 대한 그레이의 정확한 속도는 광속의 절반이 아니라 광속의 48.4퍼센트다. 다음 페이지의 각주를 읽어보면 그 이유를 분명하게 알 수 있다.

그다음으로, 다이어그램만 보고 그레이의 시계가 정말로 블랙의 시계보다 느리게 가는지 확인할 수 있을까? 물론이다. 블랙은 세 시간마다 한 번씩 박수를 친다고 했으므로 하루에 8번 박수를 치는 셈이다. 그림 3.4에서 블랙의 세계선은 중앙을 지나는 수직선인데, 0일 차와 1일 차 사이에 점(●)이 8개 찍혀 있으니 그녀는 임무를 정확하게 수행하고 있다. 그런데 그레이의 세계선은 0일 차와 1일 차 사이에 점(●)이 7개밖에 없다. 즉, 같은 시간 동안 그레이는 손뼉을 7번밖에 치지 않는다. 그레이가 박수 치는 타이밍을 놓친 게 아니라, 블랙에게 24시간이 지나는 동안 그녀가 바라본 그레이의 시계는 21시간밖에 흐르지 않기 때문이다. 이것은 다이어그램을 그리는 방식 때문에 나타난 시각적 착각이 아니다. 블랙의 관점에서 볼 때 그레이는 실제보다 7/8만큼 느리게 움직인다. 즉, 블랙의 눈에는 그레이의 모든 삶이 슬로모션으로 진행된다는 뜻이다.•

• 특수상대성이론에 의하면 관측자 A가 자신의 시계로 측정한 두 사건 사이의 간격 (Δt_A)과 동일한 간격을 다른 관측자 B의 시계로 측정한 간격(Δt_B)은 다음의 관계를 만족한다.

$$\Delta t_A / \Delta t_B = \frac{1}{\sqrt{1-v^2/c^2}}$$

t여기서 v는 A에 대한 B의 속도이고, c는 광속이다. 그런데 본문에서는 그레이가 블랙보다 7/8만큼 느리게 움직인다고 했으므로 $\Delta t_A / \Delta t_B$는 이 값의 역수인 8/7이 되고 따라서 $v=0.484c$가 된다. 즉, 그레이의 속도는 광속의 48.4퍼센트다(본문에서는 블랙이 정지상태에 있다고 가정했다).

상대론적 도플러 효과

블랙은 자신만의 격자를 기준으로 모든 사건을 기록하고, 이로부터 자신만의 결론을 내린다. 즉, 블랙의 격자는 "자신에 대해 정지상태에 있는 시계와 자"로 이루어진 일종의 네트워크라 할 수 있다. 여기서 중요한 것은 블랙이 자신의 눈에 보이는 그대로 결론을 내리지 않는다는 것이다. 실제로 블랙의 눈에 비친 그레이의 행동은 0일 차에 도달하기 전까지는 빨리 감기(슬로모션의 반대)로 진행되는 것처럼 보이고, 자신을 지나친 후에는 슬로모션으로 보인다. 이것은 그림 3.4로부터 알 수 있는데, 자세한 원인을 알고 싶은 사람은 이 박스를 끝까지 읽고, 별로 궁금하지 않은 사람은 건너뛰어도 된다. (가능한 한 읽어볼 것을 권한다!)

시공간에서 빛은 45도 각도로 진행하고 우리는 빛이 있어야 사물을 볼 수 있으므로 −1일 차에 블랙의 눈에 그레이가 뜨이는 순간, 실제로 그레이는 −2일 차에 있다. 그 후로 두 사람이 0일 차에서 만날 때까지 블랙은 박수를 8번 치고 그레이는 14번을 친다. 즉, 박수의 간격이 그레이가 더 짧다. 그런데 두 사람이 만난 후부터는 상황이 역전되어 그레이의 박수 간격이 블랙보다 길어진다. 본문에서 들었던 사례의 경우, 블랙이 볼 때 그레이는 하루에 약 5번의 박수를 친다. 왜 그럴까? 정답은 각자 생각해보기 바란다(힌트: 빛이 45도 각도로 진행한다는 점에 유의해서 점의 수를 헤아려볼 것).

상대성이론을 공부하다가 머리가 꼬이는 불상사를 미연에 방지하려면 시간의 차이가 결정되는 방식을 정확하게 서술해야 한다. '(사람의 눈이나 관측 장비를 이용하여) 보는 것'과 '시계와 자의 네트워크를 이용하여 측정하는 것'은 완전히 다른 이야기다. 위에서 말한 슬로모션 효과와 빨리 감기 효과는 '상대론적 도플러 효과relativistic Doppler effect'로 알려져 있는데, 그 결과는 감지기의 위치(관측자의 눈이 있는 곳)에 따라 민감하게 달라진다. 블랙이 볼 때 그레이의 행동이 슬로모션에서 빨리 감기로 바뀐 것도 두 관측자의 상대적 위치가 달라졌기 때문이다. 나를 향해 다가오는 구급차의 사이렌 소리와 나로부터 멀어져가는 구급차의 사이렌 소리가 다르게 들리는 것도 도플러 효과 때문에 나타나는 현상이다(다가올 때는 고음으로 들리다가 멀어질 때는 저음으로 바뀐다).

결론적으로 상대성이론을 논할 때는 '본다see'라는 단어를 매우 신중하게 구사해야 한다.

이제 모든 상황을 그레이의 관점에서 서술해보자. 그레이가 갖고 있는 (즉, 그레이에 대해 정지상태에 있는) 시계와 자를 기준으로 작성한 시공간 격자는 그림 3.6과 같다. 상대성이론이 이런 이름으로 불리게 된 이유는 관측자들 사이의 상대적인 속도가 모든 것을 좌우하기 때문이다. "누가 정지해 있고 누가 움직이는가?" 이 질문의 답은 관점에 따라 달라지기 때문에 중요한 요소가 아니다. 상대성이론에서 중요한

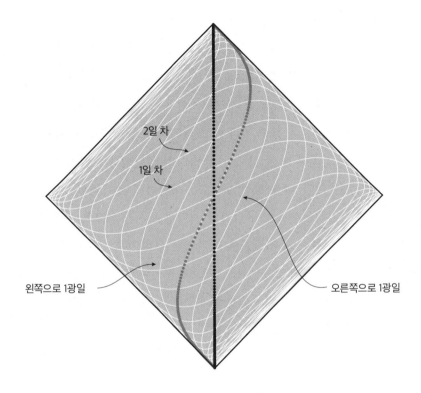

2일 차

1일 차

왼쪽으로 1광일

오른쪽으로 1광일

그림 3.6 두 관측자가 시공간에 그리는 궤적. 블랙의 관점에서 볼 때 그레이는 왼쪽에서 오른쪽으로 등속운동을 하고 있다. 이 다이어그램의 격자는 그레이에 대해 정지해 있는 시계와 자를 기준으로 그린 것이다.

것은 오직 관측자들 사이의 상대속도뿐이다. 그레이의 관점에서 볼 때 움직이는 사람은 그레이가 아니라 블랙이므로, 그레이의 격자선은 세계선을 따라 휘어져 있다. 이전과 마찬가지로 그레이와 블랙은 각자의 시계를 기준으로 세 시간마다 한 번씩 박수를 치고 있는데, 그레이의 관점에서 볼 때 하루에 박수를 7번 치는 사람은 그레이가 아닌 블랙이다. 그래서 그레이의 눈에는 블랙의 행동이 슬로모션으로 보인다. 관점을 바꿨더니 두 사람의 역할이 완전히 뒤집혔다.

　이쯤 되면 당신은 당연히 따지고 싶을 것이다. "아니, 블랙이 볼 때 그레이가 천천히 늙는다면, 그레이가 볼 때는 블랙이 빨리 늙어야 하잖아! 세상에 이런 난센스가 어딨어?" 난센스처럼 들리지만 사실이다. 여기에는 어떤 모순도 없다. 그런데도 머릿속이 혼란스러운 이유는 뉴턴이 믿었던• '절대적 시간'과 '절대적 공간'의 개념을 완전히 떨쳐내지 못했기 때문이다. 직관과는 한참 먼 이야기지만, 고전역학을 업그레이드했다는 상대성이론을 따라가려면 "블랙과 그레이가 시공간에 그리는 세계선"과 "시계와 자로 이루어진 격자"에 집중해야 한다. 그림 3.4에 표시된 블랙의 격자는 그림 3.6에 표시된 그레이의 격자와 확연하게 다르다. 펜로즈 다이어그램에서 수평 방향(또는 '거의' 수평 방향)으로 나열된 격자선은 각 관측자가 "지금 이 순간"에 바라보는 모든 공간을 나타내고, 수직(또는 거의 수직)으로 나열된 격자선은 "해당 위치에 있는 관측자"의 모든 시간을 나타낸다. 그러나 격자

• 그는 거인의 어깨 위에 서 있었으므로 이 세상이 '상대적'임을 깨닫기가 더욱 어려웠을 것이다.

의 형태는 관측자마다 다르다. 그레이의 공간에는 블랙의 시간과 공간이 섞여 있고, 블랙의 공간에는 그레이의 시간과 공간이 섞여 있다. 물론 시간도 마찬가지다. "뭐라고라? 시간과 공간이 섞였다고라?" 그렇다. 사각형 모양의 건물을 정면에서 바라볼 때 앞면만 보이다가 옆으로 살짝 돌아가서 보면 앞면과 옆면이 섞여서 보이듯이, 시간과 공간도 보는 관점에 따라 섞일 수 있다. 즉, 나에게는 공간이었던 것이 다른 관측자에게는 시간이 될 수 있고, 그 반대도 될 수 있다. 우리는 오랜 경험을 통해 시간과 공간이 "절대로 섞일 수 없는 별개의 양"이라고 철석같이 믿어왔지만, 현실 세계는 그렇지 않다. 이 놀라운 사실을 알아낸 사람이 바로 아인슈타인이었다.

쌍둥이 역설 ————————

여기까지는 그런대로 받아들일 만하다. 직관을 떨쳐내느라 힘들었겠지만, 상대성의 세계로 들어가는 비자를 받으려면 반드시 거쳐야 할 수순이다. 그런데 두 명의 불멸자(블랙과 그레이)가 마름모의 중심에서 한 번 만났다가 나중에 다른 점에서 다시 만난다면 어떻게 될까? 상대방의 시간이 느리게 흐르는 것을 확인했으니, 나중에 다시 만나면 일대 혼란이 올 것 같다. 둘 중 한 사람이 나이를 더 먹었다면 둘 중 한 사람의 논리가 틀렸다는 뜻이고, 이는 곧 상대성이론 자체가 틀렸음을 의미한다. 상대성의 세계가 제아무리 상식에서 벗어난 별세계라 해도, "블랙보다 더 늙기도 하고 젊기도 한 그레이"는 존재할 수 없기 때문이다. 이것이 바로 그 유명한 '쌍둥이 역설Twin Paradox'이다.

결론부터 말하자면, 쌍둥이 역설은 전혀 역설이 아니다. 그 이유를 이해하기 위해 우주선을 타고 여행 중인 세 번째 인물 '핑크Pink'를 소환해보자. 펜로즈 다이어그램에서 핑크의 세계선은 그림 3.7과 같다. 이렇게 하면 우리의 역설은 2인 역설이 아니라 3인 역설이 된다. 세 사람은 0일 차에 한 지점에서 잠깐 만났다가 각자 제 갈 길을 간다. 그레이는 이전처럼 광속의 절반에 해당하는 속도로 오른쪽으로 나아가고, 핑크는 우주선을 타고 "특정한 미래에 블랙, 그레이와 다시 마주치게 되는" 경로를 따라 날아가고 있다. 이런 경우 핑크의 세계선은 어떤 궤적을 그리게 될까? 0일 차를 지난 직후부터 핑크는 가속운동을 하면서 블랙으로부터 멀어지는데, 처음에는 속도가 비교적 느리기 때문에 박수를 대충 두 번 치는 동안은 두 사람의 세계선이 거의 일치한다. 그 후 핑크의 속도가 점점 빨라지면서 그레이를 따라잡는 시점이 도래했을 때, 우리는 명확한 답이 존재하는 질문을 던질 수 있다. "핑크와 그레이가 처음 만난 직후부터 두 번째 만날 때까지, 누가 더 나이를 많이 먹었는가?" 두 사람의 세계선을 따라 나열된 점의 수를 헤아려보니, 핑크는 박수를 여섯 번 쳤고 그레이는 일곱 번 쳤다. 그러므로 헤어져 있는 동안 그레이가 나이를 더 많이 먹었다. 직관적으로 생각하면 두 사람이 똑같이 늙어야 할 것 같지만, 현실은 그렇지 않다. 2장에서 말한 대로 시간꼴 세계선의 길이는 다이어그램에서 눈에 보이는 기하학적 길이가 아니라, 세계선을 따라 움직이는 시계를 통해 측정된 값이다. 그런데 그레이와 핑크는 한 번 만난 후 다시 만날 때까지 각기 다른 세계선을 따라가기 때문에 다른 속도로 나이를 먹게 된

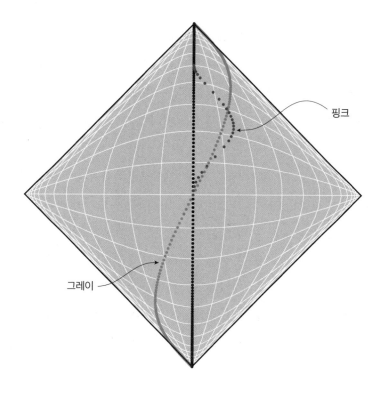

핑크

그레이

그림 3.7 쌍둥이 역설. (도판 2 참고)

다. 둘 중 누구의 세계선이 더 긴지는 계산을 해봐야 알 수 있는데, 이 책을 읽는 우리는 그림 3.7에서 세계선을 따라 찍어놓은 점의 수를 헤아리면 된다(이 점들은 아무렇게나 찍은 게 아니라, 2장에서 도입한 '시공간의 간격 공식'으로 계산된 값을 가능한 한 정확하게 옮겨놓은 것이다).

　핑크의 세계선을 계속 따라가보자. 1일 차 이후로 핑크의 세계선이 거의 45도로 기울어졌다는 것은 핑크를 태운 우주선이 거의 광속으로 날아갔다는 뜻이다. 그리고 얼마 후 핑크는 우주선의 속도를 줄이다가 어느 순간부터 반대쪽으로 날아가기 시작했고, 가는 길에 그레이와 또 마주쳐서(세 번째 조우) 나이를 비교해보았다. 다이어그램의 중심에서 만난 후 지금까지 핑크는 박수를 17번 쳤고 그레이는 20번을 쳤으므로, 핑크에게는 17×3=51시간이 경과했고 그레이에게는 20×3=60시간이 경과했다. 즉, 핑크가 그레이보다 9시간만큼 '젊다.' 핑크는 떨떠름한 표정의 그레이를 뒤로하고 계속 날아가다가 마침내 블랙과 마주쳤는데, 중심에서 마주친 후 지금까지 핑크에게는 28×3=84시간이 경과했고 블랙의 시계로는 40×3=120시간이 흘렀다(그림 3.7을 보면 핑크와 블랙은 5일 차에 만났으므로, 블랙에게 흐른 시간은 당연히 24×5=120시간이다). 그러니까 핑크의 입장에서 보면 미래로 시간여행을 한 셈이다. 둘이 만났을 때 블랙이 핑크보다 나이를 조금 더 먹었기 때문이다. 핑크를 태운 우주선이 거의 광속으로 날아간다면 미래 여행의 스케일에는 제한이 없다. 예를 들어 안드로메다은하는 지구로부터 250만 광년 떨어져 있는데, 핑크가 광속의 99.9999999999퍼센트로 날아서 갔다 오면 18년이 걸리지만, 그 사이에 지구의 시간은 무려 500만 년이 흐른다. 오징어를 닮은 인류의 후

손이 핑크를 반겨줄 것 같다.

여기에는 '최대 노화 원리Principle of Maximal Ageing'라는 일반 원리가 적용된다. 블랙과 그레이는 "0일 차에 출발해서 시공간을 돌아다니다가 다시 돌아온 사람"보다 무조건 나이를 많이 먹는다. 그 방랑자가 시공간에서 어떤 경로를 그리건 상관없다. 블랙과 그레이의 공통점은 로켓의 추력을 바꾼 적이 없다는 것, 즉 이동 중에 가속이나 감속을 하지 않았다는 것이다. 그래서 블랙과 그레이가 두 사건 사이를 지나는 경로를 '시공간의 직선'이라 부른다.•

지평선 ────────

평평한 시공간에 가속운동을 도입하면 특수상대성이론이 일반상대성이론으로 업그레이드된다. 그림 3.8에서 영역 1에 표시된 점선은 먼 과거에서 출발하여 오른쪽에서 왼쪽으로 거의 광속에 가까운 속도로 이동하는 또 다른 불멸의 존재 린들러Rindler의 세계선을 나타낸 것이다. 이런 이름을 붙인 이유는 '사건지평선'이라는 용어를 최초로 도입한 사람이 오스트리아의 물리학자 볼프강 린들러Wolfgang

---

• 시공간에서 두 사건을 연결하는 직선은 "직선이 아닌 그 어떤 경로"보다 길다. 시공간에는 유클리드 기하학이 적용되지 않기 때문이다. 만일 시공간이 유클리드 기하학을 만족한다면 피타고라스의 정리에 의해 $(\Delta\tau)^2=(\Delta t)^2+(\Delta x)^2$이 되었을 것이다. 그러나 앞에서 확인한 바와 같이 시공간의 간격은 $(\Delta\tau)^2=(\Delta t)^2-(\Delta x)^2$로 주어지며, 이로부터 모든 이질적인 결과가 도출된다. 수학자들은 평평한 시공간에 적용되는 기하학을 '쌍곡기하학hyperbolic geometry'이라 부른다.

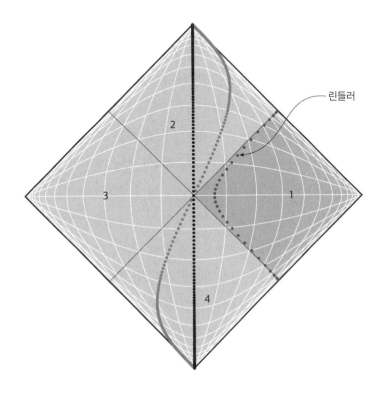

린들러

2

3

1

4

그림 3.8 가속운동을 하는 세 번째 불멸의 관측자 린들러의 세계선. (도판 3 참고)

Rindler이기 때문이다. 아무튼 린들러는 블랙과의 간격이 0일 차에 최소가 되도록 꾸준히 속도를 줄였다. 그림 3.8에 의하면 린들러는 0일 차에 블랙과의 거리가 0.95광일보다 조금 짧아졌을 때 순간적으로 정지상태에 놓였다가 다시 오른쪽으로 가속하여 무한히 멀리 날아간다(멀리 갈수록 속도가 점점 광속에 가까워진다). 린들러를 태운 로켓은 여행 기간의 처음 절반 동안 블랙에 대해 점점 느려지다가, 나중 절반 동안은 블랙에 대해 점점 빨라진다. 사실 린들러는 시종일관 일정한 가속도로 가속운동을 하고 있다.● 그를 태운 로켓의 운동상태는 계기판에 장착된 가속도계에 나타나겠지만, 속도가 점점 빨라지거나 느려지는 것은 굳이 그런 장비가 없어도 알 수 있다. 로켓이 가속운동하면 그 안에 있는 린들러는 진행 방향(또는 그 반대 방향)으로 힘을 받을 것이기 때문이다. 로켓이 등속운동을 하면 그 내부는 무중력 상태겠지만(근처에 무거운 천체가 없다면), 가속운동을 하면 특정 방향으로 무게가 느껴진다. 이 논리는 일반상대성의 세계로 들어가는 입장권이나 다름없으니, 잘 기억해두기 바란다.

가속운동을 하는 관측자의 궤적을 '린들러 궤적Rindler trajectory'이라 하자. 린들러가 제아무리 오랫동안 속도를 높인다 해도, 펜로즈 다이어그램에서 그의 세계선은 결코 45도 선과 만나지 않는다. 가속운동을 아무리 오랫동안 해도 광속을 초과할 수는 없기 때문이다.●● 한 가지 특이한 사실은 린들러의 궤적이 그림 3.8에서 '1'이라고 써놓은 영역을 벗어나지 않는다는 점이다. 그는 여행 도중 이 영역 안에서

● 왼쪽을 향한 감속운동은 오른쪽을 향한 가속운동과 완전히 같다.—옮긴이

일어나는 모든 사건을 볼 수 있다. 여기서 '볼 수 있다'는 말은 "빛의 출발점이 어디건, 영역 1 안에서 출발하기만 하면 린들러에게 도달한다"는 뜻이다. 이것은 간단한 기하학으로 확인할 수 있다. 영역 1 내부의 점에서 45도로 기울어진 직선을 그리면, 출발점의 위치가 어디건 린들러의 궤적과 반드시 만난다. 이와 마찬가지로, 린들러가 여행 중 임의의 시점에 영역 1 안에 있는 점에 신호를 보내면, 그 점이 어디에 있건 신호를 받을 수 있다.●●●

그렇다면 린들러는 영역 2나 3에서 날아온 신호도 받을 수 있을까? 불가능하다. 광속과 같거나 느린 속도로 이동하는 물체(또는 신호)는 '영역 간 이동'을 할 수 없기 때문이다. 이런 경우 물리학자는 영역 2와 3이 "린들러의 지평선 너머에 있다"라고 말한다. 특히 영역 3은 린들러가 보낸 신호를 받을 수도 없기 때문에 영역 1과 완전히 고립되어 있다. 친구들 사이에서 유식한 티를 내고 싶을 땐 "영역 1과 3은 인과적으로 완전히 단절되어 있다completely causally disconnected"라고 말하면 된다. 하지만 영역 4는 다르다. 린들러는 영역 4에서 날아온 신호를 수신할 수 있지만, 그곳으로 신호를 보낼 수는 없다. 린들러가 처한 상황은 블랙이나 그레이와 확연하게 다르다. 블랙과 그레이는 시공간에 있는 모든 점과 인과적으로 연결될 수 있다. 그러니까 린들러는

●● 가속운동 중 가속도가 일정한 운동을 등가속도운동이라 한다. 대표적 사례로는 지면 근처에서 낙하하는 물체를 들 수 있다. 그러나 지금 린들러의 운동은 굳이 등가속도 운동으로 제한할 필요가 없다. 위에서 펼친 논리는 가속도가 일정하지 않은 경우(즉, 가속도가 점점 커지거나 작아지는 경우)에도 똑같이 성립한다.—옮긴이
●●● 또 다른 설명은 다음과 같다. 린들러는 영역 1의 바닥 꼭짓점에서 출발했으므로, 영역 1 전체가 그의 미래 광원뿔 안에 놓여 있다.

블랙과 그레이보다 작은 우주에 살고 있는 셈이다. 가속운동을 하는 바람에 시공간의 작은 영역에 갇힌 것이다. 린들러의 영역과 45도를 이루는 경계선을 지평선이라 부르는 이유는 정보가 이 경계선을 넘어 양방향으로 흐를 수 없기 때문이다.

앞에서 중력과 블랙홀을 논할 때 지평선에 대해 언급한 적이 있는데, 지금은 가속운동을 논하다가 지평선의 개념이 대두되었다. 혹시 가속운동과 중력 사이에 모종의 관계가 있는 걸까? 그렇다. 둘은 관계가 있는 정도가 아니라, 구별이 불가능할 정도로 똑같다. 아인슈타인은 이 사실을 처음으로 깨달았던 날을 "내 생애를 통틀어 가장 행복한 생각을 떠올렸던 날"이라고 했다.

가장 행복한 생각 ————

독자들은 국제우주정거장에 파견된 우주인의 사진을 본 적이 있을 것이다. 복장은 지구에서처럼 헐렁한 바지에 반팔 차림인데, 공중에 둥둥 떠 있다는 점이 다르다. 손에 쥐고 있던 드라이버를 놓으면 그것도 옆에서 둥둥 떠다닌다. 심지어 허공에 물을 쏟은 후 두 손으로 살살 모아서 공 모양으로 만들면, 이것마저 출렁거리며 떠다닌다. 왜 그럴까? 지구와 거리가 멀어서 중력이 작용하지 않는 것일까? 어림 반 푼어치도 없는 소리다. 우주정거장의 고도는 기껏해야 400킬로미터다. 상업용 항공기가 날아다니는 높이의 10배밖에 안 된다._{정확하게는 30배쯤 된다.} 당신이 비행기에서 뛰어내린 후 "고도가 높아서 무중력 상태이므로 낙하산은 펴지 않아도 된다"라고 생각했다면, 뒷일은 불 보듯 뻔하다. 우주정거장도 비행기에서 뛰어내린 당신처럼 지구를 향해 떨어지고 있지만, 지표면에 대해 충분히 빠른 속도(초속 8킬로미터)로 내달리고 있기 때문에 땅에 닿지 않은 채 고도가 유지된다. 고도 400킬로미터에서는 공기저항이 거의 없으므로 별도의 추진력을 발휘하지 않아도 궤도를 유지할 수 있다. 사실 우주정거장은 돌멩이처럼 지구를 향해 자유낙하하는 중이다. 영원히 떨어지고 있지만, 지표면이 공 모양으로 휘어져 있기 때문에 땅에 닿지 않는 것뿐이다. 여기서 중요한 것은 "지구 근처에서 자유낙하하는 상태"와 "텅 빈 우주 공간에서 지구의 중력가속도와 똑같은 가속도로 가속운동하고 있는 우주선의 내부 상태"를 구별할 수 없다는 점이다. 이 우주선에 창문이 없어서 바깥을 볼 수 없다면, 그 안에 있는 우주인은 자신을 태운 우주선이 위를 향해 $9.8m/s^2$의 가속도로 가속운동을 하고 있는지, 아니면 지구만한 행성에 착륙해서 중력장의 영향을 받고 있는지 구별할 수 없다. 어떤 실험을 해도 둘 중 어떤 상태인지 알아내기란 원리적으로 불가능하다. 우주정거장 안에서 물체들이 둥둥 떠다니는 것은 바로 이런 이유 때문이다. 아인슈타인은 이 아이디어를 떠올리고 너무 기쁜 나머지 연구 노트에 "Der glücklichste Gedanke meines Lebens"라고 휘갈겨놓았다. "내 인생에서 가장 행복한 생각"이라는 뜻이다. 그렇다면 당장 흥미로운 생각이 떠오른다. 중력과 가속운동이 본질적으로 같은 것이라면, 가속운동을 이용해서 중력을 제거할 수 있지 않을까? 그렇다. 자유낙하가 대표적 사례다. 중력장하에서 아무런 방해 없이 떨어지는 물체는 무중력 상태가 된다. 또는 그 반대

그림 3.9 린들러의 우주선.

로 가속운동을 일으켜서 중력을 만들어낼 수도 있다. 중력과 가속운동은 국소적으로 구별 불가능한 관계에 있기 때문이다.• 물리학자들은 이것을 '등가원리Equivalence Principle'라 부른다.

린들러를 태운 우주선이 1g의 가속도로 가속운동을 한다고 가정해보자(1g=9.8m/s²).•• 이런 경우 린들러는 지구에 있을 때와 똑같은 경험을 하게 된다. 의자에 앉았을 때 엉덩이에 느껴지는 압력도 지

• '국소적으로locally'라는 단서를 붙인 이유는 지구의 중력이 균일하지 않기 때문이다. 다들 알다시피 중력은 거리의 제곱에 반비례하므로, 지구의 중력은 높이 올라갈수록 약해진다. 일상생활 속에서는 지구의 중력가속도(g=9.8m/s²)를 일정한 값으로 간주해도 별문제 없지만, 먼 거리에서 바라보면 거리에 따른 차이가 확연하게 드러난다. 또한 떨어지는 물체는 크기가 있으므로, 지구를 바라보는 면에 작용하는 중력과 뒷면에 작용하는 중력은 크기가 같지 않다. 이것을 '조석효과tidal effect'라 하는데, 나중에 '블랙홀의 스파게티화spaghettification'를 논할 때 다시 언급될 것이다.

구에서 느끼는 압력과 같고, 탁자 위에서 떨어지는 컵의 가속도도 지구의 중력가속도와 같다. 또한 체중계 위에 올라섰을 때 눈금이 가리키는 값도 지구에서 잰 값과 똑같다(우주여행 도중에 다이어트를 했다면 조금 다를 수도 있다). 물론 창밖을 내다보면 지금 우주선이 텅 빈 우주 공간을 날아가고 있는지, 아니면 지구에 착륙했는지 금방 확인할 수 있지만, 우주선에 창문이 없다면 둘 중 어떤 상태인지 구별할 수 없다. 자유낙하실험이나 체중을 재는 일 외에 그 어떤 실험을 해도 마찬가지다. 우주선의 가속도를 0.3g로 줄이면, 지구 대신 화성에 착륙한 것과 똑같은 환경이 조성된다. 더욱 흥미로운 것은 가속운동으로 상쇄시킬 수 있는 힘이 오직 중력뿐이라는 점이다. 예를 들어 전하電荷, charge를 띤 물체들 사이에 작용하는 전기력은 가속운동으로 상쇄되지 않는다. 가속운동과 호환되는 힘은 오로지 중력밖에 없다.●●●
아인슈타인은 이 아이디어에 착안하여 고색창연했던 중력이론을 '시공간의 기하학'이라는 수학이론으로 대체시켰고, 이렇게 탄생한 이론이 바로 일반상대성이론이다. 자, 이것으로 대충 준비는 끝났으니, 지금부터 그 놀라운 세계를 본격적으로 탐험해보자.

●● 1g는 지표면 근처에서 자유낙하하는 물체의 가속도로, 9.8m/s²이다.
●●● 중력장하에서는 모든 물체가 질량에 상관없이 똑같은 가속도로 떨어지지만, 전기장에 끌려가는 하전입자는 전하량에 따라 가속도가 다르다.─옮긴이

공간을 2차원으로 확장한 펜로즈 다이어그램

지금까지 우리는 관측자가 오직 직선 위에서만 움직일 수 있는 1차원 공간에서 논리를 전개해왔다. 사실 상대성이론은 공간의 차원을 줄여도 핵심 논리를 이해하는 데 별문제가 없기 때문에, 대부분의 교과서에는 공간이 1차원이나 2차원으로 축소되어 있다. 뉴턴의 고전역학도 3차원 공간을 무대로 펼쳐지지만, 속도와 가속도 등 기초적인 개념을 다룰 때는 공간을 1차원으로 축소하여 논리를 전개한다. 그러나 1차원 공간에는 '크기'나 '넓이'라는 개념이 없어서 현실성이 크게 떨어지므로, 나머지 두 차원을 고려한 시공간에 대해 약간은 알아둘 필요가 있다.

그림 3.10의 왼쪽 그림은 2차원 공간과 1차원 시간, 즉 2+1차원의 평평한 시공간을 펜로즈 다이어그램으로 나타낸 것이다. 1+1차원에서는 단순히 마름모였던 것이, 2+1차원에서는 두 원뿔의 밑면을 접착제로 붙인 형태로 업그레이드되었다. 1+1차원 시공간의 펜로즈 다이어그램에서는 '지금'이라는 순간이 하나의 직선으로 표현되었지만, 2+1차원에서는 하나의 '면'으로 표현된다. 두 원뿔의 공통 밑면에 해당하는 '지금' 면은 평평한 원반 모양이며, 여기서 시간이 흐르면 위로 불룩한 돔 형태로 휘어진다.

그림 3.10의 오른쪽 그림은 앞에서 다뤘던 1+1차원 시공간의 펜로즈 다이어그램을 세로 방향으로 반토막 낸 것으로, 세

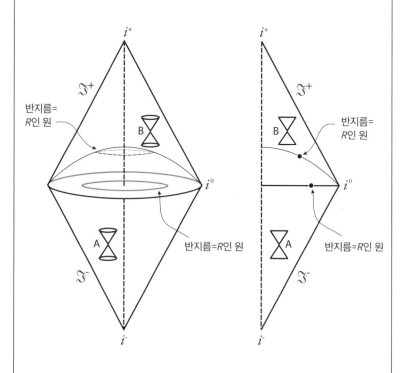

그림 3.10 공간을 2차원으로 확장한 펜로즈 다이어그램(왼쪽). 오른쪽 그림을 세로축을 중심으로 회전시키면 왼쪽 다이어그램이 얻어진다.

로축을 기준으로 거울 영상을 만들어서 합치면 그림 3.3과 같은 마름모 다이어그램이 복원된다. 그리고 반쪽짜리 다이어그램을 세로축을 중심으로 한 바퀴 회전시키면 2+1차원 시공간 다이어그램(그림 3.10 왼쪽 그림)이 된다. 왼쪽 다이어그램에는 2+1차원 시공간의 모든 점이 포함되어 있지만, 오른쪽 다이어그램에서는 원이 선으로 표현되어 많은 정보가 누락되었다.

2+1차원으로 가야 비로소 '광원뿔'이 이름에 걸맞게 원뿔처럼 보인다. 오른쪽 다이어그램에서 A와 B의 광원뿔은 사실 원뿔이 아니라 '세로로 세운 나비넥타이'에 가깝다. 또한 왼쪽 다이어그램의 돔은 오른쪽 다이어그램에서 곡선이 되고, '지금' 면을 이루는 원과 돔(구면의 일부)은 반지름이 같다(그림에는 이 반지름을 R로 표현했다). 펜로즈 다이어그램에서는 시간이 지날수록(위로 올라갈수록) 공간이 좁아지기 때문에, 돔의 반지름도 시간이 지날수록 점차 작아진다.

그렇다면 현실에 맞는 3+1차원 다이어그램은 어떤 모양일까? 종이 위에 그릴 수는 없지만 상상할 수는 있다. 오른쪽 그림의 점이 2+1차원에서 원이 되었으니, 3+1차원에서는 구球로 확장될 것이다.

마지막으로 덧붙일 것이 있다. 그림 3.10에는 이 장에서 언급했던 다섯 가지 무한대가 기호로 표기되어 있다. 제일 먼저 i^+와 i^-는 각각 '시간꼴 미래 무한대'와 '시간꼴 과거 무한대'를 나타내는데, 이들은 빛보다 느리게 움직이는 모든 만물의 궁극적 출발점과 도착점에 해당한다. 그리고 $\mathfrak{I}^+$와 $\mathfrak{I}^-$로 표기된 원뿔면은 각각 '빛꼴 미래 무한대'와 '빛꼴 과거 무한대'를 나타내며, 광속으로 움직이는 물체만 이곳에 도달할 수 있다. 마지막으로, i^0으로 표시된 원(두 원뿔이 맞닿은 면)은 모든 순간에 무한히 멀리 떨어져 있는 공간꼴 무한대를 나타낸다.

4장

시공간 구부리기

    제1차 세계대전이 발발했을 때 "포탄의 궤적을 계산해서 조국 독일을 돕겠다"며 40세를 넘긴 나이에 자원입대한 천체물리학자 카를 슈바르츠실트는 동부전선에 투입되어 치열한 전쟁을 치르던 중 1915년 10월에 아인슈타인의 일반상대성이론에 등장하는 장방정식의 해를 구하는 데 성공했다. 방정식을 유도한 사람은 아인슈타인이었지만, 해를 구한 사람은 슈바르츠실트가 처음이었다. 그러나 슈바르츠실트는 전선에서 자가면역성 질환의 일종인 천포창에 걸려 고생하다가 5개월 후 세상을 떠났다. 다행히도 이때 쓴 논문은 그가 세상을 떠나기 전에 아인슈타인에게 배달되었고, 깊은 감명을 받은 아인슈타인은 슈바르츠실트에게 다음과 같은 편지를 보냈다. "보내주신 논문은 매우 흥미롭게, 잘 읽어보았습니다. 저의 장방정식이 그토록 간단하게 풀리다니 정말 뜻밖이군요. 훌륭한 논문을 보내주셔서 감사합니다." 슈바르츠실트는 별 근처 시공간의 기하학적 특성을 매우 정확하게 서술하는 방정식을 찾았다. 여기서 잠시 휠러가 했던 말을 떠올려보자. "시공간은 물질의 거동 방식을 알려주고, 물질은 시공간이 휘어진 정도를 알려준다." 슈바르츠실트가 찾은 해(이것을 '슈바르츠실트 해'라 한다)를 적용해서 시공간의 휘어진 정도를 알아내기만 하면, 물체의 운동은 어렵지 않게 알 수 있다. 오늘날 슈바르츠실트 해는 일반 상대성이론 교육과정에서 가장 먼저 등장하는 주제이며, 이 결과를 적용하면 뉴턴 방정식으로 계산된 행성의 궤도를 더욱 정확하게 구할 수 있다. 그러나 슈바르츠실트 해는 태양계를 넘어 우주 전역에 적용된다. 1916년에 슈바르츠실트와 아인슈타인은 블랙홀의 존재를 전혀 모르고 있었지만, 훗날 슈바르츠실트 해는 블랙홀의 특성을 규명하는 데 결정적 역할을 했다.

아인슈타인의 방정식에서 얻은 슈바르츠실트 해는 과연 어떤 형태일까? 일단은 표면이 구불구불하게 휘어진 책상을 생각해보자. 앞서 만났던 평면세계 최고의 물리학자 플랫 알베르트와 평평한 수학자들은 이곳에 유클리드 기하학이 적용되지 않는다는 것을 발견하고 잔뜩 흥분했다. 구부러진 면에서 삼각형 내각의 합은 180도가 아니고, 두 점 사이의 거리는 피타고라스의 정리 같은 친숙한 방식으로 설명되지 않는다. 플랫 알베르트가 구불구불한 곡면 위에서 두 점 사이의 거리를 계산하려면 휘어진 정도를 수학적으로 표현하는 방법을 찾아야 한다.

시공간은 잠시 잊어버리고, 만만한 지구에 초점을 맞춰보자. 다들 알다시피 지표면은 곡면(정확하게는 구면)이므로, 피타고라스의 정리로는 부에노스아이레스와 베이징 사이의 최단 거리를 구할 수 없다.● 3차원 공간에서 살아가는 우리는 구球가 어떤 도형인지 익히 알고 있으므로, 구면 위의 최단 거리가 직선이 아닌 이유를 쉽게 이해할 수 있다. 예를 들어 곧게 뻗은 1만 9267킬로미터의 직선 자 한쪽 끝을 부에노스아이레스의 중심가에 갖다 놓는다면, 반대쪽 끝은 베이징에 닿지 않을 것이다. 자는 평평한데 지구는 평평하지 않기 때문이다. 이런 경우 자의 반대쪽 끝은 2차원 지표면을 한참 벗어나 비스듬한 방향으로 하늘을 가리키게 된다. 그러나 이 괴물 같은 자를 1미터 단위로 잘게 토막 내서 두 도시를 잇는 대원Great circle을 따라 일렬로 이어 붙이면, 허공에 뜨지 않고 지면에 착 달라붙은 채로 베이징에 도달할 것이다(실제로 해발 0미터를 유지하면서 이어붙이려면 도중에 터널을 여러 개 뚫어야 하므로, 지표면이 완벽하게 매끄럽다고 가정하자). 이렇게 하면 두 도시 사이의 거리를 몇 미터 오차 범위 안에서 측정할 수 있다. 더 정확한 값을 원한다면 자를 1센티미터나 1밀리미터 단위로 자르면 된다. 잘게 자를수록 자와 지표면 사이의 틈새가 좁아져서 측정값이 더욱 정확해진다. 1967년 몬트리올 세계박람회에 선보인 구조물 중 버크민스터 풀러Buckminster Fuller가 설계한 몬트리올 바이오스피어 Montreal Biosphere는 작고 평평한 조각을 이어붙여서 구형 조형물을 만든 대표적 사례였다(그림 4.1 참조). 이 건물을 멀리서 바라보면 완벽한

● 두 점을 잇는 임의의 경로의 길이를 계산하려면 경로를 무한히 작게 잘라서 각 부분의 길이를 구한 후 이들을 모두 더해야 한다(즉, 적분을 해야 한다). 그런데 무한히 작은 부분의 길이를 구할 때 피타고라스의 정리가 사용되기 때문에, 경로 이야기가 나올 때마다 저자가 피타고라스의 정리를 언급하는 것이다.—옮긴이

구형이지만, 가까이 가면 작고 평평한 삼각형들이 시야에 들어온다. 사실 이 삼각형들은 약간 기울어진 각도로 붙어 있다. 이 방법을 사용하면 구형뿐만 아니라 어떤 입체도형도 만들 수 있다. 즉, 도형의 기하학적 구조는 평평한 조각을 이어붙이는 방법에 따라 결정된다.

일반상대성이론에서 휘어진 공간은 이와 비슷한 방법으로 만들 수 있다. 평평한 시공간을 여러 개의 작은 조각으로 잘라낸 후 이들을 조금 다른 방식으로 이어붙이면 휘어진 시공간이 만들어진다. 아인슈타인 방정식에 대한 슈바르츠실트 해도 블랙홀 근처의 시공간을 이런 식으로 이어붙여서 얻은 것이다. 작고 평평한 조각에 포함된 사건들 사이의 시공간 간격은 $(\Delta\tau)^2 = (\Delta t)^2 - (\Delta x)^2$이고, 먼 간격은 이들을 더해서 얻을 수 있다. 조각을 잘게 자를수록 결과가 정확해진다.

그림 4.1 엑스포 67 전시장에 건설된 몬트리올 바이오스피어. (도판 4 참고)

이것은 짧은 자 여러 개를 이어붙여서 부에노스아이레스와 베이징 사이의 거리를 측정할 때, 자의 길이가 짧을수록 정확한 값이 얻어지는 것과 같은 이치다. 버크민스터 풀러가 설계한 바이오스피어도 마찬가지다. 작은 삼각형 하나는 평면으로 간주할 수 있으므로 이곳에서 두 점 사이의 거리를 구할 때는 피타고라스의 정리를 이용하면 된다. 그러나 삼각형 여러 개에 걸쳐 있는 먼 거리를 계산하려면 휘어진 구면을 고려해야 하기 때문에, 좀 더 까다로운 계산과정을 거쳐야 한다.

그림 4.2는 작고 평평한 시공간 조각을 여러 개 이어붙여서 만든 휘어진 시공간을 도식적으로 표현한 것이다. 만일 우리가 5차원 공간에 거주하는 5차원 생명체라면 유클리드 기하학을 갖고 놀듯이 쌍곡기하학에 완전히 통달하여, 작은 조각을 쓱쓱 이어서 5차원 곡면을 쉽게 만들 수 있을 것이다. 그러나 우리의 상상력은 3차원 공간에 묶여 있어서, 5차원 공간을 떠올릴 수 없다. "전문 수학자나 물리학자는 떠올릴 수 있지 않을까?"라고 생각하는 사람들에게 한마디 하고 싶다. 아무 생각 없기는 그들도 마찬가지다. 다만 그들은 기본 아이디어에서 출발하여 귀납적 논리를 구사하는 것뿐이다. 다행히도 기본 아이디어는 매우 간단하다. 휘어진 시공간을 "작고 평평한 시공간 조각 여러 개를 이어붙인 기하학적 구조체"로 간주하면 된다. 단, 각 조각은 이웃한 조각에 대해 약간 기울어져 있으며(기울지 않으면 평면이 된다), 각자 자신만의 시계와 자를 갖고 있다. 이 조각들이 연결된 방식을 규명하는 것이 일반상대성이론의 핵심 과제다. 물론 독자들은 자세한 사항을 알 필요가 없으므로, 연결 방식을 모두 알아냈다고 가정하자. 그러면 작은 자를 연결하여 부에노스아이레스와 베이징 사이

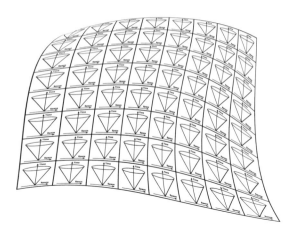

그림 4.2 작고 평평한 여러 개의 시공간 조각을 적절한 각도로 기울여서 이어붙이면 휘어진 시공간을 만들 수 있다.

의 거리를 측정한 것처럼, 조각들의 간격을 모두 더해서 멀리 떨어진 두 사건 사이의 시공간 간격을 계산할 수 있다.

지구상에서 가까운 거리는 "평면 위의 직선거리"로 간주해도 크게 틀리지 않듯이, 충분히 작은 시공간 조각에서 거리와 시간 간격은 "평평한 시공간에서의 거리와 시간 간격"으로 간주해도 무관하다. 이것이 바로 아인슈타인이 "행복한 생각"을 떠올렸을 때 함께 떠올린 아이디어였다.

바로 그 순간, 내 인생에서 가장 행복한 생각이 뇌리를 스쳤다……. 지붕에서 자유낙하하는 관측자에게는 중력장이 느껴지지 않는다. 적어도 그의 주변에서는 그렇다. 이런 상황에서 그가 손에 쥐고 있던 물체를 놓으면(또는 특정 방향으로 던지면), 그 물체는 물리적 또는 화학적 특성에 상관없이 관측자에 대해 정지상태(또는 등속운동상태)를 유지한다. 그러므로 관측자는 자신의 상태를 "아무런 움직임이 없는 정지상태"로 간주할 수 있다.

위의 인용문에는 아인슈타인의 아이디어가 고스란히 담겨 있다. 처음에 그는 수학의 도움 없이 간단한 그림을 떠올렸고, 곧바로 간단한 의문을 제기했다. 자유낙하하는 물체가 중력을 느끼지 않는다는 것은 무엇을 의미하는가? 지붕에서 떨어지는 관측자가 자신과 가까운 근방에서 중력을 느끼지 않는다는 것은 그 일대에서 시공간이 평평하다는 뜻이다. "아니, 추락하는 동안 아무런 느낌이 없다고? 그럼 추락하는 사람들은 왜 비명을 지르는 거야?" 좋은 질문이다. 실제로 추락하는 동안에는 얼굴에 강한 맞바람이 불고, 주변 풍경이 빠르게 위로 지나간다. 이런 상황에 처하면 누구나 공포를 느낄 수밖에 없다. 그러나 지금 우리는 이상적인 환경에서 진행되는 자유낙하를 논하는 중이다. 즉, 공기저항이 없고 주변 풍경도 없는 완벽한 진공상태에서 떨어진다고 상상하면 된다. 어려운 문제를 풀 때는 주어진 상황을 무조건 단순화하는 것이 상책이다. 물리학자에게 "소의 습성에 대해 연구해달라"라고 부탁하면, 일단 소를 구형球形으로 가정하고 후속 논리를 전개할 것이다. 그들의 논리는 명쾌하지만, 농부로서의 자질은 완전 꽝이다.

중력은 추락으로 제거될 수 있다는 점에서 매우 희한한 힘이다. 그리고 우리의 천재 아인슈타인은 이 놀라운 사실과 중력의 기하학적 그림(휘어진 시공간)의 연결 관계를 간파했다. 바로 그렇다. 중력은 어린 시절 학교에서 배운 것처럼 "질량을 가진 물체들이 서로 끌어당기는 힘"이 아니라, 무거운 물체 근방에서 시공간의 작은 조각들이 이웃한 조각들에 대해 기울어지면서 나타나는 현상이었다. 간단히 말해서, 뉴턴이 생각했던 만유인력은 환상에 불과하다는 뜻이다.

중력이 존재하지 않는다면 지붕에서 발을 헛디딘 사람은 왜 땅으로 떨어지며, 달은 왜 지구 주변을 공전하는 것일까? 답: 사람과 달은 휘어진 시공간에서 항상 '직선'을 따라가기 때문이다. 3장에서 쌍둥이 역설을 논할 때 언급했던 '최대 노화 원리'를 이용하면 좀 더 구체적으로 이해할 수 있다. 가속운동을 하지 않는 우주인(블랙과 그레이)은 시공간에서 두 사건 사이를 이동할 때, 자신이 차고 있는 손목시계로 "시간 간격이 최대인 경로"를 따라간다. 일반상대성이론에서 최대 노화 원리는 "자연의 기본 법칙"이라는 무대의 주인공으로, 휘어진 시공간에서 자유낙하하는 물체의 세계선을 결정한다. 아인슈타인이 말한 대로, 자유낙하하는 관측자는 자신의 상태를 정지상태로 간주할 권리가 있다. 이는 곧 시공간에서 자유낙하하는 물체가 "자신의 시계로 측정한 시간 간격이 가장 길어지는" 세계선을 따라간다는 뜻이다. 이 세계선은 개개의 작은 조각에서 직선으로 나타나지만, 조각을 이어붙여 만든 휘어진 시공간에서는 곡선이 된다. 이것은 휘어진 지표면 위에 짧은 자를 이어붙여서 멀리 떨어진 두 지점 사이의 거리를 측정하는 것과 비슷하다. 짧은 직선들을 빈틈없이 이어붙였는데, 결과는 희한하게도 직선이 아닌 곡선이다. 이렇게 휘어진 시공간은 우리 눈에 "태양 주위를 공전하는 행성"이나 "지붕에서 추락하는 사람"이라는 결과로 나타난다. 이런 면에서 볼 때, 지붕에서 미끄러진 사람이 땅으로 추락하는 것은 완벽하게 논리적인 결과다. 그는 자신에게 주어진 시간을 최대한으로 활용하고 있는 것이다.

시공간의 곡률에 대한 슈바르츠실트 해와 최대 노화 원리, 이 두 가지만 있으면 행성과 별, 블랙홀 근처에서 떨어지는 모든 물체의 세계선을 계산할 수 있다.

이로써 일반상대성이론과 슈바르츠실트 해를 더 깊이 이해할 수 있는 기회가 주어졌다. 여기까지 와놓고 책을 덮는 것은 과학에 대한 무례이며, 다 된 죽에 코를 푸는 거나 다름없다. 자, 마음을 가다듬고 조금만 더 집중해보자. 앞으로 몇 페이지에 걸쳐 조금 복잡한 수식이 나올 텐데, 난이도는 피타고라스 정리의 수준을 넘지 않는다. "나에게는 피타고라스도 버겁다"라는 사람도 걱정할 것 없다. 수식의 향연이 끝나면 그림으로 설명하는 친절한 서비스가 곧바로 제공될 예정이다.

계량: 곡면 위에서 거리 계산하기 ──────

1908년에 아인슈타인은 '중력=휘어진 시공간'이라는 개념을 확립했으나, 수학을 이용하여 일반상대성이론을 완성할 때까지는 무려 7년이라는 세월이 더 소요되었다. 가장 중요한 문제는 휘어진 시공간에서 두 사건 사이의 간격을 계산하는 것이었다. 누군가가 아인슈타인에게 "왜 그렇게 오래 걸렸냐?"라고 물었을 때, 그는 이렇게 대답했다. "가장 큰 이유는 그놈의 좌표계 때문이었다. 좌표가 곧 거리를 의

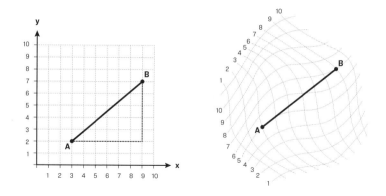

그림 4.3 (왼쪽) A와 B 사이의 거리는 피타고라스의 정리를 통해 A의 좌표 및 B의 좌표와 연관되어 있다. (오른쪽) 좌표의 격자를 비틀어도 A와 B를 이전과 동일한 위치에 잡을 수 있다. 그러나 이 경우에 A와 B 사이의 거리는 두 점의 좌표와 무관해진다.

미한다는 고정관념에서 벗어나기란 결코 쉬운 일이 아니었다.”[1]

아인슈타인의 심정을 이해하기 위해, 잠시 시공간을 벗어나 2차원 유클리드 기하학의 세계로 들어가보자. 그림 4.3의 왼쪽 그림과 같이 두 점 A, B를 선택한 후, 이들을 잇는 직선을 그린다. 물론 이 직선은 자로 측정할 수 있는 길이를 갖고 있을 텐데, 그 길이를 Δz라 하자. 그러면 Δz는 나머지 두 변의 길이가 Δx, Δy인 직각삼각형의 빗변에 해당하므로, 피타고라스의 정리에 의해 다음의 관계를 만족한다.

$$(\Delta z)^2 = (\Delta x)^2 + (\Delta y)^2$$

여기서 Δx와 Δy는 각각 ‘x축 방향으로 측정한 A와 B 사이의 거리’와 ‘y축 방향으로 측정한 A와 B 사이의 거리’이며, 이 값들은 자로 측정할 수 있다. A의 좌표가 (3, 2)이고 B의 좌표가 (9, 7)이므로 Δx=9-3=6이고, Δy=7-2=5이다. 따라서 Δz=$\sqrt{6^2+5^2}$=$\sqrt{61}$이 된다.

이제 그림 4.3의 오른쪽 그림으로 시선을 돌려보자. 좌표의 배경인 격자선이 휘어져 있어서 분위기가 많이 달라졌다. 물론 이런 경우에도 좌표를 할당하는 데에는 아무런 문제가 없다. 오른쪽 그림에서 A의 좌표는 (5, 3)이고 B의 좌표는 (7, 9)이다. 그러나 휘어진 좌표계에서 두 점 사이의 거리를 구할 때는 더 이상 피타고라스의 정리를 사용할 수 없다. 좌표 격자의 형태가 바뀌면 두 점 사이의 거리도 달라지기 때문이다. 좌표 격자가 제아무리 어지럽게 휘어져 있어도 주어진 점에 좌표를 할당하는 데에는 아무런 문제가 없다. 그러나 개중에는 특별한 목적에 특화된 격자가 존재한다. 예를 들어 A와 B 사이의 거리를 구할 때는 모든 격자가 바둑판처럼 똑바로 배열되어 있는 직교좌표가 제일 편리하다. 평면에서는 직교좌표를 쓰는 것이 정신건강에 유리하지만, 곡면에서는 임의로 고른 두 점 사이의 거리를 피타고라스의 정리로 구할 수 있는 단일격자가 존재하지 않는다. 좌표계는 임의의 점에 특정한 값(좌표값)을 할당하는 기능도 있고, 두 점 사이의 거리를 계량하는 기능도 있다. 그런데 거의 대부분 이 두 가지 기능이 마치 세트처럼 따라다니기 때문에 분리해서 생각하기가 쉽지 않다. 아인슈타인이 "좌표가 곧 거리라는 고정관념에서 벗어나기 어려웠다"라고 말한 것은 바로 이런 의미였다. 이제 우리는 아인슈타인의 조언에 따라 시공간에 그린 격자에 집착하지 않도록 주의해야 한다.

사실 어떤 격자를 사용해도 두 점 사이의 거리는 항상 계산할 수 있다. 다만, 휘어진 좌표계에는 피타고라스의 정리가 적용되지 않는 것뿐이다. 그림 4.3의 오른쪽 그림처럼 구불구불한 좌표계의 좌표를 X, Y라 하자. 그러면 아주 가까운 거리에 있는 두 점 사이의 거리는 다음과 같이 쓸 수 있다.

$$(\mathrm{d}z)^2 = a(\mathrm{d}X)^2 + b(\mathrm{d}Y)^2 + c(\mathrm{d}X)(\mathrm{d}Y)$$

여기서 a, b, c는 점의 위치에 따라 달라지는 상수이며, $\mathrm{d}z$는 Δz를 미분 표기법으로 바꾼 것이다. Δz와 $\mathrm{d}z$는 둘 다 'z의 변화량'이라는 의미로 사용되지만, 변화량이 지극히 작을 때는 $\mathrm{d}z$를 사용하기로 한다. 위의 공식은 모든 좌표계에 적용되며, 3차원 이상의 고차원 좌표계에도 이와 비슷한 식을 유도할 수 있다. 상수 a, b, c는 임의의 곡면에서 거리 계산에 필요한 규칙을 결정하는데, 이들을 모아놓은 집합을 해당 곡면의 '계량metric'이라 한다. 따라서 특정 좌표계의 계량을 알고 있으면 거리를 계산할 수 있다. 특별한 좌표계의 계량을 알아내는 것은 일반상대성이론에서 매우 큰 부분을 차지한다. 이것이 바로 슈바르츠실트가 (자전하지 않는) 별 주변의 시공간을 계산할 때 사용했던 방법이다.

슈바르츠실트 해 ————

이제 다시 시공간으로 돌아와 일반상대성이론에 집중해보자. 슈바르츠실트 해는 별이나 블랙홀 같은 구면대칭형 천체 근방의 계량을 알려준다. 그가 채택했던 시공간 격자를 사용하면(자세한 설명은 나중에 할 것이다) 별이나 블랙홀 근처에서 일어난 두 사건 사이의 시공간 간격을 다음과 같이 쓸 수 있다.

$$d\tau^2 = \left(1 - \frac{R_S}{R}\right) dt^2 - \frac{1}{\left(1 - \frac{R_S}{R}\right)} dR^2 - d\Omega^2$$

R_S는 슈바르츠실트 반지름으로, 다음과 같은 값을 갖는다(이 값은 1장에서 소개한 바 있다).

$$R_S = \frac{2GM}{c^2}$$

여기서 G는 뉴턴의 중력상수이고 M은 별의 질량, c는 빛의 속도다. 자전하지 않는 블랙홀에 대하여 일반상대성이론으로 알아낼 수 있는 거의 모든 것이 이 한 줄짜리 수식에 담겨 있다. 슈바르츠실트가 선택한 좌표계는 시간좌표 t와 거리좌표 R로 표현된다. 보기에도 부담스러운 $d\Omega^2$은 나중에 따로 설명할 예정이니, 지금 당장은 무시해도 상관없다.

우리의 관심 대상은 휘어진 시공간이므로, 평평한 (민코프스키) 거리 공식처럼 모든 곳에 적용 가능한 좌표 격자는 존재하지 않는다. dt^2과 dR^2 앞에 $(1-R/R_S)$ 등과 같은 특별한 인자가 곱해진 것은 바로 이런 이유 때문이다. 이 인자들은 앞에서 2차원 간격을 예로 들면서 도입했던 상수 a, b, c와 개념적으로 크게 다르지 않다. 즉, 이들은 곡률에 대한 정보를 담고 있다. 또한 이 공식에 의하면, 특정 위치에서

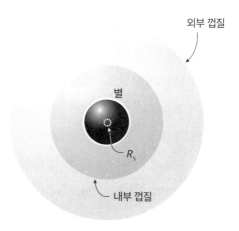

외부 껍질

별

R_s

내부 껍질

그림 4.4 슈바르츠실트의 공간 다이어그램. 중심에 별이 놓여 있고, 그 주변을 가상의 구껍질 두 개가 에워싸고 있다.

시공간의 휘어진 정도는 '별과의 거리'와 '별의 질량'에 따라 달라진다. 슈바르츠실트가 선택한 좌표 t와 R은 시계와 자로 측정 가능한 양과 직접적인 관계는 없지만, 물리적 해석을 통해 슈바르츠실트 시공간을 직관적으로 그릴 수 있게 해준다.

그림 4.4는 슈바르츠실트의 시공간에 기초한 '공간 다이어그램 space diagram'을 도식적으로 표현한 것으로, 별이 놓인 곳을 '인력 중심 center of attraction'(R=0인 지점)이라 한다. 그 주변에는 두 개의 구껍질 (속이 빈 구)이 별을 에워싸고 있는데, 이들은 인력 중심으로부터 특정한 반지름(R의 좌표값)을 유지한 채 고정되어 있으며, R은 구껍질의 표면적을 기준으로 정의된다. 평평한 공간에서 구의 표면적 A는 $4\pi R^2$이고,• R은 구의 표면에서 중심까지의 거리를 자로 측정한 값이다. 그러나 별(또는 블랙홀) 주변의 휘어진 공간에서는 이런 관계가 성립하

지 않는다(블랙홀의 경우에는 중심점, 즉 특이점에 자를 갖다 놓는 것조차 불가능하다). 그러나 다이어그램에 그려진 구의 표면적은 시공간의 왜곡 여부와 상관없이 항상 계산할 수 있으며, R은 시공간이 평평한 경우에 구껍질이 갖게 될 반지름에 해당한다. 이것이 바로 슈바르츠실트가 선택한 좌표의 의미다.

시공간이 어떤 식으로 왜곡되건 간에, 구껍질의 휘어진 정도와 패턴은 모든 지점에서 동일해야 한다. 왜냐하면 슈바르츠실트가 방정식을 유도할 때 완벽한 구면대칭spherical symmetry을 가정했기 때문이다. 완벽하게 둥그런 구를 상상해보라. 반지름이 모든 곳에서 똑같고 표면이 완벽하게 매끄럽다면, 표면 위의 모든 점은 수학적으로 완전히 동일하다. 방정식의 끝에 추가된 $d\Omega^2$은 '특정 구껍질의 표면에서 발생한 사건들 사이의 거리'와 관련된 양으로, (구형) 지구의 표면에서 두 점 사이의 거리를 계산할 때 사용되는 계량metric에도 이와 똑같은 항이 등장한다(자세한 내용은 156~157쪽의 박스 글을 참고하기 바란다). 별이나 블랙홀 주변에서 물체의 궤도를 정확하게 계산하려면 $d\Omega^2$이 포함된 항을 고려해야 한다. 그러나 우리의 주된 관심사는 블랙홀의 중심을 향해 떨어지거나 중심으로부터 바깥으로 움직이는 물체이기 때문에, 굳이 $d\Omega^2$을 달고 다닐 필요가 없다. 이렇게 하면 물리적 핵심이 그대로 유지되면서 문제가 단순해진다.

슈바르츠실트의 시간좌표 t도 간단하게 정의할 수 있다. t는 '인력

• 여기서 '평평한 공간'이란 2차원 평면이 아니라 '휘어지지 않은 3차원 공간'을 의미한다.—옮긴이

중심으로부터 멀리 떨어진 곳에 있는 시계'로 측정한 시간이다. 즉, 평평한 시공간에 놓인 시계로 측정한 시간이 바로 t이다. 이런 곳에서 출발하여 별의 중심을 향해 이동하면 시공간이 점차 휘어진다. 그래서 dt^2과 dR^2 앞에 $(1-\frac{R_S}{R})$ 과 $\frac{1}{(1-\frac{R_S}{R})}$이라는 인자가 곱해져 있는 것이다. 중심에서 충분히 멀어지면 R 값이 커져서 이 인자는 거의 1이 되고, 중심에 가까워지면 1에서 벗어나 중요한 역할을 하게 된다. 이는 곧 '별에서 멀리 떨어진 곳에서 측정한 간격'이 '평평한 공간에서 측정한 간격'과 같다는 뜻이므로, 우리가 알고 있는 사실과 정확하게 일치한다.

앞서 말한 대로 슈바르츠실트의 좌표 (t, R)은 별에서 멀리 떨어진 곳에서 간단하게 해석된다. 이 사실을 잘 이용하면 시간의 흐름과 거리 측정에 대해 시공간의 곡률이 갖는 의미를 좀 더 분명하게 이해할 수 있다. 예를 들어 시공간의 임의의 위치에 설치할 수 있는 작은 실험실을 상상해보자. 이 실험실에는 별도의 추진 장치가 없어서, 별을 향해 자유낙하하는 중이다. 실험실 내부에는 시간의 흐름을 측정하는 시계와 거리를 측정하는 자가 구비되어 있다. 또한 이 실험실은 규모가 아주 작아서, 내부 시공간은 평평하다고 간주할 수 있다. 이제 그림 4.4의 외부 껍질 근처에 실험실을 갖다 놓고 시계를 이용하여 시간의 흐름을 관찰해보자. 째깍, 째깍, 째깍……. 시곗바늘이 부지런히 돌아가고 있다. 그런데 이 시계는 특별히 제작된 도구여서 째깍 소리의 시간 간격이 아주 짧다. 그렇다면 시계가 한 번 째깍거리는 동안 실험실의 거리좌표 R은 거의 고정된 값으로 간주할 수 있으므로, 슈바르츠실트 방정식의 시공간 간격은 다음과 같이 간단해진다.

$$d\tau^2 \approx \left(1 - \frac{R_S}{R}\right) dt^2$$

여기서 '≈'은 '대략적으로 같다'는 뜻이다. 째깍 소리 사이의 간격이 충분히 짧으면 $dR \approx 0$이 되어, 슈바르츠실트 방정식에서 dR^2이 곱해진 항이 사라진 것이다.

이것이 바로 1장에서 "우주인이 별이나 블랙홀에 가까이 다가갈수록 그의 시간은 느리게 흐른다"고 말했던 이유다. dt^2은 별과 멀리 떨어진 평평한 시공간에서 정지상태에 있는 실험실 시계로 측정한 시간 간격('째깍'과 '째깍' 사이의 간격)의 제곱이고, $(1-R_S/R)dt_2$은 외부 껍질 근처에서 측정한 시간 간격의 제곱이다. 이는 곧 '실험실이 있는 외부 껍질 근처'와 '별에서 멀리 떨어진 곳'에서 시간이 각기 다른 속도로 흐른다는 것을 의미한다. 시공간이 휘어지면서 시간이 왜곡되었기 때문에, 실험실 시계가 한 번 째깍이는 동안 멀리 떨어진 시계는 1.2회, 또는 2회, 또는 10회 등 여러 번 째깍인다(횟수는 거리에 따라 다르다). 다시 말해서, 실험실의 시계가 멀리 떨어진 시계보다 느리게 간다. 우리의 실험실이 그림 4.4의 내부 껍질 근처로 이동하면 거리좌표 R 값이 더 작아져서 $(1-R_S/R)$도 더 작아지고, 시간도 더욱 느리게 흐른다.

그렇다면 공간은 어떤 식으로 왜곡될까? 외부 껍질에 있는 실험실에서 자를 사용하여 그 안쪽에 있는 구껍질까지의 거리를 측정한다고 상상해보자.● 안쪽 구껍질과 외부 껍질 사이의 거리가 비교적 가까운 경우, 자로 측정한 두 껍질 사이의 거리는 슈바르츠실트 방정식의 두 번째 항으로 주어진다.

$$d\tau^2 \approx -\frac{dR^2}{\left(1 - \dfrac{R_S}{R}\right)}$$

여기서 dR은 공간이 평평한 경우에 두 껍질 사이의 거리다. 우변의 분모에 $(1-R_S/R)$이라는 인자가 들어 있으므로, 두 껍질 중 한 곳에 위치한 관측자가 나머지 구껍질까지의 거리를 측정한 값은 평평한 공간에서 측정한 값보다 크다. 즉, 별에 가까울수록 공간은 늘어나고 시간은 느려진다.

그런데 대체 얼마나 길어지고, 얼마나 느려지는 것일까? 현실적인 감을 잡기 위해, 태양을 예로 들어보자. 태양의 슈바르츠실트 반지름은 약 3킬로미터이고 실제 반지름은 약 70만 킬로미터다. 이 값을 위의 방정식에 대입하면 표면에서의 왜곡률은 약 1.000002쯤 된다. 태양만한 구껍질 두 개가 가까이 붙어 있을 때,** 평평한 공간에서 이들 사이의 거리가 1킬로미터였다면, 실제 측정한 거리는 2밀리미터 더 길다. 그리고 태양에서 멀리 떨어진 관측자의 시계로 1초가 흘렀다면, 태양 표면에 놓인 시계는 2마이크로초(100만 분의 2초)만큼 느리게 흐른다. 대충 1년에 1분씩 느려지는 셈이다.

• 여기서 말하는 '안쪽 구껍질'은 그림 4.4의 외부 껍질과 내부 껍질 사이에 있는 임의의 구껍질을 의미한다.—옮긴이
•• 두 구껍질이 태양을 중심으로 하는 동심원이고, 반지름의 차이가 1킬로미터일 때.—옮긴이

슈바르츠실트 블랙홀
: 별을 제거하고 남은 것 ──────────

슈바르츠실트 해는 원래 별이나 행성의 외부 영역을 연구하는 수단이었다(별의 내부는 물질로 가득 차 있기 때문에 해가 적용되지 않는다). 그러나 얼마 후 물리학자들은 그의 해가 블랙홀의 거동을 서술할 때도 사용될 수 있음을 깨달았다. 어떻게 그럴 수 있을까? 방법은 의외로 간단했다. 그냥 별 자체를 무시하면 된다. 슈바르츠실트 해는 "$R=0$인 특이점을 향해 안으로 들어갈수록 시공간이 점점 더 크게 왜곡되는 무한하고 영원한 우주", 즉 영원히 유지되는 완벽한 블랙홀을 서술하고 있었다.

그림 4.5는 별이 존재하지 않는 슈바르츠실트 공간을 도식적으로 표현한 것이다. 앞에서 도입했던 가상의 구껍질 두 개는 여전히 그 자리에 있지만, 별은 사라지고 슈바르츠실트 시공간만 남은 상태다. 또한 그림의 중심부에는 반지름이 R_s(슈바르츠실트 반지름)인 또 하나의 구껍질이 그려져 있는데, 그림 4.4에서 이곳은 별의 내부였다. 슈바르츠실트의 방정식을 다시 살펴보면, 반지름이 R_s인 구껍질에서 이상한 현상이 일어난다. 즉, $(1-R_s/R)=0$이 되는 것이다. 그리고 작은 구껍질 안으로 들어가면 R이 R_s보다 작아지면서 $(1-R_s/R)$는 음수가 된다. 이게 과연 무슨 뜻일까? 한 관측자가 슈바르츠실트 반지름을 통과하여 안으로 자유낙하하고 있을 때, 등가원리에 의하면 어떤 불상사도 일어나지 않을 것 같다. 그러나 먼 거리에서 바라보면 반지름이 R_s인 가상의 구껍질은 시간이 완전히 멈추면서 공간이 무한대로 늘어나는

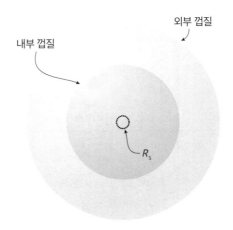

외부 껍질

내부 껍질

R_s

그림 4.5 별이 제거된 슈바르츠실트의 공간 다이어그램. 이 그림에는 물질이 존재하지 않는다.

지점이다.

　작은 구껍질 안에서 무슨 일이 일어나는지 이해하기 위해, 간단한 그림을 그려보자. 펜로즈 다이어그램을 공략하기 전에, 시공간 다이어그램에서 어떤 힌트를 얻을 수 있을 것 같다. 앞서 논했던 평평한 시공간 다이어그램이 그랬듯이, 다이어그램을 그리는 방법은 격자의 구조에 따라 얼마든지 달라질 수 있다. $R=R_s$일 때 흥미로운 결과가 나온다는 것을 방금 전에 확인했으니, 슈바르츠실트가 선택한 좌표격자를 사용하기로 하자. 그림 4.6은 슈바르츠실트 시공간의 지점마다 광원뿔이 변하는 패턴을 나타낸 것이다. 평평한 시공간에서는 모든 광원뿔이 수직 방향으로 정렬되어 있지만, 슈바르츠실트의 시공간에서는 사정이 다르다. R_s로부터 멀리 떨어진 곳의 광원뿔은 평평한 시공간의 광원뿔과 비슷하게 생겼지만, R_s에 가까워질수록 광원뿔

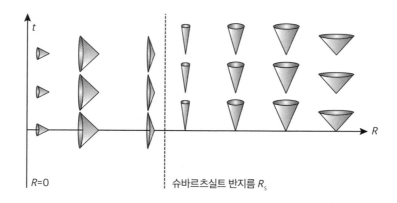

그림 4.6 슈바르츠실트 시공간. t와 R은 슈바르츠실트가 사용한 좌표다. R이 R_s보다 작은 영역(사건지평선의 내부)에서는 광원뿔이 옆으로 드러눕는다.

의 폭이 점점 좁아지다가 $R=R_s$에 도달하면 무한정 좁아진다. 즉, 이곳에서 방출된 빛은 공간 이동을 할 수 없고(구껍질 밖으로 탈출할 수 없고) 오직 시간이 흐르는 방향으로만 이동할 수 있다.• 슈바르츠실트 반지름 R_s를 "사건지평선"이라 부르는 것은 바로 이런 이유 때문이다. $R=R_s$에서 외부를 향해 방출된 빛은 그 자리에 정지해 있다.

　사건지평선 안으로 진입하면 똑바로 서 있던 광원뿔이 옆으로 드러눕는다. R이 R_s보다 작으면 $(1-R_s/R)$가 음수가 되어, 슈바르츠실트 방정식에서 dt^2과 dR^2 앞에 곱해진 계수의 부호가 바뀌기 때문이다

• 그렇다면 외부에서 중심을 향해 들어오는 빛도 R_s에 도달하면 더 이상 안으로 들어가지 못한다는 뜻인가? 멀리 떨어진 관측자(이들의 시간은 슈바르츠실트 시간과 일치한다)의 관점에서 보면 이 말이 맞다. 그러나 그렇다고 해서 블랙홀 안으로 진입하지 못한다는 뜻은 아니다. 이와 관련된 내용은 5장에서 다룰 예정이다.

(dt^2의 계수는 음수가 되고, dR^2의 계수는 양수가 된다). 언뜻 보면 시간과 공간의 역할이 뒤바뀐 것 같지만, 사실은 좌표 t와 R에 대한 우리의 해석이 뒤바뀐 것뿐이다.• 사건지평선 안으로 들어가면 광원뿔이 R 방향을 향해 열리면서 이 방향이 곧 '시간'이 되고, t 방향은 '공간'이 된다. 슈바르츠실트 좌표값은 블랙홀에서 멀리 떨어져 있는 관측자의 자와 시계로 측정한 값에 해당하므로, 블랙홀 내부의 관측자가 느끼는 시간은 멀리 떨어진 관측자에게 공간이 되고, 그 반대도 마찬가지다. 앞에서 강조한 바와 같이 우리가 사용하는 좌표는 시간과 공간에 대한 다른 사람의 관념과 일치할 필요가 없다. 그래서 아인슈타인은 "시간과 공간은 각자 고유한 계량적 의미를 고수할 필요가 없다"고 했다. 슈바르츠실트 좌표 t와 R은 블랙홀로부터 멀리 떨어진 곳에서 각각 시간과 공간으로 해석되지만, 사건지평선 안으로 진입하면 역할이 뒤바뀐다. "둘이 바뀌면 뭐가 어떻게 달라지는데?"라고 묻고 싶은 독자들을 위해 한 가지 예를 들어보자. 사건지평선 안에서 물체가 $R=0$인 중심을 향해 떨어지는 것은 당신이 시간의 흐름을 타고 내일을 향해 불가피하게 이동하는 것과 같다.

인력 중심center of attraction에 대해서는 아직 아무런 언급도 하지 않았다. 이곳은 아인슈타인의 일반상대성이론과 슈바르츠실트 해가 무용지물이 되는 '지점'으로, 흔히 특이점singularity이라 한다. '지점'에 굳이 따옴표를 붙여서 강조한 이유는 이곳이 공간상의 점이 아니기 때문이다. 사실 특이점은 시간상의 한 점으로, 사건지평선을 넘어 블

• 사실 이 두 가지 서술은 같은 말이므로 굳이 구별할 필요는 없다.—옮긴이

랙홀 내부로 진입한 모든 물체의 '시간의 끝'에 해당한다. 그림 4.6을 보면 사건지평선 안에서 모든 광원뿔이 특이점을 향하고 있으므로, 특이점이 곧 모든 물체의 궁극적 미래임을 한눈에 알 수 있다. 또한 그림 4.5를 보면 특이점이 공간상의 한 점인 것 같지만, 그림 4.6에 의하면 공간이 아닌 시간상의 한 점이라는 것을 알 수 있다. 시간과 공간의 역할이 뒤바뀌었으므로, 먼 곳에서 볼 때 "하나의 지점에 영원히 존재했던" 특이점은 "하나의 순간에 무한히 뻗어 있는 면"이 된다. 슈바르츠실트 블랙홀을 펜로즈 다이어그램으로 그려보면, 이 내용을 좀 더 자세히 이해할 수 있다.

슈바르츠실트 블랙홀에 대한
펜로즈 다이어그램 ——————

그림 4.7은 "영원히 존재하는 슈바르츠실트 블랙홀"을 펜로즈 다이어그램으로 표현한 것이다. 그림은 두 부분으로 나눌 수 있는데, 오른쪽의 마름모 영역은 블랙홀 바깥에 있는 우주 전체를 나타내고, 왼쪽 위의 삼각형은 블랙홀의 내부다. 그리고 두 영역의 경계선이 바로 사건지평선에 해당한다. 사건지평선은 빛이 갇히는 곳, 즉 '빛꼴 timelike'이기 때문에 45도를 이룬다. 그리고 특이점은 삼각형의 꼭대기에서 출발하는 수평선으로 표현된다. 내가 이것을 '수평선'이라 부르는 이유는 (특이점이) 사건지평선 너머에 있는 모든 물체가 필연적으로 도달할 수밖에 없는 미래에 해당하기 때문이다. "펜로즈 다이어그

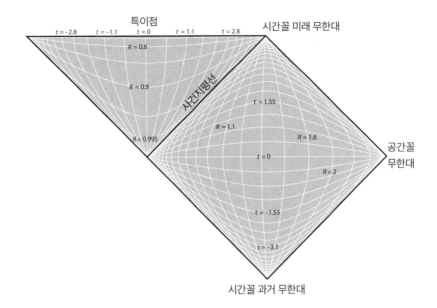

특이점

시간꼴 미래 무한대

$t = -2.8$ $t = -1.1$ $t = 0$ $t = 1.1$ $t = 2.8$

$R = 0.6$

$R = 0.9$

사건지평선

$t = 1.55$

$R = 1.1$

$R = 0.995$

$R = 1.6$

$t = 0$

공간꼴
무한대

$R = 2$

$t = -1.55$

$t = -3.1$

시간꼴 과거 무한대

그림 4.7 슈바르츠실트의 영구永久 블랙홀을 표현한 펜로즈 다이어그램. 개개의 격자는 슈바르츠실트 좌표의 특정 값에 해당한다(3장에서 보았던 펜로즈 다이어그램의 격자와 비슷하게 생긴 것은 단순한 우연일 뿐이다).

램에서 모든 광원뿔은 항상 수직으로 위를 향하고, 세계선은 항상 광원뿔의 미래를 향해 나아간다"는 점을 떠올리면 위의 설명을 쉽게 이해할 수 있을 것이다.

그림 4.7의 격자는 평평한 시공간의 경우와 똑같은 규칙에 따라 그린 것으로, 흔히 '슈바르츠실트 격자'라 한다. 마름모 내부의 격자는 3장의 다이어그램과 거의 비슷하다, 즉, 수평 방향 격자선에서는 시간 t가 일정하고, 수직 방향 격자선에서는 R이 일정하다. 이전과 다른 점은 $R=1$인 곳에 사건지평선이 놓여 있다는 것이다.[•] 블랙홀 안으로 들어가면 '일정한 t'를 의미하는 격자선이 수직 방향으로 바뀌고, '일정한 R'을 의미하는 격자선이 수평 방향으로 바뀐다. 그래서 블랙홀 안으로 진입하면 시간과 공간의 역할이 뒤바뀌는 것이다. 그림 4.6과 달리 펜로즈 다이어그램은 미래 광원뿔이 항상 수직 상방을 향하도록 세팅되어 있으므로 시간은 항상 위를 향하고 공간은 항상 수평으로 뻗어 있다.

이와 같은 다이어그램의 장점 중 하나는 질량에 상관없이 모든 블랙홀에 적용할 수 있다는 점이다. 예를 들어 M87은 초대형 블랙홀로서, 슈바르츠실트 반지름이 무려 190억 킬로미터나 된다. 태양의 슈바르츠실트 반지름이 약 3킬로미터였으니, 태양보다 60억 배나 크다. 이런 블랙홀에서 물체의 거리 좌표가 $R=2$라는 것은 사건지평선 위로 190억 킬로미터 떨어진 곳에 놓여 있다는 뜻이다. 반면에 질량이 태

• 이것은 반지름 R을 슈바르츠실트 반지름의 단위로 표기했기 때문이다. 즉, 앞에서 $R=R_S$였다면 지금은 $R=1$이다. 또한 블랙홀로부터 슈바르츠실트 반지름의 2배만큼 떨어진 곳에서 똑같은 거리를 유지한 채 가속되는 물체의 세계선은 $R=2$인 격자선을 따라간다.

양과 같은 블랙홀의 경우, $R=2$는 '사건지평선 위로 3킬로미터 떨어진 곳'을 의미한다. 슈바르츠실트 시간도 이와 비슷하게 규격화할 수 있다. 예를 들어 M87에서 $t=1$은 약 18시간이고, 태양과 질량이 같은 블랙홀에서 $t=1$은 (18시간을 60억으로 나눈) 10마이크로초에 해당한다.

평평한 시공간에서 그랬듯이 펜로즈 다이어그램의 각 모서리에 이름을 붙이면 슈바르츠실트 시공간을 좀 더 쉽게 이해할 수 있다. 우선 마름모 오른쪽에서 45도 기울어진 위아래 모서리는 각각 '빛꼴 미래 무한대'와 '빛꼴 과거 무한대'에 해당한다. 광속으로 이동하는 물체만이 이곳에서 출발하거나 이곳에 도달할 수 있다. 그리고 두 모서리가 만나는 마름모의 오른쪽 끝점은 '공간꼴 무한대'이며, 마름모의 아래와 위 꼭짓점은 각각 시간꼴 과거 무한대와 시간꼴 미래 무한대다. 여기까지는 평평한 시공간에 대한 펜로즈 다이어그램과 매우 비슷하다. 그러나 다이어그램의 왼쪽 윗부분에 '특이점'이라는 이름으로 그려진 수평선이 눈길을 끈다. 이곳의 특성을 이해하기 위해, M87 은하 중심부의 초거대 블랙홀을 탐사하는 두 명의 용감한 우주인 블루Blue와 레드Red를 상상해보자. 탐사 프로젝트는 $R=1.1$인 곳에서 시작되었고, 이들의 세계선은 그림 4.8과 같다. 어떤 거대한 손이 이들을 들어서 그곳에 살짝 내려놓았다고 생각하면 된다. 그런데 블루는 천성이 게을러서 아무것도 하지 않기로 마음먹었다. 그는 자신만의 1인용 로켓을 타고 있지만 엔진을 켜지 않고 가만히 있으므로, 사건지평선을 통과하여 블랙홀을 향해 자유낙하한다. 반면에 부지런하고 똑똑한 레드는 블랙홀에서 탈출하기 위해 즉시 로켓엔진을 켜고 반대 방향으로 가속하기 시작했다. 다행히도 레드를 태운 로켓은 블랙홀의

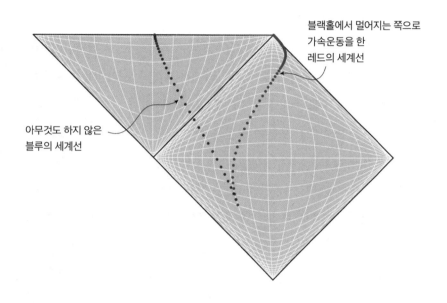

블랙홀에서 멀어지는 쪽으로
가속운동을 한
레드의 세계선

아무것도 하지 않은
블루의 세계선

그림 4.8 슈바르츠실트 블랙홀 근처에서 시작된 블루와 레드의 여행. 각 점은 각자의 세계선에
놓여 있다. M87 은하의 중심에 있는 블랙홀의 경우, 점들 사이의 간격은 한 시간이다. (도판 5 참고)

중력을 벗어날 정도로 추진력이 강해서(즉, 충분한 가속도를 낼 수 있어서) 사건지평선을 피하는 데 성공했고, 안정권에 접어든 후에는 엔진을 끄고 시간꼴 미래 무한대를 향해 편안하게 날아갔다.

3장에서와 마찬가지로 그림 4.8의 점들은 세계선을 따라 일정한 시간 간격으로 찍은 것이다. 점 사이의 간격은 각자 자신이 차고 있는 시계를 기준으로 한 시간인데, 블루와 레드의 시간이 각기 다른 속도로 흐르기 때문에 점의 간격도 다르다. 레드는 불멸의 존재이면서 무한히 먼 미래로 가고 있으므로, 그녀의 세계선에는 무한히 많은 점들이 찍혀 있다. 그러나 블루의 세계선은 사정이 크게 다르다. 초기에 블루는 자신을 태운 우주선이 블랙홀 근처에 놓였다는 사실을 알 수 없다. 근처에 평범한 별이 있어도 중력에 끌려 가속운동을 할 것이기 때문이다. 그러나 그의 앞에는 끔찍한 미래가 기다리고 있다. 일단 사건지평선을 넘으면 블루의 세계선에 찍힌 점은 20개를 넘지 못한다. 20시간 안에 대형사고가 예약되어 있기 때문이다. 블루가 불멸의 존재라 해도, 그의 세계선은 특이점을 만나는 순간 가차 없이 끝난다. 펜로즈 다이어그램에서 알 수 있듯이, 블루는 절대로 특이점을 피할 수 없다.

이유야 어쨌건 영생을 얻은 존재는 평평한 시공간에서 어떤 궤적을 그려도 영원히 살 수 있다. 그러나 슈바르츠실트 시공간에서 세계선이 삼각형 영역으로 진입하기만 하면, 무슨 일이 있어도 특이점에서 끝나야 한다. 제아무리 불멸의 존재라 해도, 블랙홀의 사건지평선을 넘으면 더 이상 불멸이 아니다. 블랙홀 내부는 정말로 흥미진진한 곳이다. 모든 희망이 사라지고 시간과 공간의 역할이 뒤바뀌고 시간의 종말이 존재하는 것이, 단테의 〈신곡〉에 등장하는 지옥을 방불케 한다. 그러나 그냥 지나치기에는 워낙 아까운 세계이니, 눈을 질끈 감고 사건지평선을 넘어보자. 여행 가이드로서 장담하는데, 절대 후회하지 않을 것이다!

지구의 표면

지구의 표면을 상상하면 곡면에서 '좌표 거리'와 '자로 잰 거리'가 다르다는 것을 쉽게 이해할 수 있다. 지구에서 각 지점의 위치를 나타낼 때는 위도와 경도로 이루어진 구면좌표계를 사용하는데, 이 좌표값은 자로 잰 길이와 무관하다. 간단한 예를 들어보자. 런던과 캘거리의 위도는 북위 51도로 같고, 캘거리는 런던으로부터 서쪽으로 경도 114도만큼 떨어져 있다. 이런 경우 파일럿이 비행기를 타고 런던에서 캘거리로 가려면 약 8000킬로미터를 비행해야 한다. 즉, 두 도시 사이의 거리는 구면좌표계에서 114도이고, 자로 잰 거리는 8000킬로미터다. 그런데 북위 78도에 있는 지구 최북단 도시 롱이어비엔Longyearbyen에서 이전과 같이 서쪽으로 경도 114도만큼 이동했을 때, 자로 잰 이동 거리는 2560킬로미터밖에 안 된다. 그러므로 지구 표면에서 거리를 계산하려면 경도의 차이가 같아도 위치에 따라 다른 값을 주는 계량metric을 도입해야 한다.

계량은 두 지점 사이의 '좌표상 거리'를 입력으로 취하여 고유의 연산을 거친 후 '자로 잰 거리'를 출력하는 기계장치로 간주할 수 있다. 즉, 계량의 역할은 임의로 선택된 좌표값을 기하학적으로 해석하여 실제 거리(위의 사례에서는 구면상의 거리)로 환산하는 것이다. 임의로 선택된 표면의 곡률 및 왜곡을 수학적으로 다루려면 이와 같은 과정을 거쳐야 한다.

5장

블랙홀 속으로

영화 〈인터스텔라〉에서 주인공 매슈 매코너헤이Matthew McConaughey 는 가르강튀아Gargantua라는 블랙홀 안으로 돌진했다가, 딸의 책장이 묘하게 재구성된 다차원 공간으로 튀어나온다. 영화를 본 사람들은 이 장면에서 강한 인상을 받았겠지만, 실제 자연에서 이런 일은 절대 로 일어나지 않는다.• 매슈가 실제 인물이고 블랙홀도 진짜라면, 그는 과연 어떤 운명을 맞이하게 될까? 이제 우리는 그 답을 알고 있다. 그

• 나의 박사과정 제자인 로스 젠킨슨Ross Jenkinson은 이 장면을 색다르게 해석했다. "5차원 세계에 거주하는 어떤 존재가 블랙홀로 돌진하는 매슈를 보고, 그를 구하기 위 해 5차원 상자에 가두었다. 그리고 보이지 않는 차원을 따라 상자를 옮긴 후 풀어주었 다. 즉, 5차원에서 공간 이동을 했는데 매슈에게는 그것이 시간 이동으로 느껴진 것이 다." 마치 타파웨어tupperware에 갇힌 2차원 평평민이 "맙소사! 3차원 블랙홀에 갇혔어!" 라고 외치는 것과 비슷하다. 물론 그럴듯한 이야기지만, 이것도 현실 세계에서는 결코 일 어날 수 없는 일이다.

가 진입한 블랙홀이 스스로 자전하지 않는다는 가정하에, 아인슈타인의 일반상대성이론을 적용하면 된다. 가만……. 블랙홀이 자전하면 더욱 극적인 결과가 나타나지 않을까? 물론이다. 팽이처럼 자전하는 블랙홀을 '커 블랙홀Kerr black hole'이라 하는데, 이 문제를 다루다 보면 그 유명한 웜홀Wormhole을 비롯하여 온갖 신비한 현상과 마주하게 된다.• 하지만 놀이공원을 처음 방문한 아이에게 다짜고짜 롤러코스터를 타라고 할 수는 없으니, 흥미로운 모험은 6장으로 미루고 우선은 자전하지 않는 얌전한 블랙홀부터 공략해보자.

레드와 블루 외에 M87 블랙홀 안으로 돌진할 준비가 되어 있는 세 명의 우주인 그린Green과 마젠타Magenta, 오렌지Orange를 소환해보자. 그림 5.1은 다섯 명의 용감한 우주인들이 시공간에 그린 세계선인데, 각 경로에는 각자의 이름과 점이 (각자의 시계를 기준 삼아) 한 시간 간격으로 찍혀 있다.

4장에서 우리는 블루의 세계선을 따라갔다. 그는 $R=1.1$에서 정지 상태에 있다가 출발하여 블랙홀을 향해 자유낙하고, 결국 특이점에 도달한다. 블루의 세계선은 그가 차고 있는 시계를 기준으로 한 시간마다 점으로 표시되는데, 사건지평선에 도달했을 때 그의 관점에서 보면 별다른 사건이 일어나지 않는다. 그는 자신도 의식하지 못하는 사이에 사건지평선을 통과할 것이다. 그 후로 블루의 세계선에는 20개의 점이 찍혀 있다. 사건지평선에서 시간의 끝에 도달할 때까지

• 다른 교양 과학서에는 '회전하는 블랙홀' 또는 '회전 블랙홀'로 표기되어 있으나, '회전' 보다는 '자전'이 명확한 표현이어서 '자전하는 블랙홀'로 통일했다.—옮긴이

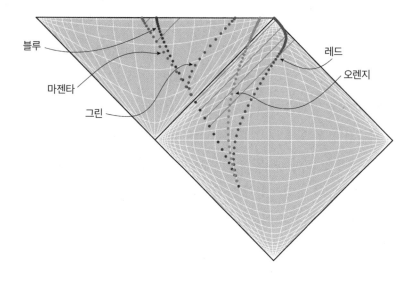

블루

마젠타

그린

레드

오렌지

그림 5.1 슈바르츠실트의 영구 블랙홀을 표현한 펜로즈 다이어그램. 다섯 명의 우주인은 R=1.1
에서 정지상태에 있다가 동시에 출발했고, 이들 중 레드를 제외한 네 명은 블랙홀을 향해 돌진
했다. 블루는 게으른 천성대로 아무런 조치도 취하지 않은 채 자유낙하하고, 그린은 블루와 함께
자유낙하를 하다가 사건지평선을 통과한 직후에 로켓엔진을 켜서 뒤늦게 탈출을 시도한다(즉,
특이점에서 벌어지는 쪽으로 가속운동을 한다). 가장 과격한 마젠타는 블루, 그린과 동행하다가 사건
지평선에 도달한 순간부터 아예 특이점을 향해 가속하기 시작했다. 한편, 죽을 생각이 전혀 없었
던 레드는 여행이 시작되는 순간부터 블랙홀에서 멀어지다가, 결국 무한히 먼 곳으로 탈출하는
데 성공한다. 오렌지도 레드처럼 블랙홀에서 멀어지려고 애를 썼지만, 로켓의 출력이 약해서 결
국 사건지평선을 넘고 말았다. (도판 6 참고)

하루가 채 걸리지 않았다는 뜻이다.•

그린은 블루와 함께 여행을 시작하여 사건지평선을 향해 동반 자유낙하를 시도했다. 지평선을 건넌 후에야 정신을 차리고 "버마!"를 외치며•• 로켓엔진을 점화하여 탈출을 시도했지만, 가속도가 충분히 크지 않아서 결국 특이점으로 끌려갔다. 이 과정에서 그린의 세계선에는 점이 16개밖에 찍히지 않았는데, 이는 곧 "가속도를 높여서 탈출을 시도하면 오히려 시간의 끝에 더 빨리 도달한다"는 뜻이다.•••

다섯 명의 블랙홀 탐험가 중 가장 과격한 마젠타는 그린, 블루와 함께 사건지평선을 통과한 후 시간의 끝(특이점)을 향해 자신의 로켓을 480g로 가속시켰다(그린의 가속도보다 5배 작다). 그러고는 조이 디비전Joy Division의 '알 수 없는 쾌감Unknown Pleasure'을 들으며 지그시 눈을 감았다. 마젠타는 자신이 그린보다 용감하다고 생각했지만, 사실은 가속운동 때문에 블랙홀 안에 머무는 시간이 더 길어져서 그린보다 오래 살 수 있다. (제아무리 불멸의 존재라 해도, 특이점에 도달하면

• 블랙홀의 질량이 태양과 같다면 블루가 사건지평선을 통과한 후 특이점에 도달할 때까지 14마이크로초밖에 걸리지 않는다. 관광을 즐기기에는 너무 짧은 시간이다. 그러므로 블랙홀의 내부를 탐험하고 싶다면 질량이 큰 블랙홀을 선택해야 한다.

•• Burma. 영국의 코미디언 그룹 몬티 파이선Monty Python이 유행시킨 감탄사. 패닉에 빠졌을 때 외치는 말이다. 일반인을 위한 교양 과학서에서 자주 접할 수 있기를 바란다.

••• 그림 5.1에 의하면 그린의 가속도는 뼈가 으스러지고도 남을 2400g다(1g는 지구의 중력가속도와 동일한 가속도, 즉 9.8m/s²이다—옮긴이). 블랙홀의 질량이 태양과 같다면 그린은 무려 15조g의 가속도를 느낀다. 이들이 불멸의 존재였기에 망정이지, 평범한 인간이었다면 생각만 해도 끔찍하다. 그린의 가속도가 1g로 줄어들려면 블랙홀의 질량이 M87의 2400배여야 하는데, 지금까지 발견된 가장 무거운 블랙홀의 질량은 M87의 10배쯤 된다.

모든 게 끝이다!) 실제로 사건지평선을 통과한 후 마젠타의 세계선에는 17개의 점이 찍혀 있다. 이처럼 블랙홀 내부의 시공간은 우리의 직관과 완전히 다르다.

블랙홀 안에서 가장 오래 버티는 비결은 사건지평선에서 자유낙하를 시작하여 특이점으로 얌전하게 떨어지는 것이다. 즉, 블랙홀 안에서는 만사태평한 사람이 제일 오래 산다. 이런 사람이 초대형 블랙홀 M87의 사건지평선을 넘으면 하루보다 조금 길게 살 수 있다(세계선에 28개의 점이 찍힌다).•

사건지평선을 통과한 직후 블루가 마일즈 데이비스Miles Davis의 트럼펫 연주를 들으며 얼마 남지 않은 생을 만끽하는 동안, 그린과 마젠타는 가속운동을 하면서 블루로부터 멀어진다. 살짝 소심한 그린은 살아남기 위해 사건지평선 쪽으로 가속하고, 과격한 마젠타는 특이점을 향해 가속한다. 블루의 관점에서 볼 때 그린은 사건지평선을 향해 날아가면서 블루로부터 멀어지고, 마젠타는 그 반대 방향인 특이점 쪽으로 멀어지고 있다. 지금까지는 모든 것이 그런대로 정상이다. 마젠타는 종말을 향해 내달리고, 그린은 사건지평선 근처에 머물기 위해 최선을 다하는 중이다. 세 사람이 시공간의 다른 점에서 이와 동일한 운동을 하는 경우에도, 블루는 거의 비슷한 광경을 보게 될 것이다.

그림 5.1에는 마젠타가 여행 중 두 번에 걸쳐 방출한 빛의 경로가

• 블루도 만사태평한 사람인데 20시간밖에 버티지 못한 이유는 사건지평선을 통과할 때 속도가 0이 아니었기 때문이다.―옮긴이

표시되어 있다. 첫 번째 광선은 마젠타가 사건지평선을 통과하고 9시간이 지났을 때 방출되었고, 두 번째 광선은 14시간 후에 방출되었다. 광선이 각 우주인의 눈에 실제로 어떻게 보이는지 확인하려면 이런 식으로 그려야 한다. 펜로즈 다이어그램의 장점은 모든 광원뿔이 수직으로 위를 향해 45도 각도로 벌어져 있다는 것이다. 그림에서 보다시피 첫 번째 광선은 시공간의 한 점에서 블루의 궤적과 교차한다. 즉, 마젠타가 방출한 빛이 블루의 눈에 들어온다는 뜻이다(빛의 궤적과 블루의 세계선이 만나는 시간과 장소에서 눈에 들어온다). 자, 지금부터가 흥미로운 부분이다. 마젠타가 방출한 두 번째 광선을 주의 깊게 보라. 이 빛의 궤적은 블루의 궤적과 교차하지 않으므로, 블루는 "마젠타가 두 번째 빛을 방출하기 위해 불을 켜는 장면"을 보지 못한다. 다시 말해서 마젠타는 블루로부터 점점 빠르게 멀어지고 있는데도, 블루는 그녀의 마지막 순간을 볼 수 없다. 마젠타가 자신의 마지막 점 네 개에서 빛을 추가로 방출한다 해도, 그 빛은 블루에게 도달하지 못한다. 그는 마젠타의 빛을 보기 전에 시간의 끝인 특이점에 먼저 도달하기 때문이다. 그러나 블루가 마젠타의 마지막 빛을 보았을 때, 그녀는 분명히 블루보다 아래쪽에 있었다.

만일 블루가 뒤를 돌아본다면, 자신보다 위에서 특이점으로부터 멀어지기 위해 사건지평선 쪽으로 가속하는 그린의 모습이 보일 것이다. 그리고 블루는 그린보다 먼저 시간의 끝에 도달한다. 여기서 흥미로운 점은 모든 우주인이 똑같은 경험을 한다는 것이다. 즉, 어느 누구도 다른 사람이 특이점에 도달하는 광경을 볼 수 없다. 왜 그럴까? 근본적 이유는 펜로즈 다이어그램에서 특이점이 수평선을 형성하기 때문이다. 특이점은 흐르는 시간 속의 한 지점인데, 우리는 동시에 일어난 두 개의 사건을 결코 동시에 볼 수 없다. 사건이 일어난 곳에서 출발한 빛이 우리 눈에 들어오려면, 길건 짧건 시간이 소요되기 때문이다. 우리 눈에 보이는 모든 사물은 지금의 모습이 아니라 과거의 모습이다. 그래서 일단 블랙홀에 빨려 들어간 사람은 어떤 운동을 하건 다른 사람이 특이점에 도달하는 광경을 절대로 볼 수 없다. 이 설명이 이해되지 않는다면 다이어그램 전체에 걸쳐 45도 방향으로 기울어진 광선빔을 그려보라. 각 우주인이 볼 수 있는 것과 볼 수 없는 것을 이 선이 말해줄 것이다.

특이점은 우주인이 넋을 놓고 있는 사이에 느닷없이 찾아오지 않는다. 특이점에 가까워지면 전조현상이 나타나기 때문이다. 온몸을 스파게티 국수 가락처럼 길게 잡아 늘이는 조석력潮汐力, tidal force이 바로 그것이다. 물리학자들은 이럴 때 '스파게티화spaghettification'라는 신조어를 즐겨 사용한다. 당신이 지표면 위에 서 있을 때, 발바닥에 작용하는 중력은 머리에 작용하는 중력보다 조금 강하다. 지구 중심에서 발바닥까지의 거리가 머리까지의 거리보다 조금 가깝기 때문이다. 물론 지구에서는 이 차이가 작아서 몸이 고무줄처럼 늘어나는 불상사는 발생하지 않지만, 지구에 대한 달의 중력은 이 차이가 제법 커서 하루에 두 번씩 조석 현상을 일으킨다.● 그림 5.2를 보면 조석력이 발생하는 이유를 알 수 있다.

● 달에서 서울까지의 거리와 달에서 몬테비데오까지의 거리는 최대 1만 3000킬로미터까지 차이가 난다.—옮긴이

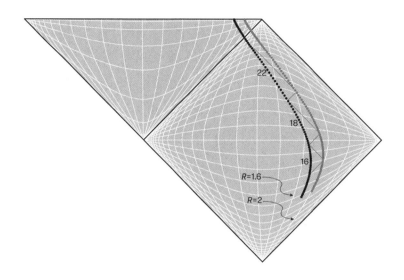

그림 5.2 스파게티화. (도판 7 참고)

그림에서 점선은 블랙홀을 향해 떨어지는 두 공의 세계선을 나타낸다. 하나는 $R=2$에서 떨어지기 시작했고 다른 하나는 출발점이 $R=1.8$로, 사건지평선에 조금 더 가까운 곳에서 출발했다. 각 점은 두 공에 부착된 시계를 참조하여 일정한 간격으로 찍은 것인데, 조석효과를 강조하기 위해 이전의 우주인들보다 촘촘한 간격으로 찍어놓았다(그래서 점의 수를 헤아리기가 어려워지긴 했다). 그림에서 45도 방향으로 그린 선은 두 공 사이를 오락가락하는 빛줄기를 나타낸 것이다. 공에서 반사된 빛을 자R로 사용하면 둘 사이의 거리를 알 수 있다. 집에서 가구를 세팅할 때 사용하는 레이저 줄자와 같은 원리다. 그림 5.2에 적힌 숫자(16, 18, 22)는 한번 방출된 빛이 상대방에게 반사되어 되돌아올 때까지 걸린 시간인데, 그림에서 보다시피 두 공이 사건지평선에 가까워질수록 길어진다. 이는 곧 두 공이 블랙홀에 접근할수록 둘 사이의 거리가 점점 멀어진다는 뜻이기도 하다.

당신이 똑바로 서서 발부터 사건지평선을 넘는다고 상상해보자. 발을 끌어당기는 힘이 머리를 끌어당기는 힘보다 커서 머리와 발이 분리되려고 하는데, 이들은 아직 한 몸으로 붙어 있기 때문에 몸 전체가 늘어나는 듯한 느낌을 받게 된다. M87 블랙홀의 경우, 사건지평선에서의 조석효과는 거의 느껴지지 않을 정도로 미미하지만, $R=500$만 킬로미터에 도달하면 속이 불편해지기 시작하고 300만 킬로미터에 도달하면 스파게티화가 본격적으로 진행되어 몸과 머리가 분리될 것이다. 특이점에 가까워지면 조석력이 원자들 사이의 결합력마저 이겨내서, 당신의 몸은 원자단위로 산산이 분해된다. M87이었기에 이 정도지, 만일 블랙홀의 질량이 태양 수준이었다면 당신은 사건지평선에 도달하기도 전에 '끊어진 스파게티'가 될 것이다.

　이제 그림 5.1로 되돌아가서, 이 모든 것이 블랙홀 바깥에 있는 관측자에게 어떤 모습으로 보이는지 알아보자. 레드는 블루, 그린, 마젠타와 함께 출발했지만, 적절한 타이밍에 블랙홀에서 멀어지기로 결심하고 로켓의 엔진을 켜서 반대쪽으로 가속하기 시작했다. 여기서 '적절한 시기'란 상대적인 의미다. 레드는 슈바르츠실트 시간 $t=1.5$가 될 때까지 사건지평선의 반대쪽을 향해 $864g$로 가속시킨 후, 이 정도면 충분하다고 생각되어 로켓엔진을 껐다. 이 과정에서 아마도 그녀는 케니 로긴스Kenny Loggins의 '위험지역Danger Zone'|영화 〈탑건 매버릭〉의 주제곡|을 듣고 있었을 것이다. 사건지평선에서 멀리 떨어져 있는 당신은 레드가 엔진을 끄는 순간을 볼 수 있다. 왜냐하면 레드의 세계선이 갑자기 좌회전하여 마름모의 위 꼭짓점을 향하기 때문이다. 이렇게 탈출에 성공한 레드는 펜로즈 다이어그램의 꼭대기에 있는 시간꼴 미래 무한대를 향해 날아가며 자신에게 주어진 영생을 마음껏 누릴 것이다. 기조력을 느끼기 전까지는 그 누구도 비정상적인 경험을 하지 않는데, 레드는 기조력마저 피했으니 문제될 것이 전혀 없다. 그녀는 여행 초기에 한동안 가속도를 느꼈지만, 엔진을 끈 후로는 무한대를 향해 행복하게 날아간다.

　그렇다면 레드의 눈에는 블랙홀로 돌진하는 동료들이 어떤 모습으로 보일까? 독자들의 이해를 돕기 위해. 그림 5.1에서 블루와 그린, 마젠타가 사건지평선에 도달하기 전에 45도 선 몇 개를 그려놓았다. 이 선을 이용하면 레드의 눈에 다른 사람들의 움직임이 슬로모션으로 보인다는 것을 알 수 있다. 이 현상은 블루, 그린, 마젠타가 사건지평선에 가까워질수록 더욱 두드러지게 나타난다. 빛이 블루에서 레드로 가는 경로를 추적하려면, 블루의 세계선에서 레드의 세계선으로 이어지는 45도 선을 따라가면 된다. 블루의 세계선에 점이 두 개 찍히는 동안 레드의 세계선에 점이 여러 개 찍힌 것이 보이는가? 모든 점은 동일한 시간 간격으로 찍었으니, 블루가 느끼는 1시간이 레드에게는 10시간, 20시간 또는 그 이상으로 길게 느껴진다는 뜻이다. 더욱 놀라운 것은 레드가 다른 우주인들을 아무리 주의 깊게 관찰해도, 그들이 사건지평선을 통과하는 모습을 절대로 볼 수 없다는 점이다. 왜냐하면 사건지평선 근처에서 방출된 빛은 시공간에서 45도 각도로 진행하여, 아득히 먼 미래에 레드에게 도달하기 때문이다. 즉, 레드는 다른 우주인들이 사건지평선에 도달하기 전에 방출한 빛을 영원의 세월에 걸쳐 간간이 받게 된다. 레드의 눈에는 다른 우주인들이 사건지평선에 가까이 다가갈수록 움직임이 점점 느려지다가, 지평선에 도달하는 순간 완전히 정지된 것처럼 보인다. 원리적으로 레드는 블랙홀을 향해 끌려가는 '모든 것'을 볼 수 있다.

레드의 눈에는 사건지평선을 향해 접근하는 모든 물체가 느리게 움직이는 것처럼 보인다. 이로부터 알 수 있는 또 하나의 중요한 사실이 있다. 앞에서 이미 강조했듯이, 시간이 느려진다는 것은 시계에만 국한된 현상이 아니다. 시곗바늘의 움직임뿐만 아니라 우주인의 신진대사와 세포의 노화 속도, 우주인의 몸을 구성하는 원자의 운동 등모든 것이 일제히 느려진다. 그리고 시간이 왜곡되면 모든 물리적 과정도 함께 왜곡된다. 물론 빛도 예외가 아니다. 빛은 파동의 일종이어서, 음파나 수면파처럼 고유의 진동수를 갖고 있다. 물리학 용어에 익숙하지 않은 독자들을 위해 누구에게나 친숙한 물결파를 예로 들어보자. 잔잔한 연못에 돌을 던지면 동그란 물결이 동심원을 그리며 퍼져나간다. 때마침 누군가가 연못에 발을 담근 채 서 있었다면, 그는 물결파의 봉우리와 골짜기가 발목을 스치고 지나가는 것을 느낄 것이다. 이때 봉우리와 봉우리(또는 골짜기와 골짜기) 사이의 거리를 파장wavelength이라 하고, 1초 동안 지나가는 봉우리(또는 골짜기)의 수를 진동수frequency라 한다. 가시광선은 빛의 진동수가 다르면 색상도 달라지는데 진동수가 높은 가시광선은 보라색으로, 진동수가 낮은 가시광선은 붉은색으로 보인다.• 그리고 보라색보다 진동수가 큰 영역에는 눈에 보이지 않는 자외선, X-선, 감마선 등이 있다.

사건지평선을 향해 추락하는 물체가 빛을 방출했고, 그 빛이 사건지평선으로부터 멀리 떨어진 레드에게 도달했다고 하자. 그런데 사건지평선 근처에서는 모든 물리적 과정이 느려지기 때문에 빛의 진동수가 감소하고, 그 결과 빛이 붉은색 쪽으로 치우치다가 결국은 적외선이나 마이크로파가 되어 시야에서 사라진다. 이런 현상을 물리학 용어로 적색편이red shift라 하는데, 물체가 무조건 적색으로 보인다는 뜻이 아니라 "진동수가 작은 쪽으로 빛이 편향된다"라는 뜻이다. 그러므로 레드의 눈에는 다른 동료들이 사건지평선에 다가갈수록 "느려터진 빨갱이"처럼 보이다가, 결국은 시야에서 사라진다(사건지평선에 도달하기 전에 빛이 적외선 영역으로 이동하기 때문에, 완전히 멈추는 모습은 볼 수 없다).

_____

• 순서는 대충 '자-남-청-녹-황-주-적'이다.─옮긴이

슈바르츠실트 블랙홀에 대한 이야기를 마치기 전에, 과거에 사람들을 몹시 혼란스럽게 만들었던 역설 하나를 소개하고자 한다. 앞에서 여러 번 강조한 대로 블랙홀 외부의 관측자는 사건지평선을 통과하는 사람(또는 물체)을 볼 수 없지만, 사건지평선을 통과한 관측자들은 상대방을 볼 수 있다(게으른 블루와 과격한 마젠타, 약간 소심했던 그린의 사례를 떠올려보라). 이게 말이 되는가? 예를 들어 A가 사건지평선을 향해 끌려가고 바로 뒤에서 B가 따라가고 있다면, B는 A가 사건지평선을 통과하는 모습을 볼 수 없지 않은가? 헷갈리는 건 이뿐만이 아니다. 만일 이들이 사건지평선에 발부터 진입했다면, 신체의 다른 부분은 계속 아래로 움직이고 있는데 발만 정지상태에 놓인다는 말인가? 자신이 사건지평선을 통과하기 전에는 다른 사람이 통과하는 모습을 볼 수 없다. 게다가 자신의 눈이 사건지평선을 통과하기 전에는 사건지평선을 이미 통과한 자신의 발도 볼 수 없다. 그 이유를 펜로즈 다이어그램에서 찾아보자.

그림 5.1에서 우리가 홀대했던 우주인이 한 명 있다. 기억하는가? 그녀의 이름은 오렌지였다. 그녀는 몬티 파이선의 노래를 들으면서 다른 우주인들과 함께 출발한 후 블랙홀에 끌려가지 않으려고 애를 썼지만, 로켓의 가속도가 약간 부족해서 결국 사건지평선을 넘고 말았다. 오렌지가 사건지평선에 가까이 접근했을 때, 그녀는 블루와 그린, 마젠타가 사건지평선에 서서히 가까워지는 모습을 똑똑히 보았다. 그러나 사건지평선도 45도로 기울어져 있기 때문에, 오렌지는 자신이 사건지평선을 넘을 때까지 다른 사람이 넘는 모습을 볼 수 없다. 이것은 오렌지의 발에도 적용된다. 그녀는 자신의 눈이 사건지평선을 넘

기 전까지 자신의 발이 지평선을 넘는 모습을 볼 수 없다. 생각해보니 좀 이상하다. 모든 것이 사건지평선을 통과하지 않고 쌓이기만 하다가, 오렌지가 사건지평선을 통과하는 순간 그들이 갑자기 귀신처럼 나타난다는 말인가?

사실 여기에는 아무런 문제도 없다. "당신이 거울을 향해 걸어갈 때 거울 속으로 얼굴이 빠지지 않는 것처럼, 오렌지의 발은 사건지평선 너머로 빠지지 않는다." 이 말의 의미를 좀 더 깊이 음미해보자.

그림 5.3은 오렌지가 사건지평선을 통과하는 과정 중 두 순간을 포착하여 서툰 그림으로 표현한 것이다. 왼쪽 그림은 그녀의 발끝이 사건지평선에 닿는 순간이고, 오른쪽 그림은 그녀의 눈이 사건지평선에 닿는 순간이다. 별처럼 생긴 도형은 오렌지의 발이 지평선에 닿는 순간 발에서 방출된 빛을 나타낸다. 이 빛은 오렌지의 몸이 떨어지는 동안 사건지평선에 묶여 있다. 그녀의 관점에서는 사건지평선과 빛이 자신의 눈을 스쳐 지나가는 것처럼 보인다. 단, 그녀가 자신의 발을 보려면 눈이 지평선에 도달할 때까지 기다려야 한다. 뭔가 어색하게 느껴지는가? 아니다. 하나도 어색하지 않다. 사실 이것은 우리가 자신의

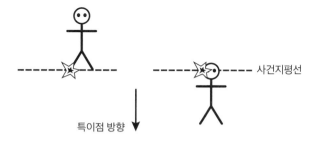

그림 5.3 오렌지의 발은 사건지평선 너머로 빠지지 않는다.

발을 내려다볼 때 항상 일어나는 일이다. 발에서 방출된(또는 반사된) 빛이 당신의 눈에 도달해야 발의 존재를 인식할 수 있지 않은가? 발에서 방출된 빛이 당신의 눈을 향해 올라오는 거나, 발에서 방출된 빛은 그 자리에 고정되어 있고 당신의 눈이 아래로 이동하는 거나, 별로 다를 것이 없다.

다른 사람들이 사건지평선을 통과하면서 빛을 방출한다면 어떻게 될까? 이 모든 빛은 오렌지의 눈이 사건지평선에 닿을 때까지 그곳에 묶여 있다가, 눈이 닿는 순간 한꺼번에 들어온다. 여기에도 특별한 것은 없다. 넓은 들판에 소 한 마리가 먼 곳에서 풀을 뜯고 있고 다른 소 한 마리가 가까운 곳에서 졸고 있는데, 이들이 동시에 보인다고 해서 이상할 것이 없지 않은가?

아직도 헷갈리는 독자들을 위해, 블랙홀 주변의 시공간을 직관적으로 설명하는 또 하나의 방법인 '강 모형river model'을 소개한다. 이 명칭은 앤드루 해밀턴Andrew Hamilton과 제이슨 라일Jason Lisle이 붙인 것으로, 꽤 유서 깊은 전통을 갖고 있다.[1] 강 모형은 눈의 광학적 구조에 대한 연구로 1911년에 노벨 생리의학상을 수상한 스웨덴의 안과의사 알바르 굴스트란드Allvar Gullstrand가 1921년에 체계화했으며, 프랑스의 수학자 폴 팽르베Paul Painlevé도 프랑스 총리로 재임하던 1922년에 굴스트란드와 무관하게 동일한 모형을 제안했다(최근 영국을 비롯한 여러 나라에서 정부 최고위직에 오른 사람들의 지적 능력을 감안할 때, 수학자가 일국의 총리를 역임한 건 사상 초유의 대박 사건이다). 1933년에 조르주 르메트르는 "강 모형이 슈바르츠실트 블랙홀을 올바르게 설명하고 있지만, 격자 선택이 다르다"라는 것을 증명했다.

강 모형에서 슈바르츠실트 블랙홀은 그림 5.4처럼 "깊이 팬 웅덩이로 물이 흘러드는 싱크sink"로 해석할 수 있다. 물은 싱크에 가까울수록 속도가 빨라지다가, 싱크를 만나면 그 안으로 떨어진다. 여기서 물을 공간으로 바꾸고 싱크를 블랙홀로 바꾼 것이 강 모형이다. 빛을 포함한 모든 만물은 특수상대성이론의 법칙에 따라 흐르는 강을 타고 움직인다. 그러므로 앞서 등장했던 우주인들은 흐르는 강에서 헤엄치는 탐험가에 비유할 수 있다. 이들이 싱크(블랙홀)에서 멀리 떨어진 곳에 있으면 유속이 느리기 때문에, 상류 쪽으로 쉽게 탈출할 수 있다. 그러나 어쩌다가 싱크에 가까이 접근하면 유속이 빨라서 탈출이 어려워진다. 유속은 지평선에서 최대속도(광속)에 도달하고, 어떤 물체도 이보다 빠른 속도로 이동할 수 없기에, 지평선을 한번 통과하면 그 어떤 것도 강으로 되돌아갈 수 없다. 지평선 안에서 강은 이전의 최대속도보다 빠르게 떨어지는데, 특이점에 가까워질수록 더욱 빨라진다. 그리하여 지평선을 넘은 물체는 초광속 흐름에 휩쓸려 대책 없이 추락하다가 최후를 맞이하게 된다. 한편, 누군가 지평선에 도달했다가 싱크를 등지고 반대쪽을 향해 광속으로 헤엄치면 싱크에 빠지지 않고, 탈출도 하지 못한 채 그대로 지평선에 머물게 된다. 그의 체력이 고갈되지 않는다면 지평선에 영원히 갇혀 있을 것이다.•

강 모형은 오렌지가 사건지평선을 통과할 때 무슨 일을 겪는지 명확하게 보여주고 있다. 그녀는 우주의 강에 대해 정지상태에 있지만,

---

• 강은 물이므로 그 경계선은 '지평선'이 아니라 '수평선'이라 해야 옳다. 그러나 앞에서 event horizon을 '사건수평선'이 아닌 '사건지평선'으로 번역했기에, 혼란을 줄이기 위해 지평선으로 통일했다.—옮긴이

지평선

그림 5.4 블랙홀의 강 모형. (도판 8 참고)

강 자체가 사건지평선을 넘으면 그녀도 싱크 안으로 휩쓸려갈 수밖에 없다. 오렌지의 발에서 방출된 광자(빛의 입자)는 늘 그렇듯이 바깥쪽을 향해 광속으로 날아가지만, 강 자체가 싱크 안쪽을 향해 광속으로 흐르고 있기 때문에 그 자리에 고정된다. 즉, 사건지평선에서 방출된 광자는 오렌지의 눈이 지평선에 도달할 때까지 그 자리에 묶여 있다. 오렌지의 눈은 광속으로 지평선을 통과하다가 그곳에 묶여 있던 광자와 만났을 때 비로소 자신의 발을 보게 된다. 이것은 그녀의 발에서 방출된 광자가 정확하게 빛의 속도로 날아와 그녀의 눈에 도달한 것과 같다. 지금 당장 당신의 발을 내려다봐도 이와 동일한 현상이 일어난다. 그러니까 오렌지는 사건지평선을 통과하면서 지금 여러분이 겪은 것과 똑같은 경험을 하는 셈이다.

앞에서 펜로즈 다이어그램으로 이미 설명했던 현상도 강 모형을 이용하여 시각화할 수 있다. 조석효과가 발생하는 이유는 강물이 싱크에 가까울수록 유속이 빨라지기 때문이다. 예를 들어 레드와 오렌지가 똑같은 속도로 수영을 하고 있는데, 싱크의 중심으로부터 오렌지까지의 거리가 레드까지의 거리보다 더 짧으면, 싱크에 가까워질수록 오렌지의 속도가 빨라져서 '레드와 오렌지 사이의 거리'가 점점 더 멀어진다. 펜로즈 다이어그램에서는 공간을 1차원으로 간주했으므로 단 하나의 방향(반지름 방향)밖에 표현할 수 없었다. 그러나 강 모형은 공간이 2차원이므로 펜로즈 다이어그램으로 표현할 수 없었던 몇 가지 효과를 가시화할 수 있다. 물줄기는 싱크 내부의 특이점을 향해 수렴하고 있으므로, 싱크에 가까운 물체는 싱크를 중심으로 한 동심원 방향으로 압축되고 반지름 방향(방사상)으로는 늘어난다. 블랙홀 근방에서 사건지평선으로 끌려가는 두 명의 우주인은 동심원 방향으로 가까워지고 반지름 방향으로는 멀어지고 있으므로 스파게티화를 이중으로 겪는 셈이다. 즉, 반지름 방향으로 서서 블랙홀을 향해 다가가는 사람은 다리가 가늘어지면서 길어진다.•

블랙홀에서 멀리 떨어진 관측자가 '사건지평선을 넘는 물체'를 보지 못하는 이유도 강 모형으로 설명할 수 있다. 일단 광자를 강물에 서식하는 물고기로 대치하고, 누군가가 카누를 타고 지평선 쪽으로 다가가면서 자신의 시계로 1초마다 한 마리씩 물고기를 강물에 방생한다고 가정해보자. 물고기들은 비교적 잔잔한 강물 속에서 상류에 있는 서식지를 향해 헤엄쳐간다. 처음에는 유속이 느렸기 때문에 물고기들은 쉽게 강물을 거슬러서 거의 1초에 한 마리씩 서식지에 도착했다. 그러나 카누가 지평선에 가까워질수록 유속이 빨라져서 물

• 두 사람 사이의 거리가 가까워진다는 것은 한 사람의 다리를 구성하는 원자들 사이의 거리가 가까워진다는 뜻이기도 하다. 그러므로 다리 자체도 동심원 방향으로 가늘어지고 반지름 방향으로 길어진다.—옮긴이

고기들은 빠른 물살을 거스르기 위해 안간힘을 쓰고, 그 결과 물고기들이 서식지에 도착하는 시간 간격이 길어진다. 이것이 바로 앞에서 말했던 적색편이 효과다. 지평선에 도착하자마자 방생된 물고기는 자신이 낼 수 있는 최대속도로 헤엄을 치지만, 결코 서식지에 도달하지 못한다. 그래서 서식지에 있는 관측자는 카누가 지평선을 넘어가는 광경을 볼 수 없다.

이 장에서 우리는 슈바르츠실트 블랙홀의 헷갈리는 특성을 탐구했고, 블랙홀에 뛰어드는 느낌과 다른 사람이 블랙홀로 뛰어드는 모습을 감상하는 느낌이 어떤지 알아보았다. 펜로즈 다이어그램을 이용하면 모든 것을 수학적인 논리로 이해할 수 있지만, 마음에 들지 않는다면 마지막에 소개한 강 모형을 통해 직관적으로 이해해도 된다. 자, 지금부터는 일반상대성이론이 낳은 기이한 결과물이자 공상과학 작가들 사이에서 최고의 인기를 누리는 '웜홀Wormhole'의 세계로 들어가보자. 웜홀은 우주를 대상으로 숱한 이야기를 만들어내는 상상력의 원천이자 우주의 진정한 특성을 이해하는 데 반드시 필요한 핵심 아이디어이기도 하다.

"멀리 있는 물체는 작게 보인다." 우주인이 사건지평선을 넘어갈 때 그가 방출한 빛은 지평선에 묶여 있는데, 멀리 떨어진 동료의 눈에는 왜 그가 멀리 있는 것처럼 보이는가?

오렌지가 사건지평선에 도달하여 발부터 넘어간다고 가정해보자.* 강 모형에 비유하면 강물에 빠진 오렌지가 발을 하류로 향한 채 표류하다가 그 자세로 싱크에 도달한 것과 같다. 그녀의 발이 사건지평선에 도달한 순간, 광속으로 움직이는 물고기 한 쌍이 그녀의 발에서 출발했다. 이 물고기를 '광자'라 부르기로 하자. (하긴, 그 외에 어떤 이름으로 부를 수 있겠는가?) 광자는 잠시 후 그녀의 눈에 정확하게 도달하도록 처음부터 알맞은 방향으로 출발했다고 하자. 물론 지금 당신의 발에서 반사된 광자들이 사방팔방으로 흩어져 날아가듯이, 오렌지의 발에서 방출된(또는 반사된) 광자도 사방팔방으로 날아갈 것이다. 그러나 처음부터 오렌지의 눈을 향해 날아간 광자만이 그녀의 눈에 들어올 수 있다.

우리가 고려하고자 하는 것은 바로 이런 광자들이다. 이들이 오렌지의 눈에 도달하려면 처음부터 약간 안쪽으로 기울어진 경로를 따라가야 한다. 이 상황을 그림으로 표현하면 그림 5.5와 같다(강물은 수직 방향을 따라 아래쪽으로 흐른다. 그림에는 광자가 물고기로 표현되어 있다). 만일 광자가 수직 상승 방향으로 이동한다면 오렌지의 눈에 도달하지 못할 것이다. 광자가 그녀의 눈에 도달하려면 안쪽으로 살짝 기울어진 경로를 따라가야 한다.**

---

* 이 책을 중간부터 읽은 독자들을 위한 팁. 오렌지는 과일이 아니라 우주인 이름이다. 그리고 여자다!―옮긴이
** 이것은 오렌지의 눈에 도달한 광자가 사건지평선을 넘기 직전에 그녀의 발에서 방출되었음을 의미한다.

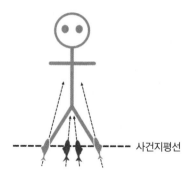

그림 5.5 블루의 발에서 방출된 광자-물고기가 오렌지의 눈에 들어오려면 오렌지 자신의 발에서 방출된 광자-물고기보다 더 작은 각도로 입사되어야 한다. 두 종류의 광자-물고기는 오렌지의 눈에 동시에 도달하지만, 오렌지에게는 자신의 발이 정상적인 크기로 보이고 블루의 발은 작게 보인다. 그래서 오렌지는 블루가 멀리 떨어져 있다고 판단하게 되는 것이다. (도판 9 참고)

오렌지의 눈이 사건지평선에 도달하는 순간, 블루의 발에서 방출된 광자가 눈에 들어왔다. 이 광자는 블루가 사건지평선을 통과할 때 방출된 후 사건지평선에 묶여 있었다. 즉, 이 광자는 오렌지의 발에서 방출된 광자보다 더 오랫동안 묶여 있었기 때문에, 오렌지의 눈에 들어올 때까지 더 긴 시간을 기다렸다. 이는 곧 블루의 발에서 방출된 광자가 오렌지의 발에서 방출된 광자보다 수직에 가까운 각도로 방출되었음을 의미한다. 그러므로 오렌지의 눈에는 블루의 발이 자신의 발보다 작게 보이고, 따라서 블루의 발이 더 멀리 있는 것으로 인식한다. 우리 눈이 인식하는 크기는 물체에서 망막에 도달하는 빛의 각도로부터 결정되기 때문이다(이 각도를 광각光角이라 한다).

예를 들어 넓은 목장을 바라볼 때 멀리 있는 소가 가까이 있는 소보다 작게 보이는 이유는 멀리 있는 소의 광각이 가까이 있는 소의 광각보다 좁기 때문이다.

6장

화이트홀과 웜홀

펜로즈 다이어그램은 무한히 큰 시공간을 유한한 종이로 옮겨준다. 3장에서 우리는 다양한 종류의 무한대를 평평한 시공간 마름모의 꼭짓점과 모서리에 대응시켰다. 독자들의 기억을 되살리는 의미에서, 평평한 시공간에 대한 펜로즈 다이어그램을 그림 6.1의 왼쪽에 다시 그려놓았다. 마름모의 위 꼭짓점은 시간꼴 세계선을 따라가는 여행자의 머나먼 미래이고, 아래 꼭짓점은 그의 머나먼 과거에 해당한다. 앞에서 이들을 각각 '시간꼴 미래 무한대'와 '시간꼴 과거 무한대'라 불렀다. 영원히 사는 생명체가 있다면, 그의 세계선은 시간꼴 과거 무한대에서 시작하여 시간꼴 미래 무한대에서 끝난다. 그리고 영원히 진행하는 빛은 마름모의 아래에 있는 두 변 중 하나에서 출발하여 맞은편 윗변에서 끝난다. 이들은 각각 '빛꼴 과거 무한대'와 '빛꼴 미래 무한대'였다. 또한 '지금'에 해당하는 무한히 많은 공간 조각은 마

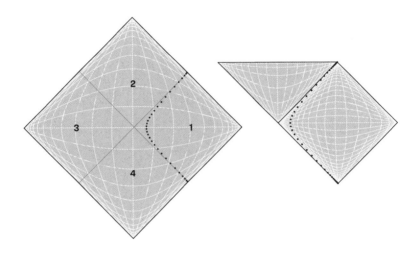

그림 6.1 민코프스키 시공간(왼쪽)과 슈바르츠실트 영구 블랙홀(오른쪽)에 대한 펜로즈 다이어그램. 왼쪽 그림에서 린들러는 시공간에서 가속운동을 하고 있고, 오른쪽 그림에서 도트는 블랙홀 바깥(R=1.01)에 아슬아슬하게 떠 있다.

름모의 왼쪽 꼭짓점에서 오른쪽 꼭짓점까지 뻗어 있다. 이 두 점은 '공간끝 무한대'이다. 이처럼 펜로즈 다이어그램(마름모)의 모든 꼭짓점과 모든 변은 어떤 형태로든 무한대에 대응된다.

이제 그림 6.1의 오른쪽에 제시된 슈바르츠실트 영구 블랙홀에 대한 펜로즈 다이어그램을 살펴보자. 평평한 시공간 다이어그램이 그랬듯이, 오른쪽 그림에도 무한한 시공간이 담겨 있다. 그렇다면 이 다이어그램의 모든 꼭짓점과 모서리도 무한대나 특이점에 대응될까? 그럴듯한 추측이지만, 사실은 그렇지 않다. 펜로즈 다이어그램의 왼쪽 모서리는 무한대가 아니라, $R=1$인 블랙홀의 사건지평선에 대응된다. 지금까지 우리는 마름모의 왼쪽 위 모서리에 해당하는 사건지평선과 그 너머에 있는 블랙홀(뒤집힌 삼각형)에 집중해왔다. 바로 이곳에서 용감한 우주인들의 운명이 극적으로 엇갈리기 때문이다. 그렇다면 왼쪽 아래 모서리는 어떤가? 이곳은 무한대가 아니니, 그 너머에 다른 무언가가 존재하지 않을까?

3장에서 우리는 그림 6.1의 평평한 시공간 다이어그램에서 꾸준히 가속운동을 하는 우주인 린들러의 세계선을 본 적이 있다(그림 3.8 참조). 그는 지평선에 에워싸여 있으며, 자신이 선택한 가속운동 때문에 다른 우주인들보다 좁은 시공간 영역에 갇혀 있다. 자, 이제 슈바르츠실트 시공간 다이어그램에 그려놓은 우주인 '도트Dot'(여성)의 세계선에 집중해보자. 도트는 린들러처럼 끊임없이 가속운동을 하고 있지만, 블랙홀 근처의 휘어진 시공간으로 가면 이는 곧 그녀가 사건지평선 바로 위에서 $R=1.01$을 유지한 채 떠다닌다는 뜻이다. 그러나 가속되는 우주선 안에서 도트가 겪는 일은 린들러가 겪었던 일과 거의 비슷하다. 도트는 사건지평선 너머로 신호를 보낼 수 있지만, 그곳에서 보낸 신호를 받을 수는 없다. 이와 마찬가지로 린들러는 영역 2로 신호를 보낼 수 있지만, 그곳에서 보낸 신호를 받을 수 없다. 또한 린들러에게는 자신을 영역 4와 단절시키는 또 하나의 지평선이 존재한다. 그는 결코 영역 4로 진입할 수 없지만, 그곳에서 날아온 신호를 받을 수는 있다. 그렇다면 도트의 마름모(왼쪽 그림)에서 왼쪽 아래 모서리는 무엇을 의미하는가? 이것도 그녀가 넘을 수 없는 지평선인가? 그리고 도트는 그곳에서 날아온 신호를 수신할 수 있는가? 만일 그렇다면 그 신호는 어디서 온 것인가? 이 모서리는 좀 이상하다. 슈바르츠실트-펜로즈 다이어그램의 모서리인데, 무한대에 대응되지 않는다. 그렇다면 그 너머에 무언가가 존재할 수도 있지 않을까? 1935년에 알베르트 아인슈타인과 네이선 로젠Nathan Rosen은 왼쪽 아래 모서리 너머에 무언가가 존재한다는 것을 깨달았다.•

> 4차원 공간은 초평면hyperplane으로 연결된 두 개의 시트로 서술할 수 있다……. 우리는 두 시트 사이를 연결하는 수학적 요소를 "다리bridge"라 부르기로 했다.[1]

그 후 이 다리는 한동안 "아인슈타인-로젠 다리"로 불리다가, 웜홀이라는 깜찍한 이름으로 개명되었다.

• 1916년 초에 오스트리아의 물리학자 루트비히 플램Ludwig Flamm은 〈아인슈타인의 중력이론에 관한 투고Contribution to Einstein's Theory of Gravitation〉라는 논문에서 아인슈타인-로젠의 해를 예견했으나, '다리'의 존재를 간파한 것 같진 않다.

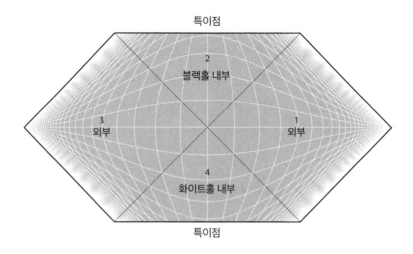

그림 6.2 '최대로 확장된 슈바르츠실트 시공간'에 대한 펜로즈 다이어그램. 격자선은 크루스칼-
세케레시 좌표계를 나타낸다(187~188쪽 박스 글 참조).

사실, 지금까지 우리가 그린 그림은 아인슈타인 방정식에 대한 슈바르츠실트 해의 일부에 불과하다. 좀 거창하게 표현하면 "최대로 확장된maximally extended 슈바르츠실트 시공간"의 일부에 해당한다. 슈바르츠실트의 영구 블랙홀과 최대로 확장된 슈바르츠실트 시공간의 관계는 린들러의 사분면과 민코프스키 시공간의 관계와 같다. 간단히 말해서, 더 큰 시공간의 일부라는 뜻이다. 최대로 확장된 슈바르츠실트 시공간은 그림 6.2와 같다.

그림 6.2에서 가장 눈에 띄는 특징은 전에 없었던 시공간 영역 3과 4가 새로 추가되었다는 것이다. 영역 1은 블랙홀 바깥의 무한우주 전체이고, 영역 2는 '시간의 끝'을 포함한 블랙홀의 내부였다. 그런데 영역 3과 4는 어디서 나타난 것일까? 지금부터 찬찬히 알아보자.

무엇을 그려놓았건 그림 6.2는 펜로즈 다이어그램이므로, 시간은 위쪽으로 흐르고 모든 빛은 45도 방향으로 나아간다. 그러므로 임의의 점에 원뿔을 그리면, 각기 다른 영역들이 어떻게 연결되어 있는지 곧바로 확인할 수 있다. 모든 물체는 영역 4에서 영역 3, 2, 1로 이동할 수 있지만 그 반대로는 갈 수 없고, 영역 1과 3은 양방향으로 막혀 있다. 이는 곧 다이어그램의 중앙에서 만나는 두 개의 45도 선이 지평선임을 의미한다. 영역 1에 있는 우주인은 블랙홀의 내부인 영역 2로 진입할 수 있고, 영역 3의 우주인도 영역 2로 진입 가능하다. 이들이 블랙홀 내부로 들어오면 특이점(꼭대기 수평선)에 도달하기 전에 서로 만나서 대화를 나눌 수도 있다. 영역 3과 영역 1은 완전히 분리된 별개의 우주인데, 블랙홀을 통해 연결되어 있다.

그림 6.2의 아래쪽 수평선은 전에 볼 수 없었던 또 다른 특징으

로, 이것도 특이점에 대응된다. 그러나 이 특이점에는 아무것도 빨려 들어가지 않으며, 영역 4에 있는 불멸의 존재는 언젠가 두 지평선 중 하나를 넘어 영역 1이나 3으로 진입하게 된다. 그러므로 1번 우주나 3번 우주에 사는 사람은 영역 4에서 지평선을 넘어온 물체와 조우할 수 있다. 즉, 영역 4는 블랙홀과 정반대인 세상이다. 감이 오는가? 그렇다. 이 영역이 바로 화이트홀white hole이다. 무한우주에 사는 우주인들(영역 1과 3)에게 블랙홀은 미래에 존재한다. 그래서 이들은 블랙홀로 진입할 수 있고, 기를 써서 피해 갈 수도 있다. 그러나 화이트홀은 이들의 과거에 존재하기 때문에, 그곳으로 진입하기란 원리적으로 불가능하다. 이들은 그저 화이트홀에서 날아온 신호만 받을 수 있다. 이 정도면 꽤 극적인 반전이 아닌가?

그림 6.2는 '최대로 확장된 슈바르츠실트 시공간'인데, 여기서 '최대'라는 말은 다른 기술적 용어와 달리 다분히 설명적인 의미를 담고 있다. 블랙홀과 그 주변을 탐험하는 우리의 우주인들은 영원히 살 수 있는 불멸의 존재였다(그 비결은 묻지 말아달라고 했다). 이들의 세계선은 특이점에 빨려 들어가지 않는 한 무한히 길게 이어지고, 블랙홀의 사건지평선을 넘지 않는 한 영생을 누린다. 즉, 이들의 세계선은 무한대나 특이점에서 시작되고, 또 그런 곳에서 끝나야 한다. 이 조건을 만족하는 시공간이 바로 '최대로 확장된 시공간'이다. 그림 6.1의 슈바르츠실트 영구 블랙홀 다이어그램의 경우에는 왼쪽 모서리에서 다이어그램으로 진입하는 세계선을 그릴 수 있으므로 전술한 특성이 존재하지 않는다. 그러나 최대로 확장된 슈바르츠실트 시공간 다이어그램에서는 모든 모서리가 무한대나 특이점에 대응되며, 바로 여기에

슈바르츠실트 시공간의 모든 것이 담겨 있다.

크루스칼-세케레시 좌표계

그림 6.2에 표시된 격자선은 앞에서 사용했던 슈바르츠실트 격자선과 다르다. 사실 자연에는 격자나 좌표라는 개념이 아예 존재하지 않는다. 이런 것은 그저 편의를 위해 인위적으로 만든 것뿐이다. 그러므로 목적에 맞는다면 어떤 격자를 사용하건 상관없다. 그림 6.2의 격자선은 1960년에 마틴 크루스칼Martin Kruskal과 조지 세케레시George Szekeres가 각자 독립적으로 발견한 '크루스칼-세케레시 좌표계Kruskal-Szekeres coordinate'로서,• 시공간의 공간꼴 단면(거의 수평선)과 시간꼴 단면(거의 수직선)을 따라 그린 것이다. 슈바르츠실트 격자선은 사건지평선에서 하나로 합쳐지지만, 크루스칼-세케레시 좌표계에서는 이런 현상이 나타나지 않는다. 실제로 우주인은 사건지평선을 넘을 때 이상한 낌새를 전혀 느끼지 못했으므로, 지평선에서 한 점으로 모이는 슈바르츠실트 격자보다 매끄럽게 이어지는 크루스칼-세케레시 격자가 좀 더 자연스

• 크루스칼은 최대로 확장된 슈바르츠실트 시공간을 매끄럽게 표현하는 새로운 좌표계를 존 휠러에게 설명해놓고 정작 출판은 하지 않았다. 그의 아이디어를 아깝게 여긴 휠러가 간단한 논문을 작성하여 크루스칼의 이름으로 발표한 덕분에 학계에 알려지게 된 것이다. 비슷한 시기에 조지 세케레시도 동일한 좌표계를 고안하여 1960년에 정식 논문으로 발표했다.

럽다. 사건지평선 근처에서 슈바르츠실트 시간 t는 중요한 정보를 담고 있다. 즉, 블랙홀에서 멀리 떨어져 있는 관측자는 블랙홀을 향해 떨어지는 물체가 사건지평선에서 도달한 순간, 마치 그 자리에 얼어붙은 것처럼 보인다. 다시 한번 강조하건대, 시공간을 서술할 때는 어떤 좌표 격자를 사용해도 상관없다. 목적에 따라 특정 격자가 다른 격자보다 편리할 수는 있지만, 다른 격자를 사용해도 물리적 모순은 발생하지 않는다. 슈바르츠실트 시간은 측정 가능한 양(블랙홀로부터 멀리 떨어진 곳에서 잰 시간)에 직접 대응되므로, 외부 관측자의 관점을 서술할 때 매우 유용하다. 반면에 크루스칼-세케레시 시간은 이런 식으로 해석할 수 없지만, 사건지평선을 통과하는 물체를 서술할 때는 슈바르츠실트 시간보다 훨씬 유용하다.

웜홀 속으로 ─────────

이제 최대로 확장된 슈바르츠실트 시공간에서 두 우주가 어떤 관계에 있는지 알아보자. 지금까지 우리는 공간을 1차원으로 간주한 펜로즈 다이어그램을 이용하여 시공간을 표현해왔다. 이 다이어그램은 시공간의 다른 영역에서 일어나는 사건들 사이의 관계(누가, 언제, 누구에게 어떤 영향을 미칠 수 있는가? 등)를 시각화할 때 매우 유용하지만, 시공간의 곡률을 나타낼 때는 좀 더 직관적인 그림이 필요하다. 이럴 때 '내장형 다이어그램embedding diagram'을 사용하면 소기의 목적을 달성할 수 있다.

내장형 다이어그램을 좀 더 쉽게 이해하기 위해, 지구의 표면으로 돌아가서 생각해보자. 지구는 물론 3차원의 구형이지만, 표면만 생각하면 2차원이다. 일단은 지표면을 2장에서 다뤘던 평면세계로 간주해보자. 이곳에 거주하는 플랫 알베르트와 그의 평평한 동료들은 평면기하학 이론을 열심히 구축해 나가는 중이다. 종이에 그린 삼각형 내각의 합은 항상 180도이고, 평행선은 아무리 길게 그려도 만나지 않는 것 같다. 지금 이들은 종이 위에 원을 그려놓고 원주율(π)을 계산하는 중인데, 진실을 알고 있는 우리는 그들의 앞날이 심히 걱정스럽다. 평평하다고 하늘같이 믿어온 지표면을 따라 장거리 여행을 해보면 π의 값이 유클리드 기하학으로 얻은 값과 다르다는 사실에 충격받을 것이고, 지표면에서 한쪽으로 계속 가다 보면 출발점으로 되돌아온다는 사실도 알게 될 것이다. 또 과거에 메르카토르 도법으로 그렸던 지도의 양 끝을 이어붙이고, 지도의 상단과 하단에 나타난 왜곡을 줄이기 위해 다른 좌표계를 찾는 등 일대 혼란을 겪을 것이다. 이 모든 것은 지표면이 평면이 아니라 '휘어진 구면'이었기 때문에 나타나는 현상이다. 그리고 휘어진 구면은 굳이 3차원의 도움을 받을 필요가 없다. 다시 말해서, 3차원 우주가 존재하지 않는다 해도 2차원 구면 세계는 얼마든지 존재할 수 있다는 뜻이다.

우리는 3차원적 존재이므로 3차원을 시각화하는 데 매우 익숙해져 있다. 그래서 2차원 구면을 시각화할 때도 3차원의 구를 상정한 후, 그 표면에 구면 특유의 기하학적 특성을 우아한 형태로 '심어놓는다embedding.' 2차원 평면에 이 특성을 부과하면 위아래가 돌돌 말리면서 동그란 구면이 된다. 여기서 중요한 것은 3차원 공간이 2차원 구면이 존재하기 위한 필요조건이 아니라는 점이다. 2차원 구면은 3차원의 도움 없이도 얼마든지 존재할 수 있다. 도움이 필요 없는 정도가 아니라, 아예 존재하지 않아도 된다. 우리가 "2차원이 내재된 공간"이라고 하늘같이 믿고 있는 3차원 공간은 가상의 공간일 수도 있다(때로는 '초공간hyperspace'이라고도 한다). 평평한 세계의 철학자들은 3차원의 존재 여부를 놓고 심각한 고민에 빠지겠지만, 평면 항해사들은 3차원이 있건 없건 손톱만큼도 신경 쓰지 않을 것이다. 3차원적 존재인 우리는 이 세 번째 (가상의) 차원을 이용하여 2차원 곡면의 곡률을 시각화하고, 이 과정에서 기하학에 대한 새로운 관점을 터득했다. 혹시 2차원 평평민 중 내 설명을 오해하는 사람이 있을까봐 노파심에서 하는 말인데, 3차원은 상상이 아니라 실재하는 차원이며, 지구는 3차원 우주에 존재하는 구형 천체임을 분명히 밝혀두는 바이다. 내가 강조하고자 하는 것은 플랫 알베르트와 그의 동료들이 관측한 2차원 곡률이 3차원 없이도 존재할 수 있다는 것이다. '휘어진 면'은 2차원 공간만이 갖는 고유한 특성일 수도 있다. 자, 이제 차원을 조금 높여서 똑같은 논리를 적용해보자. 우리가 사는 우주는 4차원 시공간이며, 중력이 끼어들면 '휘어진 4차원 시공간'이 된다. 평평했던 것이 휘어지면 차원을 하나 늘려서 생각하는 게 여러모로 편리하지만, 그렇다고 우리가 5차원 공간의 표면에서 살고 있다는 뜻은 아니다. 시공간이 휘어졌다고 해서, 그보다 차원이 높은 공간을 굳이 실존하는 세계로 간주할 이유가 없다는 것이다.

이런 점에서 볼 때 일반상대성이론의 '곡률'이라는 용어는 다소

오해의 소지가 있다. 공간이 휘어지면 그보다 차원이 높은 초공간을 상상하도록 유도하기 때문이다. 그러나 곡률은 추가 차원 없이 계량으로부터 직접 계산할 수 있는 양이다. 존 휠러와 에드윈 테일러Edwin Taylor가 함께 저술한 책의 한 장에는 다음과 같은 제목이 붙어 있다. "기하학적 구조는 거리로부터 결정된다Distance Determine Geometry."[2] 위에서 말한 모든 내용이 함축된 제목이다. 휠러와 테일러는 거센 바다에 부유하는 "정교하고 아름답게 조각된 빙산"을 예로 들었다. 이 빙산의 형태를 알아내는 방법 중 하나는 철제 하켄haken|등산용 장비의 하나로 머리에 구멍이 달린 못| 수천 개를 박고 이들 사이를 줄로 팽팽하게 엮는 것이다. 하켄의 위치와 줄의 길이를 노트에 기록하면, 이로부터 빙산의 대략적인 형태를 유추할 수 있다(하켄을 촘촘하게 박을수록 정확한 형태가 재현된다).● 이 노트에는 빙산의 곡률을 비롯한 모든 기하학적 정보가 담겨 있기 때문이다. 구불구불한 빙산을 휘어진 시공간에 비유하면, 빙산에 박은 하켄은 각 지점에서 발생한 사건에 비유할 수 있다. 즉, 사건은 시공간 곳곳에 박은 말뚝이며, 시공간의 간격은 말뚝 사이를 팽팽하게 이은 줄의 길이다. 그리고 말뚝의 위치를 기록한 노트는 시공간의 계량metric에 해당한다.

우리는 3차원적 존재이므로 2차원 평면을 구면의 일부로 상상하듯이, 시공간에서 2차원 공간의 곡률을 상상할 수 있다. 이것이 바로 내장형 다이어그램의 원리다.

블랙홀로 직행하기 전에, 일단 지구 근처에서 워밍업을 해보자.

● 하켄으로 이루어진 격자가 사각형이 되도록 줄을 잇는 것이 바람직하다.

지표면 근처의 시공간은 3차원 공간과 1차원 시간으로 이루어진 슈바르츠실트 계량으로 서술된다. 이제 임의의 한순간에 지구의 적도를 통과하는 하나의 공간 단면을 상상해보자. 상대성이론의 용어를 사용하면 이것은 '2차원 공간꼴 단면'(시간 방향으로 자른 단면)에 해당한다. 그림 6.3의 왼쪽 그림은 이것을 펜로즈 다이어그램으로 나타낸 것으로, 지구는 O에 있고 공간 단면은 X까지 뻗어 있다. 만일 O에 지구가 없다면 이 그림은 평평한 시공간에 대한 펜로즈 다이어그램이 되고(그림 6.3의 가운데 위에 있는 직선 OX), O를 중심으로 이 직선을 한 바퀴 돌리면 2차원 공간(적도를 통과하는 단면, 그림 6.3의 오른쪽 위 그림)이 된다. 이것이 바로 우리가 원하는 내장형 다이어그램으로, 평평한 2차원 공간(유클리드 공간)의 경우에는 바둑판처럼 생겼다.

O에 지구를 갖다 놓으면 시공간이 휘어지고, 그 일대의 곡률은 슈바르츠실트 계량으로 서술될 것이다. 지구 근처를 배회하는 우주인은 인접한 두 사건 사이의 거리를 자로 측정함으로써 곡률을 알아낼 수 있다. 이것은 빙산에 하켄을 박고 그 사이를 줄로 팽팽하게 연결해서 표면의 기하학적 특성을 알아내는 것과 비슷하다. 앞서 말한

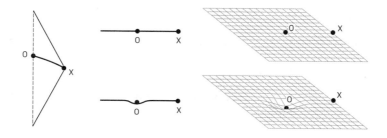

그림 6.3 시공간의 공간꼴 단면(시간 방향으로 자른 단면)을 표현하는 방법.

대로 우주인이 자로 측정한 두 사건 사이의 거리는 (둘 중 하나가 다른 하나보다 지구에 더 가까울 때) 평평한 공간에서 측정한 값보다 크다. 그리고 휘어진 곡면의 기하학적 특성은 새로운 차원을 도입하지 않고서도 수학적으로 서술할 수 있다. 또는 "측정으로 얻은 곡률이 추가된 차원에서 구현되려면 공간의 단면은 어떤 형태여야 하는가?"라는 질문을 던질 수도 있다. 이렇게 얻은 것이 바로 그림 6.3의 '휘어진 바둑판 격자'다. 지구가 위치한 O에서 공간은 움푹 팬 형태로 표현되고, 지구에서 멀어질수록 평평한 공간에 가까워진다. 자, 이제 블랙홀의 기하학적 구조를 탐구하는 데 필요한 내장형 다이어그램에 대해 알아보자.

그림 6.4는 최대로 확장된 슈바르츠실트 시공간에 다섯 개의 공간 단면을 그려 넣은 것으로, 모든 단면은 X에서 출발하여 Y에서 끝난다(X와 Y는 모두 공간꼴 무한대). 개개의 단면은 각기 다른 순간에 포착한 공간의 '스냅숏'에 해당하며,• 아래쪽 단면이 위쪽 단면보다 시간적으로 앞서 있다. 우선 YJIHX로 이어지는 단면(일점쇄선)에 집중해보자. 이 단면을 지구 근처의 시공간을 그리는 방식(그림 6.3)에 따라 그리면 그림 6.5가 된다. 중앙에 있는 원을 보면 "선을 회전시켜서

• 이 단면은 "여러 관측자가 각자 자신에 대해 정지해 있는 시계를 기준으로 자른 시간 단면"과 일치하지 않는다. 평평한 시공간에서는 이와 같은 시계-네트워크를 쉽게 떠올릴 수 있지만, 휘어진 시공간에서는 거의 불가능하다. 사실 그림 6.4에 그린 선들은 '크루스칼 시간=상수'를 만족하는 단면인데, 어떤 물체도 이 곡선들을 따라 동시에 이동할 수 없으므로 공간꼴 단면에 해당한다(이 곡선들의 기울기는 어느 곳에서도 45도를 넘지 않는다). 특정한 시점에서 공간의 스냅숏을 정의할 때는 시공간을 이런 식으로 자르는 게 최선이다.

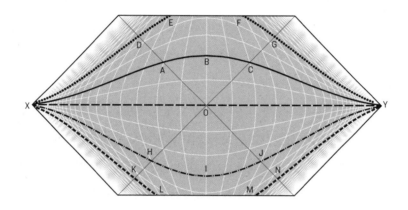

그림 6.4 최대로 확장된 슈바르츠실트 시공간의 다섯 가지 단면. 각 단면은 특정한 순간의 전체 공간에 대응된다.

얻은 2차원 원판"이 떠오르겠지만, 그런 생각은 잠시 접어두고 오른쪽에 있는 ⊂자형 곡선에 집중해보자. 보다시피 이 곡선은 Y 근방에서 거의 직선에 가깝다. 블랙홀에서 멀리 떨어진 공간은 평평하기 때문이다. Y에서 사건지평선 J를 향해 이동하면 공간이 휘어지기 시작하는데, 여기까지는 모든 것이 정상이다. 그러나 사건지평선을 통과한 후 곡선은 두 번째 사건지평선 H를 통과한 후에도 계속해서 휘어지다가, X에 접근하면서 다시 평평해진다. 이제 그림 6.3에서 했던 것처럼 그림 6.5를 한 바퀴 돌리면 이 공간의 기하학적 특성이 한눈에 들어온다. 놀랍게도 두 개의 평면이 하나의 통로로 연결되어 있다(아인슈타인과 로젠은 이 통로를 '다리'라 불렀고, 휠러는 '웜홀'이라 했다). 일정한 거리만큼 떨어진 채 별개로 존재하는 두 개의 평평한 우주 사이에 연결 통로가 생긴 것이다.

그림 6.6에는 웜홀이 좀 더 예술적으로 표현되어 있다. 2차원 공간에 사는 플랫 알베르트와 그의 불쌍한 친구가 블랙홀에 가까이 다가갔다가 미끄러지듯 빨려 들어간다. 그 안에는 무한한 공간이 이들을 기다리고 있다. 우리는 3차원 공간에 익숙해서 "휘어진 2차원 공간"을 머릿속에 쉽게 그릴 수 있지만, 평평민들에게는 이런 아이디어 자체가 매우 낯설게 느껴질 것이다. 이제 공간 차원을 하나 높여서, 최대로 확장된 (질량이 작은) 슈바르츠실트 블랙홀을 양손으로 감싸고 있다고 상상해보자. 그러면 사건지평선은 작은 구면을 이루겠지만, 손안에는 무수히 많은 다른 우주가 존재할 수 있다.

그림 6.7은 그림 6.4의 공간꼴 단면 다섯 개 중 위쪽에 있는 세 개를 내장형 다이어그램으로 나타낸 것이다. 그림에서 시간은 아래에

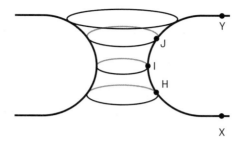

그림 6.5 슈바르츠실트 영구 블랙홀의 공간꼴 단면 YJIHX에 대한 내장형 다이어그램. 웜홀의 모습이 드러나 있다.

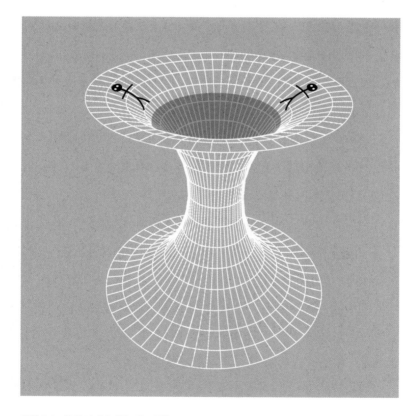

그림 6.6 2차원 평면세계를 잇는 웜홀.

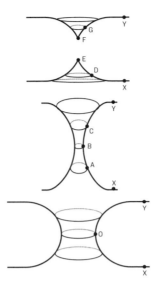

그림 6.7 그림 6.4의 다른 공간꼴 단면 세 개에 대한 내장형 다이어그램(시간은 아래에서 위로 흐른다). 웜홀은 시간이 흐를수록 길게 늘어나다가 끊어지고, 결국은 두 개의 단절된 우주가 남는다. 하나의 우주에서 다른 우주로 이동하려면 웜홀이 끊어지기 전에 통과해야 하는데, 이는 원리적으로 불가능하다.

서 위로 흐르고 있으므로 웜홀은 점점 길어지다가 끊어져서 특이점이 드러나고, 두 사건지평선은 더욱 멀어진다. 아래쪽 단면은 위쪽 단면보다 과거에 해당하므로, 웜홀은 흐르는 시간과 함께 진화하고 있다.• 바로 이 '진화' 때문에 웜홀을 통과하는 것은 원리적으로 불가능하다(자세한 이유를 알고 싶다면 200~201쪽 박스 글을 읽어보기 바란다). 영역 1과 3이 양방향으로 단절되어 있다는 것은 굳이 웜홀을 시각화하지 않아도 알 수 있다. 이것은 펜로즈 다이어그램으로부터 유도되

• 여기서 말하는 시간은 '크루스칼 시간Kruskal time'이다(187~188쪽 박스 글 참조).

는 자명한 사실이다. 수직선과의 사잇각이 45도 미만인 선으로는 영역 1과 영역 3을 연결할 수 없기 때문이다. 웜홀을 내장형 다이어그램으로 표현하면, 웜홀의 진화 방식 자체가 '웜홀 통과 여행'을 금지한다는 것을 한눈에 알 수 있다.

그림 6.8은 최대로 확장된 슈바르츠실트 시공간에서 블랙홀을 향해 추락하는 우주인을 기하학적으로 표현한 것이다. 여기서 웜홀은 내장형 다이어그램의 일정한 (크루스칼) 시간에 해당한다. 왼쪽 위 그림에서 우주인(검은 점)은 사건지평선에 가까이 접근 중이고, 웜홀은 활짝 열린 채 두 우주를 연결해주고 있다. 왼쪽 위 그림에서 우주인은 사건지평선을 통과하기 직전이다. 그는 여전히 영역 1에 머물러 있지만, 웜홀은 이미 최대 직경을 지나 가늘어지고 있다. 왼쪽 아래 그림으로 오면 우주인은 사건지평선을 통과했는데 웜홀이 닫혀버렸다. 이처럼 웜홀은 우주인이 통과하기 전에 닫히기 때문에, 그는 절대로 웜홀을 통과할 수 없다. 그가 특별한 경로를 선택했기 때문이 아니다. 두 우주를 연결하는 통로가 닫히는 것은 우주인의 여행 경로와 무관하다. 이 모든 것은 아인슈타인 방정식의 구면대칭해spherically symmetric solution인 슈바르츠실트 계량으로부터 유도된 결과다. 이 얼마나 아름다운가!•

• 웜홀이 닫혀서 아름답다는 게 아니라, 수학적 논리만으로 유도되었다는 사실 자체가 아름답다는 뜻이다.—옮긴이

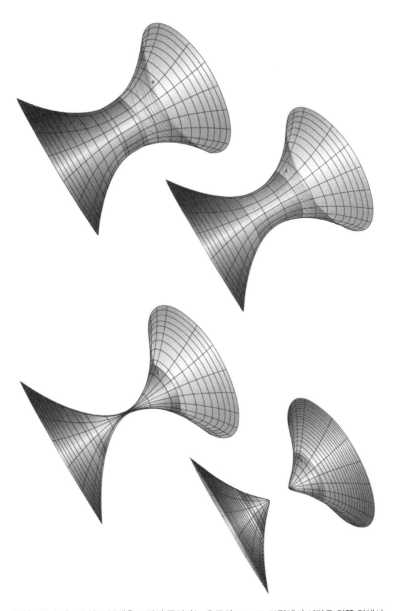

그림 6.8 슈바르츠실트 블랙홀로 빨려 들어가는 우주인(검은 점). 그림에서 시간은 왼쪽 위에서 오른쪽 아래로 흐른다. 웜홀은 우주인이 통과하기 전에 끊어지기 때문에, 그는 절대로 반대쪽 우주에 도달할 수 없다. (도판 10 참고)

웜홀의 진화

슈바르츠실트 계량으로 되돌아가서 생각해보자.

$$d\tau^2 = \left(1 - \frac{R_S}{R}\right)dt^2 - \frac{1}{\left(1 - \frac{R_S}{R}\right)}dR^2$$

시간 및 공간좌표 앞에 붙어 있는 $(1-R_S/R)$은 시공간이 평평한 상태에서 벗어난 정도를 알려주는 계수로서, 사건지평선 바깥의 시간과 무관하기 때문에 t가 변해도 기하학적 구조는 달라지지 않는다. 여기서 '사건지평선 바깥'이라는 말에 집중할 필요가 있다. 사건지평선 안으로 진입하면 공간과 시간의 역할이 뒤바뀌어서 슈바르츠실트의 R 좌표가 시간의 역할을 하게 된다. 지평선 밖에서 모든 물체가 '미래를 향해' 강제로 떠밀리는 것처럼, 지평선 안에서 모든 물체는 R이 작아지는 쪽으로 강제로 떠밀려간다. 왜 그럴까? 질량을 가진 모든 물체의 세계선을 따라 측정한 간격은 항상 양수여야 하기 때문이다. 이는 곧 사건지평선 밖에서 dt^2은 0이 될 수 없고, 사건지평선 안에서는 dR^2이 0이 될 수 없음을 의미한다. 사건지평선 밖에서 시간이 흐르면 우주인은 t 방향으로 이동하고, 사건지평선 안에서 시간이 흐르면 우주인은 R 방향으로 이동한다. 이것이 바로 사건지평선 내부에서 R이 시간좌표가 되는 이유다. $(1-R_S/R)$의 값이 R에 따라 달라지는 것은 사건지평선 내부 시공간의 기하학적 구조가 변한다는 뜻이며, 이것은 우리가 내일을 향해 이동할 수밖에 없는 것처럼 필연적인 결과다. 사건지평선 내부의 기하학적 구조는 이와 같이 역동적으로 변하기 때문에, 빛조차도 웜홀을 통과할 수 없다.

한 우주에서 다른 우주로 가는 꿈같은 여행은 필연적으로 닫히는 웜홀 때문에 불가능하다. 그러나 영역 1에서 블랙홀로 진입한 우주인은 특이점에 도달하기 전에 영역 3에서 블랙홀로 진입한 우주인과 만날 수 있다. 이것은 앞에서 펜로즈 다이어그램을 이용하여 증명된 사실이다. 게다가 영역 2(블랙홀 내부)에 있는 사람은 영역 1과 영역 3에서 날아온 신호를 받을 수 있으므로, 그곳에 존재하는 물체도 볼 수 있다. 이것도 펜로즈 다이어그램으로 증명 가능하다. 그렇다면 우리의 용감한 우주인은 블랙홀에 진입한 후 특이점에 도달하기 전에 웜홀을 통해 반대편 우주를 볼 수 있지 않을까?

블랙홀에 관심이 있다면 당연히 떠오르는 질문이다. 그러나 애석하게도 답은 "No"인 것 같다. 적어도 두 우주 사이를 여행하려는 우주인에게는 이런 기회가 허용되지 않는다. 왜 그럴까? "최대로 확장된 슈바르츠실트 시공간"이 "별이 자체중력으로 붕괴되면서 형성된 시공간"과 같지 않기 때문이다. 슈바르츠실트 해는 별 근처의 외부 공간에서만 유효하다. 블랙홀과 화이트홀, 웜홀로 가득 찬 최대로 확장된 슈바르츠실트 시공간(그림 6.2)은 "자전하지 않는 영구 블랙홀"에 대해 올바른 설명을 제공하는데, 이런 블랙홀은 아직 발견된 적이 없다.

위에서 "No인 것 같다"라고 두루뭉술하게 말한 이유는 웜홀의 기하학이 아인슈타인 방정식의 엄연한 해이기 때문이다. 1988년에 마이클 모리스Michael Morris와 킵 손, 울비 유르체버Ulvi Yurtsever는 웜홀이 열려 있을 가능성을 언급하면서, 공동 논문에 다음과 같이 적어 놓았다.

> 우리의 연구는 다음과 같은 질문으로 시작된다. "과학이 극도로 진보한 문명은 웜홀을 인공적으로 만들어서 성간 여행을 실현할 수 있을까?" 별이 붕괴되면서 이런 웜홀이 자연적으로 만들어지지는 않겠지만, 양자 거품을 거시적 규모로 확대해서 에너지 밀도가 음수인 양자장을 걸어주면 가능할 수도 있다.[3]

매우 흥미롭지만 소설 같은 이야기다. 논문 저자들도 인정했듯이 이런 웜홀은 곧 타임머신이 될 것이고, 시간여행이 가능한 우주는 왠지 불안하다.

> 고도의 과학기술을 보유한 외계 종족은 '슈뢰딩거의 고양이가 살아 있는 사건 P'를 관측한 후(즉, 파동함수를 붕괴시켜서 살아 있는 고양이 상태만 남도록 만든 후), 웜홀을 통해 P보다 먼 과거로 되돌아가서 그 고양이를 죽일 수 있을까?(파동함수를 붕괴시켜서 죽은 고양이 상태만 남도록 만들 수 있을까?)

이 역설적인 문제는 블랙홀의 정보 역설을 해결하는 과정에서 다시 등장했다. 특히 미세 웜홀이 시공간의 구성성분이라는 아이디어는 'ER=EPR 추측'의 일부인데, 자세한 내용은 14장에서 다룰 예정이다. 그러므로 지금 우리 우주에는 타임머신이 날아다니고 있을지도 모른다. 어쨌거나 최대로 확장된 슈바르츠실트 시공간은 일반상대성이론 방정식의 아름답고도 흥미로운 해임이 분명하다. 이제 독자들도 느꼈겠지만, 휘어진 시공간은 그야말로 무궁무진한 가능성을 갖고 있다. 웜홀만으로도 충분히 흥미롭다고? 아니다. 웜홀은 전체 이야기의 절반도 안 된다.

7장

커의 원더랜드

1963년, 뉴질랜드의 수학자 로이 커Roy Kerr는 아인슈타인 방정식과 사투를 벌인 끝에 '자전하는 블랙홀'에 대한 해를 기어이 찾아냈다. 혹여 "슈바르츠실트 해에 스핀spin|자전을 뜻하는 또 다른 용어만 추가하면 되는 거 아닌가?"라고 생각하는 사람이 있을까봐 하는 말인데, 슈바르츠실트 해가 1916년에 발견되었으니 거의 반세기가 걸린 셈이다. 게다가 로이 커는 간단한 문제를 50년 동안 붙잡고 있을 정도로 우둔한 사람이 결코 아니었다. 커의 해Kerr solution는 슈바르츠실트의 해처럼 "텅 빈 공간을 영원히 뒤트는" 영구 블랙홀에 적용되지만, 구면대칭이 존재하지 않는다는 점에서 화끈하게 다르다. 태양이나 지구처럼 자전하는 천체들은 적도 근처 부위가 불룩하게 튀어나와 있어서 구면대칭은 존재하지 않으며, 자전축에 대한 대칭만 갖고 있다. 물론 커의 블랙홀도 마찬가지다. 그리고 바로 이 "대칭성의 부재" 때문에 극

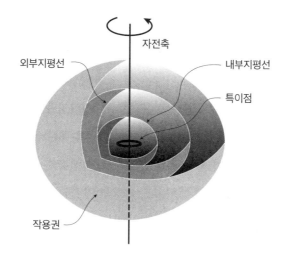

자전축

외부지평선

내부지평선

특이점

작용권

그림 7.1 느리게 자전하는 블랙홀(저속자전 블랙홀).

적인 결과가 초래된다.

커 블랙홀Kerr black hole은 자전 속도에 따라 두 가지 유형으로 나눌 수 있다. 일단은 느리게 자전하는 블랙홀(저속자전 블랙홀)부터 먼저 살펴보고, 자전 속도가 빠른 블랙홀(고속자전 블랙홀)은 나중에 다루기로 하자. 저속자전 블랙홀의 대략적인 구조는 그림 7.1과 같다. 슈바르츠실트 블랙홀과 비교했을 때 이 블랙홀은 세 가지 특성이 있는데, 첫 번째는 특이점이 점이 아닌 고리 모양이라는 것이다.• 고리가 속한 평면은 자전축에 대해 직각으로 정렬되어 있어서, 적도면(적도를 포함하는 평면)에 속한 궤적만 고리와 마주치고 나머지 궤적은 만나지

• 고리의 반지름은 J/c로 주어진다. 여기서 J는 블랙홀의 각운동량을 질량으로 나눈 값이고 c는 빛의 속도다. 지구의 경우 J/c는 약 1미터이고, 태양은 1킬로미터쯤 된다.

않는다. 그러므로 저속자전 블랙홀에 빠진 우주인은 시간의 끝을 피해 갈 수 있다. 둘째, 저속자전 커 블랙홀에는 '내부지평선inner horizon'과 '외부지평선outer horizon'이라는 두 종류의 사건지평선이 존재한다. 셋째, 외부지평선 바깥에는 공간이 너무 격렬하게 당겨져서 그 어떤 것도 정지상태를 유지할 수 없는 영역이 존재하는데, 이곳을 '작용권作用圈, ergosphere'이라 한다.●

자전하는 블랙홀의 경이로운 특성을 만끽하기 위해, 불멸의 우주인을 다시 소환해보자. 블랙홀을 향해 돌진하는 그가 제일 먼저 마주치는 것은 최외곽에 있는 작용권이다.●● 중심에서 반지름 방향으로 방출된 빛줄기가 작용권의 바깥면에 도달하면 더 이상 진행하지 못하고 얼어붙는다. 슈바르츠실트 블랙홀에서는 이곳이 바로 사건지평선이었다. 즉, '공간'이라는 강이 블랙홀을 향해 빛의 속도로 흐르고, 밖으로 헤엄치는 광자 물고기들이 일제히 얼어붙는 곳이었다. 그러나 커 블랙홀에서 이곳은 '되돌아갈 수 없는 사건지평선'이 아니다. 우리의 우주인이 작용권 안으로 진입했어도, 생각이 달라지면 다시 밖으로 빠져나올 수 있다. 잠깐, 무언가 좀 이상하다. 반지름 방향으로 탈출하는 빛은 작용권의 바깥면에서 얼어붙는다고 했는데, 우주인은 무슨 수로 탈출 가능하다는 말인가? 우주인이 작용권 안으로 들어가면 블랙홀이 자전하는 방향으로 휩쓸리게 된다. 공간 자체가 자전에

● 여기서 "정지상태를 유지할 수 없다"는 것은 멀리 떨어진 다른 별을 운동의 기준으로 삼았을 때 그렇다는 뜻이다.
●● '마주친다'는 말은 별로 적절한 표현이 아니다. 자유낙하하는 우주인은 작용권을 통과할 때 아무것도 느끼지 못하기 때문이다. 앞에서도 항상 그랬듯이, 우주인이 느끼는 시공간은 국소적으로 평평하다.

휩쓸리고 있기 때문에, 로켓과 우주인을 포함한 모든 물체는 그 영향을 따를 수밖에 없다. 우주인이 탈출할 수 있는 것은 바로 이 끌림힘 drag force 덕분이다. 이 부분을 좀 더 자세히 알아보자.

아무것도 가만히 서 있을 수 없는 곳

그림 7.2는 자전하는 블랙홀을 자전축 위에서 내려다본 투시도다. 여기서 점을 달고 다니는 작은 원에 집중해보자. 점은 '빛이 방출된 곳'이고, 작은 원은 '방출 직후 광파 선단light wave front*의 위치'를 나타낸다. 블랙홀로부터 멀리 떨어진 곳에서는 점이 작은 원의 중심에 있지만, 블랙홀에 가까워질수록 중심에서 조금씩 벗어나기 시작한다. 작은 원은 안으로 당겨지면서, 동시에 블랙홀이 자전하는 방향으로 당겨지기도 한다. 작용권 안으로 진입하면 점이 작은 원 바깥으로 이탈하는데, 바로 여기서 커 블랙홀의 중요한 특성 중 하나가 드러난다. 슈바르츠실트 블랙홀의 경우에도 사건지평선 안에서 점이 원 바깥으로 이탈하지만, 원 자체는 안쪽(반지름 방향)으로만 끌려간다. 그러나 커 블랙홀에서 작은 원은 반지름 방향뿐만 아니라 블랙홀의 자전 방향으로도 끌려간다.

---

* 점에서 방출된 빛은 구면파이므로 광파 선단은 구면을 형성한다.—옮긴이

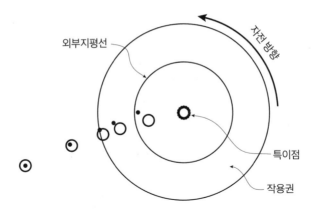

외부지평선

자전 방향

특이점

작용권

그림 7.2 자전하는 블랙홀(커 블랙홀)의 작용권.

자전하지 않는 블랙홀에서는 어떤 빛도 사건지평선을 탈출할 수 없으므로, 지평선상의 점(섬광)에서 형성된 구형 광파선단(작은 원)은 반지름 방향을 따라 안으로 떨어져야 한다. 강 모형으로 설명하자면 빛이 "흐르는 공간을 따라 블랙홀의 중심 쪽으로 휩쓸려간다"라고 할 수 있다. 자전하는 블랙홀도 이와 비슷하지만 소용돌이 효과가 추가로 발생하기 때문에, 작은 원의 이동 궤적이 반지름 방향에서 살짝 벗어나게 되는 것이다. 그림 7.2처럼 점이 작은 원 바깥으로 이탈하는 이유는 섬광을 방출한 광원이 한 점에 가만히 있을 수 없기 때문이다. 점이 항상 원 내부에 갇혀 있으려면 광원은 자신이 방출한 빛보다 빠르게 움직여야 한다. 그러므로 작은 원은 자전하는 블랙홀의 영향을 받아 소용돌이 궤적을 그리게 된다. 사실 이것은 자전하지 않는 블랙홀을 향해 추락하는 관측자가 겪었던 일과 동일하다. 이 경우 관측자는 사건지평선 안에서 정지상태를 유지할 수 없다(시간과 공간의 역할이 바뀌었기 때문이다). 자전하는 블랙홀의 작용권에서도 이와 같은 역할 반전이 일어나는데, 작용권은 사건지평선과 달리 탈출 가능하다.

어떻게 그럴 수 있을까? 작용권을 통과하는 작은 원(왼쪽에서 세 번째)에 초점을 맞춰보자. 원의 일부는 아직 작용권 바깥에 놓여 있다. 이 원을 "섬광을 방출한 사람의 미래 광원뿔"로 간주하면, 그가 작용권을 통과한 후 방향을 틀어서 바깥 우주로 탈출하는 세계선을 그릴 수 있음을 알 수 있다.

우리의 우주인은 작용권을 통과한 후 외부지평선을 향해 계속 돌진하기로 결심했다. 그곳이 슈바르츠실트 블랙홀이었다면, 지금 우주인이 있는 곳은 "밖으로 탈출할 수 없는 수많은 지점" 중 하나였을 것이다. 우주인은 안으로 돌진하여 외부지평선을 통과했고, 이제 내부지평선을 코앞에 두고 있다. 그런데 바로 이 시점부터 슈바르츠실트 블랙홀과 커 블랙홀 사이의 차이가 확연하게 드러나기 시작한다. 자전하는 블랙홀에 진입한 우주인이 내부지평선을 통과하면, 의외로 이동의 자유를 얻게 되는 것이다. 특이점이 그의 미래에 놓여 있지 않기 때문에, 시간의 끝을 향해 강제로 떠밀려가지 않아도 된다. 그림 7.3의 시공간 다이어그램을 보면 그 이유를 알 수 있다. 외부지평선에 가까운 바깥 영역인 영역 Ⅰ에서는 시공간의 기하학적 특성이 슈바

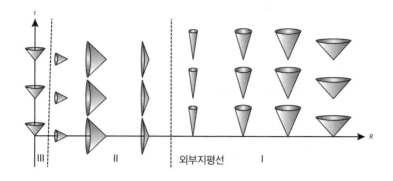

그림 7.3 커 블랙홀 안과 밖의 미래 광원뿔.

르츠실트 시공간과 비슷하다. 외부지평선을 넘어 영역 II로 들어오면 광원뿔이 옆으로 기울어져서 우주인은 어쩔 수 없이 내부지평선을 향해 나아가게 된다. 그러나 내부지평선마저 통과하여 영역 III으로 진입하면 광원뿔이 다시 똑바로 서기 때문에, 우주인은 특이점으로 빨려 들어가지 않고 주변을 탐색할 수 있다. 영생을 누릴 기회가 아직 남아 있는 것이다. 그렇다면 우주인에게는 어떤 미래가 기다리고 있을까?

　이 질문에 답하려면 슈바르츠실트 사례에서 얻은 경험에 기초하여 펜로즈 다이어그램을 다시 그려야 한다. 일단은 그림 7.4에서 시작해보자.(색상에 대한 설명이 있으므로 15쪽 컬러 도판 11을 함께 보면 좋다.) 가운데 굵은 보라색 선은 우주인이 바깥 우주(영역 I)에서 외부지평선(검은색 45도 선)을 통과하여 영역 II로 진입한 후, 다시 내부지평선(주황색 45도 선)을 넘어 영역 III으로 이동한 경로를 나타낸다. 영역 I과 외부지평선은 슈바르츠실트 블랙홀의 경우와 똑같으므로 쉽게 그릴 수 있

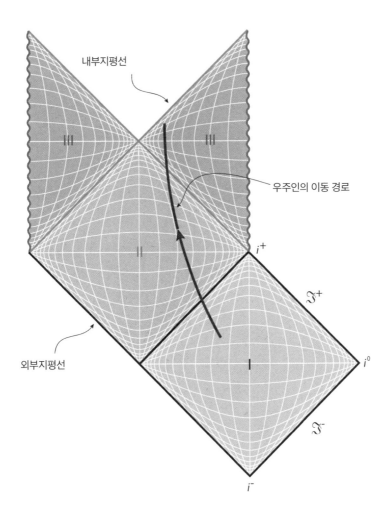

내부지평선

III

III

우주인의 이동 경로

i^+

$\mathfrak{F}^+$

II

i^0

외부지평선

I

$\mathfrak{F}^-$

i^-

그림 7.4 커 블랙홀에 대한 펜로즈 다이어그램. 아직은 완전한 그림이 아니다. (도판 11 참고)

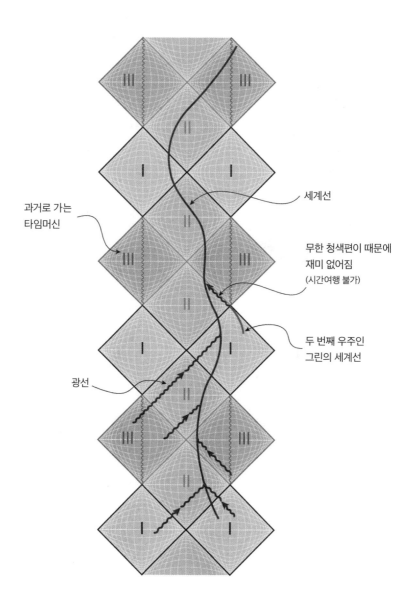

세계선

과거로 가는
타임머신

무한 청색편이 때문에
재미 없어짐
(시간여행 불가)

두 번째 우주인
그린의 세계선

광선

그림 7.5 최대로 확장된 커 블랙홀. 수직 방향으로 구불구불하게 이어진 선은 우리의 용감한 우주인의 세계선이며, 제일 아래쪽이 그림 7.4에 그린 세계선에 해당한다. 광선의 가능한 경로는 물결선으로 표시되어 있다. (도판 12 참고)

다. 오른쪽에 있는 두 개의 검은 선($\mathfrak{I}^+$와 $\mathfrak{I}^-$)은 시간꼴 무한대로서, 펜로즈 다이어그램의 '진정한 경계'에 해당한다. 영역 II에 진입한 우주인은 좋건 싫건 공간의 흐름을 따라 내부지평선을 통과할 수밖에 없다. 그래서 내부지평선을 주황색으로 그려 넣은 것이다. 물론 모든 지평선은 45도 각도로 기울어져 있다. 여기까지는 이전과 다른 점이 별로 없어 보인다. 자, 지금부터가 시작이다. 상단에 그려 넣은 수직 물결선은 영역 III 안에 있는 특이점을 나타내는데, 슈바르츠실트 블랙홀처럼 수평선이 아니라 수직으로 서 있다. 커 블랙홀의 특이점은 공간꼴이 아닌 시간꼴 특이점이어서, 우주인이 볼 수 있기 때문이다(특이점에서 출발한 빛은 45도 선을 따라가므로, 우주인의 세계선에 도달할 수 있다). 이것은 슈바르츠실트 블랙홀의 공간꼴 특이점과 확연하게 다르다. 공간꼴 특이점은 펜로즈 다이어그램에서 수평선으로 나타나기 때문에 아무도 볼 수 없다.

6장에서 펜로즈 다이어그램을 유심히 본 독자라면, 그림 7.4가 전부가 아님을 눈치챘을 것이다. 블랙홀 내부에 있는 두 개의 위쪽 대각선은 특이점이 아닌 지평선이어서, 무한대에 놓여 있지 않다. 앞에서 슈바르츠실트 블랙홀을 분석할 때도 이와 비슷한 상황에 직면하여 시공간을 확장하고 '아인슈타인-로젠 다리'를 도입했는데, 이 처방전은 커 블랙홀에도 써먹을 수 있다. 모든 세계선이 무한대나 특이점에서 끝나도록 만들려면 그림 7.4를 더 큰 규모로 확장해야 한다. 그 결과 중 일부가 그림 7.5에 제시되어 있는데, 생긴 모습이 꽤 충격적이다. 우리는 블랙홀의 사건지평선 내부에 무한히 큰 공간이 존재할 수 있음을 알고 있지만, 최대로 확장된 슈바르츠실트 시공간에서는 웜홀을 통해 연결되는 무한우주 하나를 추가하는 것으로 충분했다. 그러나 영구적인 커 블랙홀의 내부에는 러시아의 마트료시카 인형처럼 무한히 큰 공간이 무한개 존재한다. 그러므로 펜로즈 다이어그램을 제대로 그리려면 무한히 큰 종이가 필요하다. 바로 이 '커의 원더랜드'는 그림 7.4를 확장하고 일반상대성이론의 타당성을 유지하는 독특하고도 유일한 방법이다.

그림 7.5를 보는 순간, 당장 이런 의문이 들 것이다. "이 작자가 대체 뭘 그린 거야?" 사실 알고 보면 별거 아니다. 굳이 제목을 붙이자면 "우주의 무한한 탑(의 일부)"쯤 될 텐데, 여기에는 영구 커 블랙홀 안에 숨겨진 무한공간과 무한시간이 들어 있으며, 흥미진진한 이야기가 특이점을 만나 갑자기 끝나버리는 불상사도 피할 수 있다. 이 복잡한 그림에서 이야기가 어떻게 전개되는지 알아보기 위해, 블랙홀 내부로 뛰어든 우주인의 여정을 따라가보자.

우리의 우주인은 다이어그램의 아래쪽에 있는 영역 I에서 출발했다. 이곳은 외부지평선 바깥의 무한한 시공간이다. 앞으로 이곳을 "우리의 우주"라 부르기로 하자. 그녀(용감한 우주인은 여자였다!)는 외부지평선을 통과한 후 영역 II로 진입하여 외부지평선과 내부지평선 사이에 놓였다. 슈바르츠실트 블랙홀에서 그랬던 것처럼, 그녀는 우리의 우주(영역 I)에서 날아온 신호뿐만 아니라, 다른 우주(또 하나의 영역 I)에서 날아온 신호도 수신할 수 있다(그림 7.5에는 이 신호가 물결선으로 표시되어 있다). 그녀는 다른 우주에서 외부지평선을 넘어온 우주인과 마주칠 수 있지만, 영역 II에는 특이점이 존재하지 않으므로 시간의 끝을 향해 대책 없이 끌려가는 불상사는 일어나지 않는다. 대신 그녀는 내부지평선을 넘어 영역 III로 진입해야 한다. 그림에서 고리 모양 특이점은 수직 방향 물결선으로 표시되어 있는데, 그녀가 마음만 먹으면 얼마든지 피해 갈 수 있다. 자, 재미있는 부분은 지금부터다!

영역 III으로 들어간 그녀는 특이점을 피하기로 결심하고 두 번째 영역 II로 진입했다. 이곳은 지평선으로 에워싸여 있는데, 그중 하나는 블랙홀이 아닌 화이트홀의 지평선이다. 이 경계선을 통과하면 또 다른 영역 I(왼쪽 I), 즉 다른 우주로 갈 수 있다. "새로운 우주로 가서 새로운 별과 은하를 감상해볼까?" 그녀는 잠시 망설이다가 굳이 그럴 필요가 없다고 결론지었다. 새로운 우주에서 외부지평선을 넘으면 어차피 또 다른 커 블랙홀로 진입할 테니, 굳이 돌아갈 필요가 없다고 생각한 것이다. 두 번째 블랙홀로 들어간 후에는 세 번째 블랙홀로 진입할 때까지 똑같은 이야기가 반복된다. 이런 식으로 여행을 계속하다가 그림 7.5의 제일 꼭대기 영역 III으로 들어간 그녀는 더 이상의 반복을 그만두고, 용감하게도 특이점과 맞서기로 했다. 그런데 고리형 특이점을 통과하니 무한히 큰 탑처럼 나열된 또 다른 우주가 모습을 드러낸다. 잠깐, 이 우주는 전에 겪었던 우주와 사뭇 다르다. 이 시공간에서 중력은 인력이 아닌 척력으로 작용한다.• 그렇다. 말로만 듣던 반중력 우주로 진입한 것이다. 그녀는 고리형 특이점을 선회하여 되돌아갈 수도 있고, 특이점으로 들어가기 전에 빠져나올 수도 있

• 펜로즈 다이어그램만으로는 우주인이 영역 III에서 어떤 일을 겪을지 알 수 없지만, 중력의 방향이 바뀐다는 것은 방정식으로부터 유도된 결과다.

다. 이런 여행이 가능한 이유는 영역 III에서 고리 모양으로 선회하여 동일한 지점으로 되돌아오는 세계선을 그릴 수 있기 때문이다. 그림 7.5에 제시된 펜로즈 다이어그램에는 차원 하나가 생략되어 있어서 이런 세계선을 그릴 수 없지만, 공간을 3차원으로 확장하면 얼마든지 가능하다. 물리학자들은 이런 경로를 '닫힌 시간꼴 곡선closed timelike curve'이라 부른다. 시공간에서 당신이 태어나기 전날 출발해서 (당신의 시계로) 몇 년이 지난 후, 태어나기 전날로 다시 돌아온다고 상상해 보라. 이것이 바로 시간여행 아닌가? 놀랍게도 이런 여행은 영역 III의 시공간 기하학에 위배되지 않는다. 그러니까 커 블랙홀은 일종의 타임머신인 셈이다(이 사실을 처음 알아낸 브랜던 카터의 이름을 따서 '카터 타임머신'으로 불리기도 한다).

자, 드디어 타임머신이 등장했다. SF 영화라면 이보다 신나는 소재가 없다. 그러나 물리학에서는 뚜껑 열린 판도라의 상자처럼 온갖 문제가 발생한다. 우리의 우주인이 엉뚱한 마음을 먹고 자신이 태어나는 것을 막기로 결심했다면 어떻게 될까? 역설처럼 들리지만, 그녀에게 자유의지가 없다면 딱히 문제될 것도 없다. 우리의 우주는 시간여행이 가능하면서도 모든 것이 논리적으로 타당하도록 만들어질 수 있다. 자신이 태어나는 것을 막는 역설적 행위를 원천적으로 봉쇄하는 물리법칙이 따로 존재할지도 모른다. 물리학자인 내가 자유의지에 대해 왈가왈부할 처지는 아니지만, 시공간의 가능성을 논하는 것은 전혀 다른 문제다. 이론물리학자라면 다음 질문을 놓고 고민하지 않을 수 없다. "우주에는 닫힌 시간꼴 곡선을 허용하는 시공간이 존재할 것인가?"

스티븐 호킹은 킵 손의 60회 생일을 기념하는 논문집에 다음과 같은 글을 남겼다(생일 기념 논문집은 아주 유명한 학자들만 낼 수 있다).

이 글의 주제는 시간여행이다. 킵 손은 나이가 들면서 시간여행에 관심을 갖기 시작했다……. 물론 시간여행은 결코 만만한 주제가 아니며, 개인적인 추론을 공개하는 것은 더욱 부담스럽다. 만일 한 언론사에서 "정부가 시간여행에 환장한 학자에게 거액의 연구비를 지원해왔다"라고 보도한다면, 대중들은 국고를 낭비한다며 온갖 비난을 퍼부을 것이다. 그래서 물리학자들 중 이런 연구를 밀어붙일 정도로 무모한 사람은 극소수에 불과하다. 그럼에도 불구하고 연구 의욕을 잠재울 수 없는 사람들은 '닫힌 시간꼴 곡선'이라는 암호를 써가며 은밀하게 시간여행을 연구하고 있다.[1]

호킹은 "자연에는 거시적 물체의 시간여행을 방지하는 물리법칙이 존재한다"라는 역사보호가설Chronology Protection Conjecture을 제안했다. "그런 일이 일어나면 곤란하기 때문에 일어나면 안 된다"라는 논리다. 여기서 거시적 물체란 원자나 소립자보다 훨씬 큰 일상적인 물체(예를 들어, 우주인)를 의미한다. 호킹의 가설이 맞으려면 자연에는 "최대로 확장된 커 블랙홀"이 존재하지 않아야 한다. 대부분의 물리학자들은 이 가설을 믿고 있는데, 여기에는 두 가지 이유가 있다. 첫째, 앞서 언급한 대로 블랙홀은 붕괴된 물질로 만들어지는데, (이 내용은 다음 장에서 다시 거론될 것이다) 이 물질이 블랙홀의 사건지평선 안에 있는 시공간을 변화시켜서 다른 우주로 가는 입구를 효과적으로 차단해줄지도 모른다. 최대로 확장된 슈바르츠실트 및 커의 해는 아인슈타인 방정식(영구 블랙홀)의 진공해(진공상태라는 가정하에 얻은 해)인데, 이런 블랙홀은 지금까지 단 한 번도 발견되지 않았다.

물리학자들이 커의 원더랜드가 존재하지 않는다고 믿는 두 번째 이유는 그림 7.5에 나와 있다. 그림 중간에 있는 짧은 녹색 곡선은 영역 Ⅰ 우주 중 하나에서 유별난 짓을 하지 않고 시간꼴 미래 무한대를 향해 얌전하게 나아가는 누군가(A라 하자)의 세계선이다. A는 블랙홀에 진입한 우리의 우주인에게 일정한 간격으로 신호를 보내고 있는데, 3장에서 보았듯이 마름모의 위 꼭짓점에는 무한대의 시간이 압축되어 있다. 이는 곧 A의 신호가 마름모의 위쪽 모서리에 집중되어 내부지평선을 따라 블랙홀로 진입한다는 뜻이다. 그리고 신호가 집중된다는 것은 "무한대의 에너지가 흐른다"라는 뜻이므로(이 신호 중 하나가 보라색 물결선으로 표시되어 있다), 이들이 특이점 형성에 기여하면서 영역 Ⅲ으로 가는 길을 봉쇄한다. 내부지평선은 우주인이 A의 신호를 수신하는 마지막 순간을 나타내지만, 사실 그녀는 모든 신호를 받을 수 있다.[2] 우주인의 세계선은 특이점에서 끝나므로• 고리형 특이점이나 타임머신, 또는 무한 탑 우주로 확장할 필요가 없으며, 어차피 가능하지도 않다.

• 슈바르츠실트 블랙홀에서 보았던 공간꼴 특이점과 비슷하다.

빠르게 자전하는 블랙홀 ─────────

고리형 특이점의 반지름(*J*/*c*)이 슈바르츠실트 반지름의 절반보다 크면 펜로즈 다이어그램은 더 이상 커의 원더랜드(그림 7.5)처럼 되지 않는다. 이런 경우에는 시공간이 훨씬 단순해지면서, 그림 7.6과 같은 노출형 특이점naked singularity이 모습을 드러낸다.

그림에서 보다시피 사건지평선은 사라지고 고리형 특이점(물결선)만 남았다. 이 특이점은 "중력이 인력이 아닌 척력으로 작용하는 무한공간"으로 들어가는 관문이며, 사건지평선이 없으므로 주변 우주에 안전을 보장하지 못한다. 이쯤 되면 물리학자들에게 거의 저주나 다름없다. 이것이 어찌나 마음에 걸렸는지, 로저 펜로즈 같은 최고의 석학조차 "빅뱅의 순간을 제외하고, 우주에는 노출형 특이점이 존재하지 않는다"라는 우주검열가설cosmic censorship conjecture을 주장할

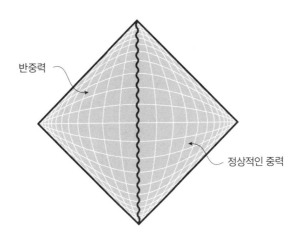

그림 7.6 빠르게 자전하는 블랙홀(고속자전 블랙홀)을 표현한 펜로즈 다이어그램.

정도였다. 노출형 특이점이 존재하면 시공간은 졸지에 무지無知로 가득 차고, 우주 전체가 비결정론을 따르는 아수라장이 된다. 과거를 제 아무리 완벽하게 알고 있어도 미래를 예측할 수 없게 되는 것이다. 그 이유를 이해하기 위해, 그림 7.6의 시공간에서 일어나는 임의의 사건을 상상해보자. 특이점에서 방출된 빛이 사건지평선의 방해를 받지 않고 이곳에 도달할 수 있으니, 모든 사건은 특이점의 영향권 안에 들어 있는 셈이다. 그런데 특이점은 기존의 물리법칙이 전혀 먹혀들지 않는 곳이므로, 시공간에서 일어나는 모든 사건은 특이점의 영향을 받아 예측 자체가 불가능해진다. 미래 예측으로 먹고사는 물리학자에게 이보다 끔찍한 악몽은 없다. 하지만 어쩌겠는가? 자연이 "물리학자의 삶을 편안하게 만들어주겠다"고 약속한 적은 없지 않은가?

1991년에 킵 손, 존 프레스킬, 스티븐 호킹은 "과연 물리법칙은 노출형 특이점의 존재를 금지할 것인가?"라는 문제를 놓고 내기를 걸었다. 호킹은 어떤 상황에서도 노출형 특이점이 존재하지 않는다는 쪽에 걸었는데, 학계의 중론은 그 반대쪽으로 기우는 분위기였다. 결국 호킹은 1997년에 "부수적인 이유 때문on a technicality"이라는 전제하에 자신의 패배를 인정했고, 이들의 일화는 뉴욕타임스 1면을 장식했다. 호킹이 '부수적 이유'라고 단서를 단 이유는 노출형 특이점이 존재하지 않는 이유가 이론적으로 증명된 것이 아니라, 컴퓨터 시뮬레이션이라는 인위적 과정을 통해 확인되었기 때문이다. 시뮬레이션에 사용된 모형에는 물리법칙을 넘어선 요소가 전혀 없었지만, 호킹을 단념시키기에는 살짝 역부족이었다. 그래서 세 사람은 문제를 다음과 같이 조금 바꿔서 2차 배팅에 들어갔다.

중력붕괴를 제어할 수 있을 정도로 최첨단 과학 문명을 보유한 종족이 장난을 치지 않는 한, 우리 우주에서는 노출형 특이점이 자연적으로 생성되지 않는다.

그래도 1차 배팅에서 패배를 인정할 수밖에 없었던 호킹은 내기에 진 대가로 킵 손과 프레스킬에게 "벌거벗은 승자의 몸을 가려주기 위해to cover the winner's nakedness"라는 문구가 새겨진 티셔츠를 선물했다. 그러나 킵 손은 "패자의 공손함이 결여되어 있다"라며 끝까지 티셔츠를 입지 않았다고 한다.

커 블랙홀에 노출형 특이점이 생성되지 않으려면 자전 속도가 느려야 한다. 그렇다면 대체 무엇이 블랙홀의 스핀을 억제한다는 말인가? 블랙홀이 초기에 느린 자전으로 출발했다가 점점 빨라져서 결국 노출형 특이점이 생성되는 시나리오는 쉽게 상상할 수 있다. 예를 들어 자전하는 공(현실적으로는 자전하는 별)이 블랙홀의 자전 방향에 맞춰서 유입되면 자전 속도가 더욱 빨라질 수도 있다. 그렇다면 이런 사건이 연속적으로 일어나서 블랙홀의 자전 속도가 임계치를 넘을 수도 있지 않을까? 그럴듯한 추측이다. 다행히도 이 가설은 일반상대성이론의 범주 안에서 검증 가능하다. 그런데 물리학자들이 구체적으로 계산을 해보니, 다행히도 블랙홀은 자전하는 물체를 밀어내는 것으로 밝혀졌다. 이 '스핀-스핀 상호작용'은 일반상대성이론으로 우주 검열가설의 입증을 시도한 대표적 사례다. 자연적으로 형성된 블랙홀의 특이점은 항상 사건지평선 뒤에 숨어 있는 것 같다.

그렇다. 자연은 웜홀과 로이 커 원더랜드의 존재를 허용하지 않는다. 살짝 김이 빠지는 것 같지만 실망하기엔 아직 이르다. 굳이 이런 것을 거론하지 않아도 일반상대성이론은 정말 놀랍고 다양한 시공간을 허용하고 있다. 그런데 이론에서 예측된 것이 실제로 존재한다고 장담할 수 있을까? 직접적인 증거는 아직 찾지 못했지만, "No!"라고 외칠 만한 증거도 없다.

다시 작용권으로 ───────

커 블랙홀 내부의 기하학적 특성은 (블랙홀의 모태인) 붕괴되는 별에서 추락하는 물질에 의해 제거될 수 있지만, 작용권으로 가면 이야기가 달라진다. 자전하는 블랙홀은 실제로 존재하며, 그 일대의 시공간은 '커의 해'로 서술된다. 작용권은 외부지평선 바깥에 있는 영역으로, 자전하는 블랙홀의 영향권 안에 있어서 공간의 흐름에 휩쓸리지 않을 수 없다. 앞서 말한 대로 작용권 안에서는 시간과 공간의 역할이 뒤바뀌지만(그림 7.3 참조) 탈출은 가능하다. 그런데 시간과 공간이 뒤바뀌면 어떤 효과가 나타날 것인가? 이 질문의 답을 최초로 간파한 사람은 로저 펜로즈였다. 시간과 공간이 뒤바뀌면 자전하는 블랙홀에서 에너지를 추출할 수 있는데, 기본 아이디어는 그림 7.7에 나와 있다.

바깥 우주에서 자전하는 블랙홀을 향해 던져진 물체가 작용권에 진입한 후 두 조각으로 분리되었다고 가정해보자. 그중 한 조각은 블랙홀로 빨려 들어가고, 나머지 조각은 다시 밖으로 탈출했다. 작용권은 사건지평선 바깥에 있으므로 얼마든지 가능한 일이다. 여기서 놀

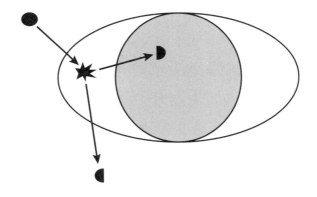

그림 7.7 펜로즈 과정.

라운 것은 밖으로 탈출한 조각이 원래 물체가 갖고 있던 것보다 많은 에너지를 가질 수 있다는 점이다. 이런 마술 같은 일이 어떻게 일어날 수 있을까?

바깥에 있는 관측자의 관점에서 볼 때, 작용권 내부의 물체는 음 陰의 에너지를 가질 수 있다. 블랙홀 외부에 있는 물체의 에너지는 항상 양수이지만, 작용권 안에서는 음에너지가 허용된다.* 왜 그런가? 작용권에서는 시간과 공간의 역할이 뒤바뀌는데, 에너지와 운동량이 시간 및 공간과 밀접하게 연관되어 있기 때문이다.

시간과 공간, 그리고 에너지와 운동량의 상호관계를 이해하려면 1918년으로 되돌아가서 아말리에 에미 뇌터Amalie Emmy Noether라는 독일의 수학자부터 알아야 한다. 아인슈타인의 표현을 빌리자면 그

• 여기서 말하는 에너지와 시간은 블랙홀에서 멀리 떨어져 있는 관측자의 관점에서 정 의된 것이다.

녀는 "여성 고등교육이 시작된 이래로 지금까지 배출된 학자 중 가장 창의적이고 진취적인 수학 천재"였다. 뇌터의 업적 중 가장 중요한 것은 에너지 보존법칙이 "물리법칙에 시간 변환에 대한 불변성을 요구했을 때 자연스럽게 유도되는 결과"임을 밝힌 것이다. 여기서 전문용어를 제거하고 다시 쓰면 "물리 실험을 월요일에 하건 수요일에 하건, 결과는 같아야 한다"는 뜻이다(단, 모든 실험 조건이 똑같아야 한다). 운동량 보존법칙도 마찬가지다. 물체의 운동량이 보존되는 이유는 공간상에서 위치를 바꿔도 물리법칙이 변하지 않기 때문이다. 즉, 동일한 실험은 장소를 바꿔도 똑같은 결과가 얻어져야 한다(역시 모든 실험 조건이 똑같아야 한다). 그런데 작용권에서는 시간과 공간의 역할이 뒤바뀐다고 했으므로, 이곳에서는 에너지와 운동량도 뒤바뀔 것이다. 블랙홀 바깥의 일상적인 우주에서 운동량은 양수일 수도 있고 음수일 수도 있다. 모든 물체는 좌우로(또는 전후로, 또는 상하로) 움직일 수 있기 때문이다. 그러므로 작용권 안에서는 운동량 대신 에너지가 양수일 수도, 음수일 수도 있다.

블랙홀을 향해 추락하는 물체가 작용권에 진입한 후 두 조각으로 분리되었는데, 그중 음에너지를 가진 조각이 블랙홀로 유입되면 블랙홀의 에너지는 감소할 것이다. 그런데 총에너지는 항상 보존되어야 하므로, 작용권 밖으로 탈출한 조각의 에너지는 처음에 작용권으로 진입할 때 갖고 있었던 에너지보다 커야 한다.

찰스 마이스너와 킵 손, 존 휠러는 블랙홀 주변에 거주하는 선진 문명이 펜로즈 과정Penrose process을 이용하여 쓰레기를 처리하고, 이로부터 에너지를 얻는 기발한 방법을 제안했다(그림 7.8 참조). 블랙홀

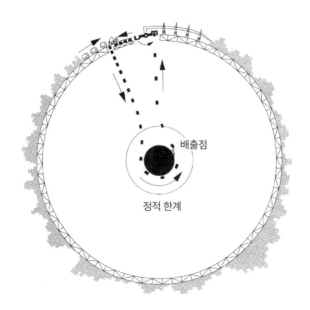

배출점

정적 한계

그림 7.8 블랙홀을 이용한 채광시스템. 마이스너, 손, 휠러의 공동 저서 《중력》(1973)에서 가져옴.

을 폐기장으로 활용했으니 부작용이 있을 리 없고, 이 과정에서 에너지까지 생산할 수 있으니 궁극의 녹색에너지라 할 만하다.

지금까지 꽤 많은 페이지를 할애해가며 작용권을 길게 설명한 이유는 중요한 결과가 기다리고 있기 때문이다. 사건지평선의 면적은 펜로즈 과정(블랙홀에 물체가 진입한 후 쪼개지고, 그중 한 조각이 탈출했을 때 물체의 에너지가 오히려 증가하는 과정)이 진행될 때마다 넓어지는 것으로 밝혀졌다. 자전하는 블랙홀은 펜로즈 과정을 통해 질량이 감소하는데• 사건지평선의 면적이 증가한다니, 언뜻 이해가 가지 않는

• 에너지와 질량은 $E=mc^2$을 통해 호환 가능한 양이다.—옮긴이

다. 직관적으로 생각하면 사건지평선의 면적도 줄어들어야 할 것 같
다. 그러나 지금 우리가 고려하는 것은 얌전한 블랙홀이 아니라 "자전
하는 블랙홀"이다. 이런 경우에는 질량이 감소하더라도 자전 속도까
지 함께 감소하면 사건지평선의 면적이 증가할 수 있다. 일반상대성이
론의 방정식을 이용하면 "펜로즈 과정이 진행될 때 블랙홀의 스핀은
외부지평선의 면적이 항상 증가할 정도로 충분히 감소한다"라는 결
과가 얻어진다. 게다가 면적이 항상 증가하는 것은 펜로즈 과정에만
국한된 현상이 아니다. 1971년에 스티븐 호킹은 일반상대성이론에
의거하여 "블랙홀 지평선의 면적은 어떤 경우에도 항상 증가한다"라
는 사실을 증명했는데,● 이것은 블랙홀과 열역학이 만난 역사적 사건
이었다.

이 중요한 문제들을 다루기 전에, 잠시 이론에서 한걸음 뒤로 물
러나 우주에 존재하는 '실제 블랙홀'이 우리의 예측과 얼마나 정확하
게 맞아떨어지는지 알아보기로 하자.

● 양자역학을 고려하면 감소할 때도 있다.

8장

별의 수축으로 생성된 실제 블랙홀

> 뉴질랜드의 수학자 로이 커는 우리 우주에 수많은 블랙홀이
> 존재한다는 사실을 일반상대성이론의 방정식으로부터 완벽하게 증명했다.
> 이것은 내가 지난 45년 동안 과학자로 살아오면서 겪은 일 중
> 가장 충격적인 사건이다. 순전히 수학적 아름다움을 추구하던 와중에
> 발견된 무언가가 우주에 정말로 존재한다니, 온몸에 전율이 느껴진다.
> 이것은 인간의 마음속 깊은 곳에서 가장 민감하게 반응하는 대상이
> '아름다움'임을 보여주는 명백한 증거다.
> _수브라마니안 찬드라세카르[1]

지금까지 우리가 다뤘던 블랙홀은 일반상대성이론의 수학 나라
에 거주하는 이상적인 블랙홀이었다. 이 놀라운 천체는 20세기 초부
터 세간에 알려지기 시작했으나, 아인슈타인을 비롯한 대부분의 물
리학자들은 블랙홀의 존재를 믿지 않았다. "이론적으로 가능하다고
해서 현실 세계에 존재한다는 보장은 없다"라고 생각했기 때문이다.
블랙홀이 수학 나라가 아닌 현실 세계에 존재하려면, 수학방정식이
아닌 자연 자체가 그것을 만들어야 한다. 이 장의 주제는 별이 붕괴되
면서 만들어진 실제 블랙홀이다. 슈바르츠실트와 로이 커가 구했던

일반상대성이론 방정식의 해는 실제 우주에서도 엄청나게 중요하다. 왜냐하면 이들은 모든 블랙홀의 외부 시공간을 서술하는 유일한 해이기 때문이다. 물리학의 어떤 분야를 뒤져봐도, 붕괴되는 별처럼 복잡한 대상이 이토록 단순하고 정교한 물리적 객체로 축소된 사례는 찾아보기 힘들다. 슈바르츠실트의 해는 단 하나의 숫자(질량)에 의해 결정되고, 커의 해는 여기에 두 번째 숫자(스핀)가 추가된다. 이 두 개의 숫자만 알면 실제 블랙홀 근방의 중력지형도를 정확하게 계산할 수 있다. 정말로 놀랍지 않은가? 무엇이 수축해서 블랙홀이 되었는지, 또는 어떤 물체가 어떻게 떨어졌는지는 중요하지 않다는 이야기다. 블랙홀이 어떤 과정을 거쳐 어떻게 생성되었건, 사건지평선 바깥에 남는 것은 단순하고도 완벽한 시공간뿐이다. 찬드라세카르가 이장의 서두에 인용한 글을 쓰게 된 것도 블랙홀만이 갖고 있는 단순함의 미학에 깊은 감명을 받았기 때문이다. 그의 글은 다음과 같이 계속된다.

> 천연 블랙홀은 우주에 존재하는 가장 완벽한 거시적 물체다……. 또한 일반상대성이론은 블랙홀에 대하여 단 하나의 해 집합만을 제공하고 있으므로, 블랙홀은 가장 단순한 대상이기도 하다.

존 휠러는 그의 주특기를 살려 더욱 간결하게 표현했다. "블랙홀에는 머리카락이 없다Black holes have no hair." 그는 〈지온과 블랙홀, 그리고 양자거품Geons, Black Holes and Quantum Foam〉이라는 제목의 연구 논문집에서 리처드 파인먼Richard Feynman과 나눴던 대화를 다음과 같이 회고했다.

나는 블랙홀의 특성을 가능한 한 짧게 요약해서 "블랙홀에는 머리카락이 없다"라고 했다. 그런데 파인먼은 나와 사뭇 다른 생각을 하고 있었던 모양이다. 나는 "대머리들만 모여 있으면 머리카락의 길이나 스타일, 색상 등으로 사람을 구별할 수 없다"라는 생각에서 그런 비유를 떠올렸는데, 파인먼은 "별로 적절한 표현이 아닌 것 같다"며 시큰둥한 반응을 보였다(정작 대머리인 사람은 파인먼이 아니라 휠러였다). 블랙홀의 외관상 차이는 질량과 전기전하, 스핀뿐이다(전하와 스핀은 0일 수도 있다). 대부분의 물체는 구별할 수 있는 특징이 여러 개 있는데, 블랙홀은 달랑 이세 가지뿐이다……. 최고의 미용사를 갖다 붙여도 블랙홀의 개성을 살릴 수 없다. 블랙홀은 죄다 대머리이기 때문이다.

블랙홀을 구별하는 수단이 질량, 전하, 스핀뿐이라는 것은 1960년대 말~1970년대 초에 발표된 일련의 논문을 통해 확고한 사실로 자리 잡았다. 일반상대성이론에 의하면 블랙홀은 한번 형성되기만 하면 자신의 주변에 사건지평선을 방패처럼 둘러서 복잡다단한 속사정을 철저하게 은폐한다. 행성이나 별처럼 거대한 천체가 사건지평선 안으로 빨려 들어가도, 블랙홀은 "뭔 일 있었냐?"라는 듯 원래의 완벽한 모습으로 빠르게 되돌아간다. 이것은 1972년에 미국의 물리학자 리처드 프라이스Richard Price가 증명한 사실이다. 슈바르츠실트 블랙홀이 이런 일을 겪으면 사건지평선은 곧 완벽한 구형으로 되돌아가고, 추락하는 물체 때문에 발생한 모든 교란은 중력파를 방출하면서 잔잔해질 것이다. 결론적으로 말해서, 우주에 존재하는 모든 블랙홀의 외부 시공간은 슈바르츠실트 타입이거나 로이 커 타입이다.•

　그렇다면 붕괴하는 별에서는 실제로 어떤 일이 일어나고 있을까? 고밀도 물질 덩어리가 안으로 떨어지면서 사건지평선이 형성되고, 이들이 시공간의 특이점으로 사라지는 게 정말로 가능한 일인가? 만일 그렇다면 붕괴하는 별은 이런 과정을 필연적으로 거칠 수밖에 없는가? 이 질문에 처음으로 답을 제시한 사람은 로버트 오펜하이머와 하틀랜드 스나이더였다. 두 사람은 1939년에 특별한 가정하에 별이 붕괴되어 블랙홀이 될 수 있음을 보여주었는데, 논리의 출발점은 "압력이 없으면서 완벽한 구면대칭을 가진 구형球形 물질"이었다. 독자들은 이렇게 반문할지도 모른다. "별의 내부는 압력이 0일 수 없고 붕괴하는 물질은 완벽한 구형이 아닐 텐데, 어떻게 그런 가정을 내세울 수 있는가?" 일리 있는 반론이다. 오펜하이머와 스나이더가 "블랙홀은 자연적으로 형성될 수 있다"라는 결론에 도달한 것도 '완벽한 구면대칭'이라는 가정과 무관하지 않을 것이다. 모든 것이 구의 중앙에 있는 하나의 점으로 집중된다면, 이상한 일이 일어나지 않는 것이 오히려 더 이상하다. 좀 더 현실적으로 생각해보면, 별의 복잡한 구조가 소용돌이치는 물질에 휘말려서 '특이점이 없는 붕괴'로 이어질 것 같다. 그래서 여러 해 동안 주류 물리학자들은 "블랙홀은 붕괴되는 별에서 만들

• 블랙홀은 전기전하를 가질 수 있지만, 천체물리학적 블랙홀은 전기적으로 중성이다.

어지지 않는다"라는 관점을 고수했다.

그러나 1965년 1월에 로저 펜로즈의 획기적인 논문이 발표되면서, 블랙홀에 관한 논쟁은 새로운 국면을 맞이하게 된다. 그는 특정 조건이 충족되면 붕괴의 복잡한 역학과 상관없이 블랙홀이 생성된다고 주장했다.[•]

펜로즈는 "빛조차 빠져나올 수 없을 정도로 물질이 과도하게 압축되면 시공간에 특이점이 생성될 수밖에 없다"라는 것을 수학적으로 증명했다. 그림 8.1은 펜로즈의 논문에 수록된 다이어그램인데(펜로즈가 직접 그렸다), 별이 붕괴되어 블랙홀로 변하는 과정이 일목요연하게 정리되어 있다. 이 그림에서 시간(별에서 멀리 떨어진 곳에 있는 관측자가 측정한 시간. 그림에는 '외부 관측자'로 표기되어 있다)은 아래에서 위로 흐르고, 공간은 2차원으로 축약되어 있다. 그러므로 별의 표면은 다이어그램을 수평으로 잘랐을 때 생기는 '원'에 대응된다. 예를 들어 C^3로 표기된 다이어그램의 바닥면에서 별의 표면은 검은색 원에 대응되고, 그 안에 점선으로 그린 원은 수축되는 별의 슈바르츠실트 반지름을 나타낸다(앞서 말한 대로 태양의 슈바르츠실트 반지름은 약 3킬로미터다).[••] 별이 겪는 복잡한 물리적 과정은 굵은 선으로 그린 원의 내부에서 진행된다. 그러므로 별이 슈바르츠실트 반지름보다 작은 사이즈로 붕괴되면, 그 안에서 일어나는 세부 사항은 전혀 중요하지 않다. 이것이 바로 펜로즈 이론의 최대 장점이다.

- 1963년에 립시츠Lifshitz와 칼라트니코프Khalatnikov는 특이점 불가론을 주장했다가, 벨린스키Belinskii와 공동 연구를 수행한 후 1970년에 불가론을 철회했다.

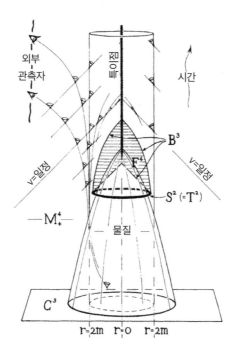

그림 8.1 붕괴되는 별에 대한 펜로즈 다이어그램. 로저 펜로즈의 1965년 논문 〈중력붕괴와 시공간의 특이점〉에 수록된 그림.

다이어그램의 아래에서 출발하여 위로 올라가면 별의 붕괴과정을 따라갈 수 있다. 도중에 만나는 모든 수평 단면은 해당 시간의 공간을 나타낸다. 시간이 흐를수록 별의 표면에 해당하는 원(S^2)은 점점 작아지고, 이 원은 원뿔 모양 궤적을 그리게 된다. 원뿔의 내부는 붕괴되는 별의 내부여서 '물질'이라는 꼬리표가 달려 있다. 수직 방향

●● 그림 8.1에서 슈바르츠실트 반지름은 $r=2m$이고, m은 별의 질량이다. 질량과 거리의 단위가 같은 이유는 중력상수 G와 광속 c가 동일한 값을 갖는 단위를 사용했기 때문이다. 즉, $G=c=1$이다.

으로 그린 점선은 슈바르츠실트 반지름을 나타내는데, 블랙홀이 형성되면 점선은 실선으로 바뀌면서 드디어 이름값을 하기 시작한다. 이 다이어그램은 1965년에 펜로즈가 발표한 논문에 실린 것이어서 자잘한 세부 사항이 다수 포함되어 있는데, 우리에게 중요한 것은 광원뿔light cone이다. 별의 반지름이 슈바르츠실트 반지름보다 작아지면 별 내부의 모든 광원뿔은 특이점을 향한다. 따라서 외부 관측자는 별이 사건지평선 안으로 붕괴되는 모습을 절대로 볼 수 없다. 외부 관측자의 눈에는 별의 크기가 사건지평선에 가까워질수록 수축 속도가 점점 느려지는 것처럼 보인다. 그리고 사건지평선 안에 있는 관측자는 특이점이 자신의 미래에 놓여 있어서, 무슨 짓을 해도 피해 갈 수 없다는 것을 쉽게 알 수 있다. 블랙홀의 내부에서 특이점은 공간 속의 한 지점이 아니라, "시간 속의 한 순간"이기 때문이다.

펜로즈는 스핀=0인(즉, 자전하지 않는) 슈바르츠실트 블랙홀을 그렸지만, 그의 정리는 더욱 일반적이어서 커 블랙홀을 비롯한 모든 붕괴되는 물질에 적용할 수 있다. 특히 펜로즈의 정리는 특이점에 도달하기 전에 형성되는 원(S^2)에서 어떤 일이 일어나는지 설명해준다. 흔히 '갇힌 표면trapped surface'으로 알려진 이 가상의 표면은 펜로즈의 논리에서 가장 중요한 부분이다. 왜냐하면 그는 시공간에 갇힌 표면이 포함되면 빛이 영원히 진행할 수 없다는 것을 증명했기 때문이다. 갇힌 표면이 대체 무엇이길래, 빛의 진행을 방해한다는 것일까?

기본 아이디어는 그림 8.2에 함축되어 있다. 공간 속에 거품처럼 생긴 영역이 있고, 그 표면에서 빛이 방출된다고 가정해보자. 공간이 평평하다면 방출된 빛의 절반은 밖으로 향하고, 나머지 절반은 표면

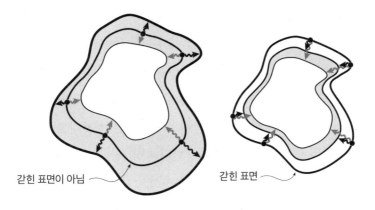

갇힌 표면이 아님

갇힌 표면

그림 8.2 갇힌 표면.

의 안쪽을 향해 나아갈 것이다. 이 상황은 그림 8.2의 왼쪽 그림과 같다. 편의상 그림에는 방출 지점을 다섯 개만 그려 넣었지만, 수천, 수만 개의 지점에서 빛이 방출된다고 상상할 것을 권한다. 검은 물결선은 밖으로 향하는 빛이고, 회색 물결선은 안으로 향하는 빛이다. 그리고 회색으로 칠한 영역은 안팎으로 진행하는 빛의 선단wave front|파동의 최첨단 끝|을 이어서 만든 영역을 나타낸다. 즉, 이 영역은 시간이 흐를수록 커진다. 그런데 어떤 물체도 빛보다 빠르게 이동할 수 없으므로, 빛이 방출될 때 거품 표면에 있었던 물질은 아무리 시간이 흘러도 회색 영역 안에 있어야 한다. 여기까지는 별문제 없다(부디 그렇기를 바란다).

갇힌 표면은 그림 8.2의 오른쪽 그림처럼 회색빛과 검은색 빛이 모두 안으로 향하는 경우에 발생한다. 빛이 어떻게 안쪽으로만 진행할 수 있냐고? 블랙홀의 사건지평선 안에서는 휘어진 시공간 때문에 이런 일이 일어날 수 있다. 그런데 빛이 닫힌 영역(거품)의 안쪽으로만 방출되면 당장 문제가 발생한다. 왜 그런가? 이전과 마찬가지로 모든 물체는 빛보다 느리기 때문에, 빛이 방출되는 순간에 표면에 있던 물체는 회색 영역 안에 있어야 한다. 그런데 문제는 영역 자체가 줄어들면서 무無를 향해 나아가고 있다는 점이다. 오른쪽 그림에 표시된 회색 영역은 펜로즈 다이어그램(그림 8.1)에서 빗금을 그려 넣은 영역 F^4에 해당한다.

독자들은 이렇게 생각할지도 모른다. "갇힌 표면의 내부에 있는 물질은 어차피 압축되어 사라질 운명이니, 당연한 거 아닌가?" 아니다. 당연하지 않다. 이런 문제를 직관적으로 생각하면 틀린 결론에 도달하기 십상이다. 커 블랙홀에서 보았듯이, 물질은 웜홀을 통과하여 '반대편 우주'의 무한 시공간으로 퍼져나갈 수 있다. 펜로즈가 엄밀하게 증명한 것은 "블랙홀로 진입한 빛줄기 중 적어도 하나는 종착점에 도달한다"라는 것이었다. 그가 1965년 논문에 사용한 수학적 기법은 스티븐 호킹과 함께 개발한 것으로, 여기서 영감을 떠올린 물리학자들은 펜로즈의 정리를 빛줄기뿐만 아니라 입자에도 적용하여 다양한 버전의 특이점 정리singularity theorems를 줄줄이 발표했다. 또한 그들은 일반상대성이론의 범주 안에서 이 정리를 역방향으로 적용하여 과거의 우주에도 특이점이 존재했음을 증명했다. 이 책의 1장에서 인용한 아인슈타인의 표현을 빌려서 말하자면 "……이런 점에서 볼 때, 우주는 특이점에서 시작되었던 것 같다."

한마디 덧붙이자면, 특이점 정리만으로는 모든 상황에서 블랙홀이 형성된다고 장담할 수 없다. 특이점은 블랙홀의 전부가 아니다. 블랙홀이 이런 이름을 갖게 된 이유는 내부가 사건지평선이라는 장막으로 가려져 있기 때문이다. 그러나 앞서 살펴본 대로 빠르게 자전하는 커 블랙홀의 노출형 특이점은 사건지평선의 보호를 받지 못한다. 이런 가능성을 배제하기 위해 우주검열 같은 가설이 등장한 것이다 (7장 참조).

노출형 특이점은 차치하고 우주에 블랙홀이 존재하지 않는다고 주장하려면, 모든 물질이 갇힌 표면을 형성할 정도로 충분히 압축될 수 없음을 증명해야 한다. 하지만 그럴 가능성은 거의 없다. 찬드라세카르의 연구 결과에 의하면, 어떤 물리법칙도 거대한 별의 붕괴를 막을 수 없기 때문이다. 그래도 블랙홀 반대론자는 쉽게 포기하지 않는다. "천체물리학이나 자연에서 전혀 예상하지 못했던 의외의 힘이 작용하여 갇힌 표면이 형성되는 것을 막을 수도 있지 않은가? 기체가 소용돌이치거나 수축하던 별이 폭발해서 물질을 밖으로 날려보내면 블랙홀은 형성되지 않을 것이다!" 그럴듯한 반론이지만, 붕괴되는 모든 별이 이런 일을 겪을 가능성은 지극히 낮다. 그들 중 단 하나라도 예외가 있으면 블랙홀은 존재한다. 펜로즈의 정리는 수많은 별이 갇힌 표면을 형성할 정도로 충분히 가깝게 모여 있는 경우에 적용된다. 은하의 중심부가 대표적 사례. 이곳은 별의 밀집도가 다른 지역보다 압도적으로 높지만, 그래도 별들 사이의 거리가 충분히 멀어서 물질의 전체적인 평균 밀도는 별 하나의 밀도보다 훨씬 낮다. 기존의 물리학 이론으로 충분히 다룰 수 있다는 뜻이다. 여기에 펜로즈의 정리를 적용하면, "별은 반드시 붕괴될 수밖에 없다"는 결론이 얻어진다.

펜로즈와 호킹의 특이점 정리가 알려진 후로, 물리학자들은 완전히 다른 시각으로 별을 바라보게 되었다. 여기에 찬드라세카르의 연구 결과를 적용하면, 이 정리는 블랙홀의 존재를 증명하는 확실한 증거로 손색이 없다. 2020년에 노벨상 위원회는 "펜로즈의 정리 덕분에 전 세계의 물리학자들은 블랙홀이 일반상대성이론으로부터 필연적으로 예측된 결과임을 확신할 수 있었다"라고 했다. 물론 지금은 블랙홀의 존재를 증명하기 위해 이론적 정리에 매달릴 필요가 없다. 중력파 검출기를 이용하여 충돌하는 블랙홀을 간접적으로 관측할 수도 있고, 심지어 초대형 블랙홀의 증명사진을 찍을 수도 있게 되었기 때문이다.

현실적 블랙홀에 대한 펜로즈 다이어그램 ──────────

슈바르츠실트와 로이 커가 아인슈타인 방정식을 풀어서 얻은 웜홀과 원더랜드에 의하면, 펜로즈 다이어그램의 어딘가에 "다른 우주로 통하는 입구"가 존재할 수 있다. 그러나 별이 자체중력으로 붕괴되어 만들어진 블랙홀의 내부에는 이런 신비한 통로가 형성되지 않는다. 그렇다면 현실 세계에 존재하는 천체물리학적 블랙홀을 펜로즈 다이어그램으로 그린다면 과연 어떤 형태일까?

1923년에 미국의 수학자 조지 데이비드 버코프George David Birkhoff는 "회전하지 않는 구형 천체의 외부 시공간=슈바르츠실트 시공간"임을 증명했다. 이 등식은 현재 붕괴 중인 천체에도 똑같이 성립한다. 이 추가 정보를 이용하면 구형 물질이 자체적으로 붕괴하여 형

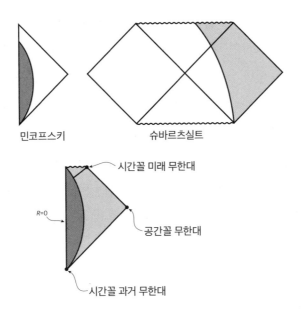

민코프스키 슈바르츠실트

시간꼴 미래 무한대

R=0

공간꼴 무한대

시간꼴 과거 무한대

그림 8.3 붕괴되는 구껍질에 대한 펜로즈 다이어그램(아래). 껍질의 내부는 민코프스키 시공간이고(짙은 회색), 외부는 슈바르츠실트 시공간이다(옅은 회색). (도판 13 참고)

성된 블랙홀과 그 주변 시공간에 대한 펜로즈 다이어그램을 그릴 수 있다.

　얇은 구형 껍질 물체(내부가 텅 빈 구체)가 붕괴되는 과정을 상상해보자. 물론 실제 별은 속이 꽉 차 있으므로 적절한 사례는 아니지만, 문제를 쉽게 풀기 위해 단순화한 것이다. 버코프의 계산에 의하면 껍질의 외부는 슈바르츠실트 시공간과 일치한다. 또한 껍질의 내부는 무중력 상태가 되는데, 이것은 250년 전에 뉴턴이 《프린키피아》에서 이미 증명한 사실이다. 그러므로 껍질 내부의 시공간은 평평하다. 펜로즈 다이어그램을 그리려면 껍질 안과 밖의 시공간을 부드럽게 이어붙여야 하는데, 이 과정은 그림 8.3에 나와 있다.

왼쪽 위 다이어그램(민코프스키)은 그림 3.10과 같은 평평한 시공간이다. 여기서 짙은 회색은 붕괴 중인 구껍질의 내부에 해당하고, 짙은 회색 영역의 경계를 표시한 검은 곡선은 구껍질이 시공간에 그리는 세계선을 나타낸다. 논리상의 편의를 위해, 이 구껍질이 무한히 먼 과거(삼각형의 아래 꼭짓점, 시간꼴 과거 무한대)에서 붕괴되기 시작하여 유한한 시간 안에 '반지름=0'으로 줄어든다고 가정하자. 짙은 회색으로 칠해진 영역은 무중력 상태이므로 이곳의 시공간은 민코프스키 시공간이고, 구껍질의 외부는 버코프의 정리에 의해 슈바르츠실트 시공간이 된다(오른쪽 위 다이어그램에서 옅은 회색으로 칠해진 영역). 여기서도 곡선은 붕괴되는 구껍질의 세계선을 나타내지만, 평평한 시공간이 아닌 슈바르츠실트 시공간에 그렸다는 점이 다르다. 이제 시공간의 완전한 다이어그램을 얻으려면 구껍질 안에 있는 민코프스키 시공간과 바깥에 있는 슈바르츠실트 시공간을 하나로 이어붙여야 하는데, 그 결과는 그림 8.3의 하단 그림과 같다.● 여기서 구껍질의 내부(짙은 회색)는 '평평하고 지루한' 민코프스키 시공간이다.

다이어그램에 웜홀이나 화이트홀이 없어서 조금 실망스럽긴 하지만, 슈바르츠실트 영구 블랙홀 내부에서 웜홀을 다룰 때 했던 것처럼 그림의 일부를 내장형 다이어그램으로 바꾸면, 붕괴되는 별에서 어떤 일이 일어나는지 머릿속에 그릴 수 있다. 그림 8.4는 붕괴되

● 엄밀히 말해서 이 논리는 사건지평선 바깥에만 적용된다. 그 안에서 일어나는 일은 추측만 할 수 있을 뿐이다.

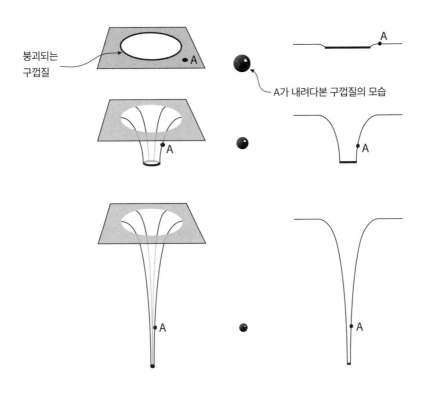

붕괴되는
구껍질

A가 내려다본 구껍질의 모습

그림 8.4 물질이 '속이 빈 구껍질' 형태로 뭉쳐 있어도 블랙홀이 될 수 있다. 구껍질이 자체중력
에 의해 수축되면 근처 시공간이 점점 더 크게 왜곡된다. 오른쪽 끝 세로줄에는 공간의 휘어진
정도를 쉽게 파악할 수 있도록 측면도를 그려놓았다. 우주인 A는 수축되는 구껍질을 항상 위에
서 내려다보고 있는데, 조력효과 때문에 둘 사이의 거리가 점점 멀어진다. 두 번째 세로줄에 있
는 검은 공은 3차원 공간에서 A의 눈에 비친 구껍질의 모습을 그려 넣은 것이다. 특이점은 '목구
멍'이 무한히 길면서 무한히 좁아지는 순간이며, 세 번째 가로줄은 특이점에 도달하기 직전의 공
간 단면을 보여주고 있다. 이때가 되어도 구껍질은 여전히 A의 발아래에서 계속 수축되고 있으
며, 이들은 최후의 순간에 도달할 때까지 그 무엇과도 마주치지 않는다. 특이점은 그저 시간상에
서 '공간이 무無로 사라지는' 하나의 순간일 뿐이다.

는 구껍질의 시간에 따른 변화를 '펜로즈 다이어그램의 단면'에 대응되는 내장형 다이어그램으로 표현한 것이다(시간은 왼쪽 위에서 오른쪽 아래로 흐른다). 처음에는 구껍질이 매우 크면서 밀도가 그리 높지 않기 때문에, 평평한 시공간에 별다른 변화가 나타나지 않는다. 그 후에 일어나는 변화를 실감 나게 느끼기 위해, 구껍질 내부로 기꺼이 진입할 각오가 되어 있는 용감한 우주인 A를 소환해보자. 처음에 그는 붕괴되는 구껍질을 위에서 내려다보고 있다. 그로부터 얼마의 시간이 지나면 구껍질은 반지름이 줄어들면서 밀도가 높아지고(두 번째 줄), 구껍질의 반지름이 슈바르츠실트 반지름보다 작아지면 블랙홀이 형성된다. 이때가 되면 A는 이미 사건지평선을 통과했지만, 정작 본인은 아무런 느낌도 없다. 그는 여전히 발아래 쪽에서 점점 작아지는 구껍질을 바라보고 있을 뿐이다. 제일 아랫줄 다이어그램처럼 구껍질이 특이점의 순간에 가까워지면 공간이 심하게 왜곡되면서 A도 특이점에 가까워지지만, 그는 여전히 수축되는 구껍질을 내려다보고 있다. 슈바르츠실트 시공간이었다면 웜홀이 나타났겠지만, 지금은 구껍질이 그것을 가리고 있어서 A에게는 보이지 않는다. 특이점은 공간이 무한히 얇으면서 무한히 길어지는 순간으로, 이 시점에 도달하면 우주인과 구껍질은 더 이상 존재하지 않는다.

사건지평선: 아름다움 앞에서 전율하다 ——————

블랙홀은 우리 우주에 분명히 존재하고 있다. 이런 신비의 천체가 탐구욕을 자극하고 있으니, 우리는 그 도전을 받아들일 수밖에 없다. 찬드라세카르는 그의 저서 《진실과 아름다움Truth and Beauty》에 다음과 같이 적어놓았다.

수학자들이 아름다움을 추구하다가 무언가를 만들어냈는데, 그것과 똑같은 복제품이 정말로 자연에서 발견되었다. 이 얼마나 놀라운 사건인가! 아무리 생각해도 우리 마음속 가장 깊은 곳에서 가장 예민하게 반응하는 대상은 '아름다움'인 것 같다.

그런데 자연은 이 아름다운 천체를 구현하면서, 실망스럽게도 진짜배기 보물을 보이지 않는 곳에 영원히 숨겨놓았다. 우리는 블랙홀 안으로 빨려 들어간 물체가 어떤 일을 겪는지 알 수 없다. 막강한 사건지평선이 블랙홀 내부를 가로막고 있기 때문이다. 그래서 물리학자들은 슈바르츠실트와 로이 커가 얻은 해를 분석한 끝에 "블랙홀에는 머리카락이 없다"라고 결론지었다. 블랙홀의 개성이라는 것이 질량과 전하, 그리고 스핀뿐이어서, 이들이 같으면 물리적으로 완전히 동일한 블랙홀이 된다. 구별하기 쉬우면 여러모로 편리하지만, 특이점을 관측할 수 없다는 건 참으로 맥 빠지는 소식이다. 특이점에 어떤 물리법칙이 적용되는지 절대로 알 수 없다면, 차라리 우주검열가설이 사실인 편이 나을 것 같다. 우리가 모르는 무언가가 존재하는 것보다, 그런 것이 아예 없는 편이 낫지 않은가? 자연은 특이점을 사건지평선 너머에 숨김으로써, 특이점을 몰라 갈팡질팡하는 물리학자들에게 면죄부를 선사했다. 그러나 지식에 목마른 물리학자들은 면죄부를 쿨하게 사양하고, 기존의 법칙이 적용되지 않는 특이점에 새로운 이론을 적용하기 시작했다. 이론물리학의 성배聖杯라 불리는 양자중력이론quantum theory of gravity이 바로 그것이다. 다행히도 우주검열가설이 입증된 사례는 아직 없다. 그러나 만일 이 가설이 사실이라면 양자중력이론도 한계를 극복하기 어렵지 않을까? 얼마 전까지만 해도 이론물리학자들은 이 점에 대해 대체로 비관적인 생각을 갖고 있었다. 그런데 최근 몇 년 사이에 "양자중력을 푸는 실마리가 특이점에만 있는 것이 아니라, 사건지평선에도 존재할 수 있다"라는 놀라운 사실이 밝혀졌다. 이것은 더할 나위 없이 좋은 소식이다. 대부분의 물리학자들은 블랙홀의 사건지평선 근처에서 어떤 일이 일어나건, 그와 관련된 물리적 과정이 (양자중력의 효과가 중요해지는) 특이점의 물리학과 무관하다고 오랫동안 믿어왔기 때문이다. 하긴, 우리의 우주인도 아무런 고통 없이 사건지평선을 가뿐하게 통과하지 않았던가. 1970년대에 물리학자들은 사건지평선 근처에서 양자적 효과를 연구하다가 블랙홀의 열역학적 측면에 관심을 갖게 되었고, 이때부터 열역학은 양자중력의 수수께끼를 풀어줄 해결사로 떠오르기 시작했다. 블랙홀의 열역학적 특성, 이것이 바로 다음 장의 주제다.

9장

블랙홀의 열역학

블랙홀은 검지 않다.

_스티븐 호킹

지금까지 우리는 블랙홀을 "남의 일에 완전히 무심한 채 자신의 길을 가는 천체"로 간주해왔다. 외부 물체가 유입되어 블랙홀의 덩치가 커질 수는 있지만, 사건지평선을 넘은 물체는 절대 빠져나올 수 없다. 어떤 물체건 블랙홀에 빠지기만 하면, 그 흔적이 완전히 사라지는 것 같다. 이것이 일반상대성이론으로 블랙홀을 설명하는 방식이다. 그러나 1972년에 존 휠러와 그의 대학원생 제자 제이컵 베켄스타인Jacob Bekenstein은 이런 식의 설명에 심각한 문제가 있음을 깨달았다. 어느 날 휠러는 베켄스타인과 차를 마시다가 반 농담조로 이런 말을 꺼냈다. "나는 말이지, 뜨거운 홍차 잔과 차가운 아이스티 잔을 가까이 붙여 놓고 둘이 같은 온도가 되도록 만들면 괜히 범죄를 저지른 것 같은 느낌이 들더라고." 어느 누가 무슨 짓을 해도 이 세상 에너지의 총량은 변하지 않지만, 그 여파로 우주의 무질서도가 증가하여 종말에 한 걸음 더 가까워진다.[1] 휠러의 죄책감에는 열역학 제2법칙의 기본 원리가 담겨 있다. "무언가가 변하기만 하면 세상은 더욱 무질서해진다"라는 법칙이 바로 그것이다. 그런데 무언가가 블랙홀로 빨려 들어가면 존재의 흔적이 완벽하게 사라진다고 했으니, 잘하면 이 세상을 무질서하게 만들지 않고서도 뜨거운 홍차와 아이스티를 섞을 수 있을 것 같다. 예를 들어 저만치 지나가는 블랙홀에 홍차와 아이스티를 던지면, 둘이 섞여서 온도가 같아진다 해도 우주에는 아무런 영향도 없지 않겠는가? 휠러의 농담을 진지하게 받아들인 제이컵은 그날부터 이 문제를 집중적으로 파고들었다.

물리계의 무질서한 정도를 수치로 나타낸 것이 바로 그 유명한 엔트로피entropy다. 여기서 잠시 휠러의 설명을 들어보자. "가장 적은 수의 요소로 이루어진 계가 가장 질서정연하게 배열되어 있을 때(예를 들어, 차가운 분자 한 개) 엔트로피가 가장 작고, 크고 복잡한 물체가 무질서하게 흩어져 있으면(예를 들어, 어린아이의 침실) 엔트로피가 크다." 엔트로피를 이용하여 열역학 제2법칙을 재서술하면 다음과 같다. "언제, 어느 곳이건 물리적 과정이 진행되기만 하면, 엔트로피는 무조건 증가한다." 휠러가 홍차 이야기를 꺼낸 이유는 이 법칙에 위배되는 사례가 블랙홀 때문에 발생할 수도 있다고 생각했기 때문이다. 차가운 것과 뜨거운 것을 하나로 묶어서 우주의 엔트로피가 증가했는데, 이들을 블랙홀로 던지면 모든 흔적이 사라지면서 증가했던 엔트로피가 다시 감소하지 않을까? 만일 그렇다면 열역학 제2법칙의 입지가 위태로워진다.

영국의 물리학자 아서 에딩턴은 제2법칙의 막강한 위력을 다음과 같이 서정적으로 서술했다.

엔트로피 증가법칙은 자연을 다스리는 수많은 법칙 중 단연 최
상위에 군림한다. 만일 당신이 새로 개발한 이론이 맥스웰의 전
자기법칙에 위배된다면, 마음속으로 걱정은 되겠지만 맥스웰의
법칙이 틀렸을 가능성도 있다. 또 당신의 이론이 실험 결과와 일
치하지 않는다면, "실험이 잘못되었다"라는 희망을 품을 수도 있
다. 원래 실험물리학자들은 실수를 밥 먹듯이 하는 사람들이다.
그러나 당신의 이론이 열역학 제2법칙에 위배된다면, 미련 없이
포기할 것을 강력하게 권하는 바이다. 과학의 역사를 통틀어 제
2법칙과 맞짱 떠서 이긴 이론은 단 하나도 없기 때문이다.

몇 달 후 베켄스타인은 다음과 같은 답을 갖고 돌아왔다. "블랙홀
은 범죄를 감춰주지 않는다." 이것은 사건지평선의 표면적이 항상 증
가한다는 호킹의 연구에서 영감을 얻은 결과였다. 표면적 증가법칙
에서 엔트로피 증가법칙을 떠올린 것이다. 그는 "블랙홀에 물체를 던
지면 사건지평선의 표면적이 증가하고, 이로 인해 엔트로피도 증가한
다"라고 주장했다. 다시 말해서, 무언가가 블랙홀에 빠지면 그 기록이
어딘가에 보관되어 열역학 제2법칙이 지켜진다는 것이다. 그러나 차
가운 분자와 어질러진 침실을 예로 들었던 휠러의 설명에 빗대어볼
때, 블랙홀에 엔트로피를 할당하는 것은 방법에 상관없이 그 자체만
으로도 매우 의심스러운 시도였다. 일반상대성이론에 의하면 블랙홀
은 더없이 단순한 천체다. 슈바르츠실트 블랙홀의 특성은 '질량'이라

는 단 하나의 숫자로 결정된다. 그러나 휠러는 엔트로피를 설명할 때 "구성성분의 수가 가장 적으면서 가장 질서정연하게 배열된 것은…… 엔트로피가 가장 작다"라고 했다. 하지만 블랙홀은 배열을 바꿀 만한 구성성분 자체가 없는데, 무슨 수로 엔트로피를 정의한다는 말인가?

엔트로피는 19세기에 열, 에너지, 온도라는 친숙한 개념과 함께 열역학의 기본을 이루는 물리량으로 도입되었다. 산업혁명이 한창 진행되던 시기에 과학자들은 열역학이 블랙홀보다 공학에 가깝다고 생각했지만, 이것은 결코 사실이 아니다. 열역학은 깊은 단계에서 양자역학 및 물질의 구조와 긴밀하게 연관되어 있다. 특히 블랙홀을 파고들다 보면, 양자중력과 시공간의 구조가 열역학과 불가분의 관계에 있음을 알게 된다. 블랙홀의 열역학을 논하기 전에, 잠시 19세기로 돌아가서 열역학의 기원과 열, 에너지, 온도, 엔트로피 등 열역학의 기본 개념에 대해 알아보기로 하자.

냉장고의 원리 ————

열역학의 기반을 구축한 사람은 과학자가 아니라, 맥주를 비롯한 물품 생산공정과 증기기관의 효율을 높이기 위해 고군분투하던 산업 현장의 일꾼들이었다. 그중 대표적 인물이 양조업자의 아들로 태어나 '열의 일당량mechanical equivalence of heat'을 알아낸 영국의 제임스 프레스콧 줄James Prescott Joule이다.

1840년대 초에 줄은 일work과 열heat이 서로 호환 가능한 에너지임을 증명하기 위해 다양한 실험을 수행했다. 그림 9.1은 그에게 최고의 명성을 안겨준 유명한 실험을 개괄적으로 재현한 것이다. 줄에 매달아 놓은 추가 중력에 의해 떨어지면 축에 연결된 날개가 회전하면서 물의 온도를 높인다. 열역학 용어로 말하자면, 떨어지는 추가 물에 일을 가하는 상황이다. 이 실험의 핵심은 물의 온도를 정밀하게 측정하는 기술인데, 줄은 수많은 실패를 반복한 끝에 "물의 온도 증가량은 떨어지는 추가 한 일에 비례한다"라는 사실을 알아냈다. 그러나 당시의 과학자들은 "열이란 뜨거운 곳에서 차가운 곳으로 흐르는 에테르형 유체"(당시에는 칼로릭caloric이라 불렀다)라는 가설을 믿지 않았기에, 줄의 실험에 별다른 반응을 보이지 않았다. 줄은 1844년에 자신의 실험 결과를 영국 왕립학회에 제출했지만, 심사위원들이 출판 부적격 판정을 내렸다. 물의 온도 변화를 화씨 200분의 1도까지 측정할 수 있다는 줄의 주장을 믿지 않았기 때문이다. 사실 온도 측정은 과학자보다 양조업자에게 훨씬 중요한 문제다. 적정온도에서 조금만 벗어나도 애써 숙성시킨 발효음료의 맛이 완전히 달라지기 때문이다. 양조업에 한쪽 발을 담그고 있었던 줄은 자신의 전문성을 살려서 정밀한 온도측정 장치를 이미 개발한 상태였다. 그러나 양조업에 대한 지식이 거의 없었던 과학자들은 줄의 논문에 신빙성이 떨어진다며 출판을 거부했다. 과연 양조업자는 과학자가 될 수 없는 것일까? 그렇지는 않다. 전 왕립학회 회장이었던 폴 너스 경Sir Paul Nurse은 언어시험 성적이 좋지 않아서 대학에 가지 못하고 양조장에 취직했으나, 훗날 효모에 대한 연구 업적을 인정받아 2001년에 노벨 생리의학상을 받았다. 물론 너스보다 130년 전에 태어난 줄은 훨씬 불리한 입장이

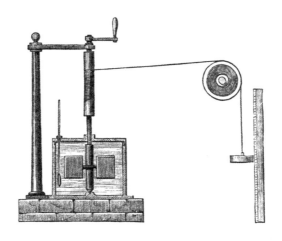

그림 9.1 영국의 양조업자 제임스 프레스콧 줄은 무거운 추로 구동되는 회전날개에 의해 물의 온도가 상승하는 정도를 정밀한 도구로 측정하여, 역학적 일이 열로 변환될 수 있음을 증명했다.

었지만, 학자들의 혹평에 굴하지 않고 1850년대 중반에 윌리엄 톰슨 William Thomson(켈빈 경Lord Kelvin으로 알려져 있다)과 공동연구를 수행하여 기어이 학계로부터 인정을 받아냈다.

오늘날 줄의 실험은 전 세계 모든 과학 교과서에 실려 있다. 열이란 물질의 구성요소(원자와 분자)의 운동과 관련된 에너지의 한 형태다. 물통 속에서 날개가 회전하면 물 분자에 운동에너지가 전달되고, 분자의 운동이 빨라지면 물의 온도가 상승한다. 이 정도는 중학생도 알고 있다. 그러나 19세기 중반만 해도 물질이 원자로 이루어져 있다는 직접적인 증거가 없었기에, 줄의 주장은 꽤나 파격적이었다. 그가 시대를 앞서갈 수 있었던 것은 그에게 물리학을 가르친 스승이 현대적 의미의 원자론을 창시했던 존 돌턴John Dalton이었기 때문이다. 미국의 작가 제이컵 애벗Jacob Abbott은 1869년에 출간한 《열에 대한 새로운 이론The New Theory of Heat》에서 줄의 실험을 다음과 같이 평가했다. "……이로부터 열은 만물의 기본단위인 원자나 분자의 미묘한 운동(파동, 진동, 회전 등)으로 이루어져 있다고 생각할 수 있다. 하지만 이것은 어디까지나 이론적 가설일 뿐이다."[2]

일과 온도, 물질의 구성요소인 원자의 운동이 서로 무관하지 않다는 것은 이 세상이 무엇으로 이루어져 있건, 그 구성요소와 열역학이 긴밀하게 연결되어 있음을 뜻한다. 19세기 말~20세기 초에 과학자들이 원자의 존재를 놓고 한바탕 벌였던 논쟁은 1905년에 아인슈타인이 관련 논문을 발표하면서 일단락된다(그는 1908년에 후속 논문을 발표하여 원자론의 입자를 더욱 확고하게 굳혔다). 그는 물 위에 떠서 무작위로 움직이는 꽃가루의 운동(이것을 '브라운 운동Brownian motion'이라 한다)을 "물 분자들이 꽃가루에 융단폭격을 가한 결과"로 해석했고, 이 가설은 1908년에 프랑스 물리학자 장바티스트 페랭Jean Baptiste Perrin의 실험을 통해 사실로 확인되었다. 그 후 페랭은 물질의 불연속적 구조를 연구하여 1926년에 노벨 물리학상을 수상했다.

줄의 실험과 원자론에 대한 증거는 에너지 보존법칙을 골자로 하는 열역학 제1법칙에 고스란히 담겨 있다. 주어진 물리계의 총에너지는 외부에서 열을 공급 및 추출하거나 일을 해줌으로써 달라질 수 있다. 그리고 계의 총에너지가 보존되는 환경에서는 일정량의 일을 열로 바꿀 수 있으며, 그 반대도 가능하다. 이것이 바로 석탄을 태울 때 방출된 에너지로 바퀴를 돌리는 증기기관(증기엔진)의 기초 이론이다. 그러나 증기기관의 성능은 주변 환경에 따라 크게 달라지는데, 가장 중요한 것은 '온도의 차이'다. 증기기관이 작동하려면 엔진 주변의 온도가 석탄을 태우는 화로의 온도보다 낮아야 한다. 두 영역의 온도가 같으면 증기기관은 작동하지 않는다. 왜 그런가?

에너지는 항상 뜨거운 물체에서 차가운 물체로 전달되고, 그 반대 방향으로는 절대 이동하지 않기 때문이다. 이것은 에너지보존과 완전히 무관한 현상이다. 만일 당신이 원한다면 차가운 음료에서 에너지를 추출하여 뜨거운 음료에 투입할 수도 있다. 그러면 차가운 음료는 더 차가워지고 뜨거운 음료는 더 뜨거워지겠지만, 총에너지는 여전히 보존된다. 물론 자연에서는 이런 일이 자발적으로 일어나지 않는다. 에너지의 일방통행이 보장되려면 열역학 제2법칙이 추가되어야 한다. 제2법칙은 다양한 형태로 표현할 수 있는데, 그중 하나가 "열은 뜨거운 곳에서 차가운 곳으로 흐른다"이다. 이런 관점에서 볼 때 증기기관은 뜨거운 화로와 차가운 외부세계 사이에 놓인 기계장치일 뿐이다. 에너지가 뜨거운 곳에서 차가운 곳으로 흐를 때 엔진이 흐름의 일부를 빨아들여서 유용한 일을 하는 식이다. 얼핏 듣기에는 별로 신기할 것이 없어 보인다. 그러나 제2법칙에 대한 이 '뻔한' 설명에는 매우 심오한 의미가 담겨 있다. 영국의 물리화학자 피터 앳킨스Peter Atkins가 집필한《열역학의 법칙들The Laws of Thermodynamics》에서 제2법칙을 설명하는 장은 다음과 같이 시작된다.

새 학기를 맞이하여 화학과 학부생들을 위한 열역학 첫 강의를 시작할 때, 내가 즐겨 하는 말이 있다. "과학의 어떤 분야를 뒤져봐도, 인간 정신의 해방에 열역학 제2법칙만큼 기여한 법칙은 찾아보기 힘들다. 제2법칙은 과학의 중심이자, 우주를 이해하는 출발점이다. 왜냐하면 과학은 변화의 이유를 설명하는 학문이고, 그 저변에는 예외 없이 제2법칙이 관련되어 있기 때문이다. 따라서 제2법칙은 엔진의 작동원리와 온갖 화학변화를 이해하는 기초일 뿐만 아니라, 화학반응I이때 화학반응이란 술 마시고 취한 상태를 의미한다I의 가장 중요한 결과물인 문학, 예술, 음악 등 인간의 창의성을 이해하는 기초이기도 하다."[3]

엔트로피의 개념을 최초로 도입한 사람은 독일의 물리학자 루돌프 클라우지우스Rudolf Clausius였다. 그의 설명에 의하면 "이 세상의 총에너지는 일정하다. 그러나 이 세상의 총엔트로피는 항상 최대한으로 증가하려는 경향이 있다."• 이 문장에는 열역학 1, 2법칙의 의미가 아름답게 요약되어 있다. 휠러의 찻잔을 예로 들어보자. 제1법칙에 의하면 에너지는 항상 보존된다. 한 찻잔에서 제거된 에너지가 엉뚱한 곳에 낭비되지 않고 다른 찻잔에 고스란히 투입되는 한, 이 법칙은 에너지가 이동하는 방향에 상관없이 성립한다.•• 클라우지우스는 차가운 찻잔에 열을 가하여 발생한 엔트로피 증가량이 뜨거운 찻잔에서 열을 제거하여 발생한 엔트로피 감소량보다 많아지도록 엔트로피를 정의했다.••• 그러므로 두 찻잔이 결합되었을 때 열이 뜨거운 곳에서

• 클라우지우스의 1865년 논문 〈유용한 형태의 다양한 열에 대한 역학적 이론의 주요 방정식The Main Equations of the Mechanical Heat Theory in Various Forms that are Convenient for Use〉에서 인용.
•• 단, 두 개의 찻잔을 하나의 닫힌계로 간주했을 때 그렇다. '엉뚱한 곳'까지 계에 포함되도록 계의 규모를 키우면, "고스란히 투입된다"는 제한조건이 없어도 에너지는 보존된다.—옮긴이

차가운 곳으로 흐르면 총엔트로피가 증가하지만, 그 반대로 흐르면 오히려 감소한다.

그러나 충분한 양의 에너지가 "어딘가에 있는 더욱 차가운 물체"로 투입되어 총엔트로피가 증가한다면, 에너지는 차가운 물체에서 뜨거운 물체로 흐를 수 있다. 이것이 바로 냉장고에서 매 순간 벌어지는 일이다. 냉장고 안에서 열이 제거되면 엔트로피가 감소하지만, 그 영향으로 부엌의 엔트로피는 더 많이 증가한다. 그래야 열역학 제2법칙에 위배되지 않기 때문이다. 그래서 냉장고 뒷면은 항상 부엌보다 뜨겁다. 이 과정은 어떻게 진행되는 것일까?

냉장고의 내부와 외부에는 냉매冷媒가 끊임없이 순환하고 있다. 안에서 밖으로 빠져나온 냉매는 압축과정을 거쳐 온도가 올라간 후 부엌보다 뜨거운 냉장고 뒷면을 순환하면서 열을 외부(부엌)로 방출한다. 그리고 냉매가 다시 냉장고 안으로 진입하면 부피가 팽창하여 온도가 낮아지고, 그 결과 냉장고 내부의 열을 흡수하면서 음식물의 온도를 낮춘다. 그 후 다시 압축기를 거쳐 온도가 올라가고……. 이 과정을 반복하면서 내부 온도를 차갑게 유지하는 원리다. 결국 냉장고의 역할이란 내부 에너지를 외부로 옮기는 것인데, 이 과정이 계속되려면 압축기에 별도의 에너지(전력)를 공급해야 한다. 전기 플러그가 뽑힌 냉장고는 값비싼 음식 보관용 상자일 뿐이다.

압축기에 공급되는 전력은 발전소에서 생산되고, 전기를 생산하

●●● 열역학에서 엔트로피의 변화량 dS는 $dS=dQ/T$로 표현된다. 여기서 dQ는 찻잔에 유입된 열의 양이고 T는 온도를 나타낸다.

려면 터빈을 돌려야 하므로 결국 증기기관의 도움을 받아야 한다(수력과 풍력, 그리고 태양광 발전은 예외다). 즉, '차가운 환경에서 작동하는 뜨거운 화로'가 필요하다는 뜻이다. 그런데 이 장치는 오래된 식물층에서 추출한 석탄이나 천연가스로 작동되고, 이들에게 에너지를 공급한 원천은 차가운 우주 공간에서 홀로 외롭게 타오르는 태양이었다. 그러므로 별은 우주의 용광로이자 궁극의 증기기관인 셈이다. 빛나는 별에서 늦은 밤 한 잔의 진 토닉에 담기는 얼음조각에 이르기까지, 모든 단계에 에너지가 흐를 때마다 우주의 엔트로피가 증가한다. 인간은 그렇게 만들어진 차가운 진 토닉을 마시며 문학적, 예술적, 음악적 창의력을 키워왔으니, 엔트로피 때문에 세상이 더욱 무질서해졌다며 한탄만 할 일은 아닌 것 같다.

별은 우주 초기에 수소와 헬륨으로 이루어진 원시구름이 자체중력으로 수축되면서 탄생했다. 이 모든 과정에서 엔트로피는 항상 증가했으므로, (이유는 알 수 없지만) 우주는 엔트로피가 극도로 낮은 상태에서 시작되었을 것이다. 그렇다면 인간조차 존재할 수 없는 그 '초-저엔트로피 상태'는 어떻게 만들어졌을까? 이것은 현대물리학의 커다란 미스터리 중 하나다.

엔트로피는 19세기 증기기관 설계자들에게 매우 유용한 개념이었다. 그들이 "증기기관의 효율은 화로와 주변 환경의 온도 차와 밀접하게 관련되어 있다"라는 사실을 알게 된 것도 엔트로피 덕분이었다. 화로와 주변의 온도가 똑같으면 에너지가 흐르지 않으므로 증기기관은 아무런 일도 할 수 없다. 반대로 둘 사이의 온도 차가 크면 제2법칙을 위배하지 않으면서 더 많은 에너지가 흐를 수 있으므로 더 많은 일을 할 수 있다. 그러나 줄과 클라우지우스를 비롯하여 많은 물리학자들이 구축한 고전 열역학에는 엔트로피가 그저 "유용한 양"으로 언급되었을 뿐, 구체적인 의미는 제시되어 있지 않다.

엔트로피란 무엇인가? ────────

존 휠러는 뜨거운 찻잔과 차가운 찻잔을 가까이 붙여 놓는 행위가 우주의 무질서도를 높이는 행위이기 때문에 죄책감을 느낀다고 했다. 엔트로피와 무질서도 사이의 관계를 처음으로 간파한 사람은 전자기학의 수학적 체계를 구축한 스코틀랜드의 물리학자 제임스 클러크 맥스웰이었다(전자기학은 아인슈타인이 구축한 상대성이론의 출발점이다). 그는 열역학 제2법칙이 물리학의 여타 법칙과 달리 '통계적 법칙'임을 깨닫고, 1870년에 가까운 지인에게 다음과 같은 편지를 보냈다. "제2법칙은 옳습니다. 하지만 이것이 옳은 정도는 '바다에 물 한 컵을 뿌리면 그 물을 다시 회수할 수 없다'는 명제가 옳은 정도와 비슷합니다.(100퍼센트 완벽하게 옳지는 않다는 뜻이다.)"[4]

1877년, 독일의 물리학자 루트비히 볼츠만Ludwig Boltzman은 탁월한 통찰력을 발휘하여 이 개념을 더욱 구체화시켰다. 가장 눈에 띄는 것은 미지의 대상, 즉 '계를 이루는 구성요소의 배열상태'에 숫자를 할당했다는 점이다. 맥스웰이 바다에 뿌린 물 한 컵을 예로 들어보자. 물을 뿌리기 전에는 모든 물 분자들이 컵이라는 한정된 공간에 밀집되어 있었다. 그러나 이들을 바다에 뿌린 후에는 각 물 분자의 위치

정보가 급격하게 줄어들면서 계의 엔트로피가 증가한다. 이 아이디어는 계의 규모가 아무리 커도 똑같이 적용할 수 있다. 교란된 계를 그대로 방치하면 시간이 흐를수록 퍼지고 섞이면서, 계에 대한 우리의 지식도 점차 줄어든다.

볼츠만은 온도와 에너지에 기초한 클리우지우스의 엔트로피를 구성요소의 배열상태와 연결지었다. 물질을 "구성요소의 다양한 배열(우리가 잘 모르는 배열)로 이루어진 집합체"로 간주하여 물리적 특성을 서술하는 통계역학statistical mechanics이 드디어 탄생한 것이다. 그러나 이 분야는 19세기 물리학자들에게 기술적으로나 철학적으로나 선뜻 수용하기 어려웠기에, 처음 탄생할 때부터 심한 홍역을 앓았다. 미국의 물리학자 데이비드 골드스타인David Goldstein은 자신이 집필한 통계역학 교과서 《물질의 상태States of Matter》에 다음과 같이 적어놓았다. "루트비히 볼츠만은 평생 통계역학을 연구하다가 1906년에 자살했고, 그의 뒤를 이어받은 파울 에렌페스트Paul Ehrenfest도 1933년에 스스로 목숨을 끊었으니, 이제 우리가 통계역학을 연구할 차례다."[5]

구성요소의 배열상태와 엔트로피, 온도의 상호관계를 이해하는 가장 좋은 방법은 상자 안에 들어 있는 원자의 집합을 떠올리는 것이다. 원자의 거동 방식은 양자역학의 영역이어서, 나중에 따로 다룰 예정이다. 지금 당장은 한 가지만 명심하면 된다. "상자에 갇힌 원자들은 모든 에너지를 다 가질 수 있는 게 아니라, 특정한 값의 에너지만 가질 수 있다." 물리학자는 이 값들을 '불연속 에너지 준위discrete energy level'라 부른다. 양자역학quantum mechanics이라는 이름도 여기서 탄생했다. 무언가가 "양자화되었다quantised"라는 말은 에너지 준위처

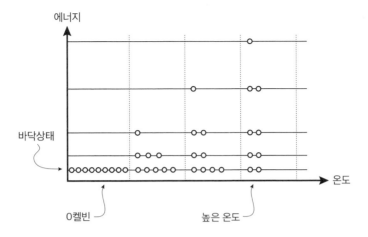

그림 9.2 상자에 갇힌 원자들의 온도에 따른 에너지 점유 분포도. 온도가 0켈빈이면 모든 원자들이 바닥상태(최저에너지 상태, 왼쪽 끝)에 놓이고, 온도가 높을수록 높은 에너지 준위를 점유하는 원자가 많아진다(오른쪽 끝).

럼 '불연속적discrete'이라는 뜻이다. 하나의 원자가 가질 수 있는 가장 낮은 에너지를 '바닥상태 에너지ground state energy'라 한다. 모든 원자가 바닥상태에 놓이면 상자 내부의 온도는 0켈빈(섭씨 −273도)이 되고, 여기에 에너지가 주입되면 일부 원자들이 높은 에너지 준위로 이동한다. 그런데 어떤 준위에 얼마나 많은 원자들이 놓이게 될까? 이 배열상태를 결정하는 변수가 바로 계의 온도다. 온도가 높을수록 원자는 더 높은 에너지 준위로 이동할 수 있다(그림 9.2 참조). 원자를 특정한 배열로 바꾸려면 얼마나 많은 에너지를 투입해야 할까? 정확한 값은 원자의 종류와 상자의 크기에 따라 달라진다. 그러나 이 논리의 핵심은 가장 확률이 높은 배열을 온도로부터 알 수 있다는 것이다.

이제 다른 종류의 원자로 가득 찬 또 하나의 상자를 원래 상자에 이어붙였다고 가정해보자. 처음부터 두 상자의 온도가 같았다면 (각 상자의 원자 배열상태는 다르겠지만) 에너지가 흐르지 않으므로, 내부 배열상태가 눈에 띄게 달라지지 않을 것이다. 이것이 19세기 물리학자들이 생각했던 온도의 개념이다. 다시 말해서, 에너지 교환이 가능한 두 물리계가 접촉했을 때 아무런 변화가 없다면, 두 계는 온도가 같다. 이것이 '열역학 제0법칙'이다(제1법칙보다 나중에 발견되어 이런 희한한 이름이 붙었다). 제0법칙은 온도의 개념을 정립하는 데 반드시 필요하여 고전 열역학에서 매우 중요하게 취급되었지만, 19세기 초까지는 법칙으로 대접받지 못했다. 그 무렵 대부분의 물리학자들이 열역학 제1법칙과 제2법칙에 너무 익숙해져서 법칙 체계가 달라지는 것을 원치 않았기 때문이다.

리처드 파인먼은 그의 저서인 《물리법칙의 특성The Character of Physical Law》에서 온도를 다음과 같이 비유했다.[6] 당신이 바닷가에 앉아 상념에 잠겨 있는데, 갑자기 먹구름이 몰려오더니 비가 쏟아지기 시작했다. 마음이 급해진 당신은 모래사장에 던져놓은 수건을 집어들고 해변가 오두막을 향해 있는 힘껏 뛰어갔다. 다행히 오두막 천장은 비가 새지 않는다. 당신은 문자 그대로 비 맞은 생쥐 꼴이 되었다. 물론 수건도 젖었지만, 당신이 걸치고 있는 옷만큼 젖지 않아서 수건으로 물기를 닦아내기 시작했다. 계속 닦다 보면 당신의 몸은 점점 마르고 물기를 흡수한 수건은 점점 더 축축해질 텐데, 당신과 수건의 젖은 정도가 같아지는 시점이 오면 수건으로 몸을 아무리 열심히 문질러도 더 이상 물기를 제거할 수 없게 된다. 이 상황은 '물기 제거 용이도ease of moving water'라는 양 E를 정의해서 설명할 수 있다. 처음에는 당신의 E가 수건보다 높아서 수건 덕을 보았지만, 얼마 후에는 양쪽의 E가 같아져서 동등한 입장이 된다. 물론 E가 같다고 해서 당신과 수건이 같은 양의 물을 머금고 있다는 뜻은 아니다. 당신의 몸이 수건보다 크다면, 당신은 수건보다 많은 물을 함유하고 있다(몸 안에 들어있는 물은 수건으로 닦아낼 수 없으니 논외로 치자). 그러나 당신과 수건은 E가 같기 때문에, 아무리 문질러도 수분 이동은 일어나지 않는다. 특정 물체의 E 값은 복잡다단한 원자구조와 관련되어 있지만, 우리의 관심사가 오직 "말리기" 뿐이라면 굳이 세부 사항까지 알 필요가 없다. 여기서 물의 양을 에너지로 바꾸고 E를 온도로 바꾸면 열역학적 문제가 된다. 예를 들어 두 물체의 온도가 같다고 해서 두 물체의 에너지까지 같다는 뜻은 아니다. 중요한 것은 온도가 다른 두 물체가 접촉하면 구성 원자나 분자들이 흔들리면서 서로 충돌한다는 것이다. 이것은 줄의 실험 장치에서 날개에 있는 분자들이 물 분자와 충돌하면서 에너지를 전달한 것과 같은 상황이다. 그러나 두 물체의 온도가 같으면 에너지의 총이동량이 0이 되어, 평균적으로는 아무런 변화도 일어나지 않는다.

이제 엔트로피에 대한 휠러의 설명을 떠올려보자. 그는 "가장 적은 수의 요소로 이루어진 계가 가장 질서정연하게 배열되어 있을 때 엔트로피가 가장 작다"라고 했다. 그런데 여기서 '질서'란 대체 무슨 뜻일까? 상자에서 원자 몇 개를 무작위로 골라내어 다음과 같은 질문을 던져보자. "이 원자는 어떤 에너지 준위에 있었는가?" 상자의 온도가 0켈빈인 경우에는 쉽게 답할 수 있다. 어떤 원자를 골랐건 그것은 바닥상태에 있었고, 상자 내부의 엔트로피는 0이었다.[●] 이것이 바로 휠러가 말했던 "요소들이 가장 질서정연하게 배열된 상태"에 해당한다. 이런 경우라면 상자에서 원자를 꺼낼 때 어떤 원자가 선택될지 걱정할 필요가 없다. 모든 원자가 바닥상태에 있으니, 상자 내부의 모든 것을 알고 있는 셈이다. 그러나 상자 내부의 온도를 높이면 원자들이 높은 에너지 준위로 하나둘씩 올라가기 시작하면서 "가능한 분포 상태의 수"가 폭발적으로 증가한다. 이때 원자를 무작위로 추출하면 이들이 어떤 에너지 준위에 있었는지 짐작하기 어렵다. 원자는 바닥상태에서 왔을 수도 있고, 높은 에너지 준위 중 하나에서 왔을 수도 있다. 이는 곧 원자의 배열에 대한 우리의 지식이 처음보다 줄어들었음을 의미한다. 또는 온도가 올라감에 따라 원자에게 허용된 에너지 준위가 많아지면서 엔트로피가 증가한 것으로 이해할 수도 있다.

온도와 에너지, 그리고 엔트로피의 변화량은 고전 열역학에서 분석 대상의 내부 구조에 대한 지식이 없어도 알 수 있는 양이다(분석 대상은 기체 상자 속의 원자에서 은하에 속한 별에 이르기까지, 어떤 것도 될 수 있다). 루트비히 볼츠만의 선구적인 연구 덕분에 우리는 이 양들이 사물의 구성요소와 배열 상태, 그리고 에너지 분포와 밀접하게 관련되어 있음을 알게 되었다. 예를 들어 온도는 상자 속에서 움직이는 분자들의 평균속도와 관련되어 있고, 엔트로피는 분자들이 놓일 수 있는 가능한 배열의 수와 관련되어 있다. 비엔나에 있는 볼츠만의 묘비

• 추가로 살짝 난이도가 높은 설명을 하자면, 온도가 0켈빈일 때 엔트로피도 0이 되려면 바닥상태가 축퇴degenerate되지 않아야 한다. 다시 말해서, 바닥상태의 에너지 준위가 단 하나뿐이어야 한다는 뜻이다. 고체 일산화탄소와 얼음은 바닥상태가 축퇴된 대표적 사례로서, 임의로 선택된 분자가 어떤 에너지 준위에 있었는지 알 수 없기 때문에, 온도가 0켈빈에 도달해도 '잔여 엔트로피residual entropy'가 존재한다.

에는 물리계의 엔트로피를 구하는 방정식이 다음과 같이 선명하게 새겨져 있어서, 방문객을 숙연하게 만든다.

$$S = k_B \log W$$

여기서 W는 모든 가능한 배열의 수이고 k_B는 볼츠만 상수다. S는 엔트로피인데, 보다시피 W에 로그를 취한 값에 비례한다. 따라서 W가 클수록 엔트로피도 크다. 나도 안다. 수학과 친하지 않은 독자들은 불만이 많을 것이다. "곱하기만 있어도 골치 아픈데, 대체 log는 왜 갖다 붙인 거야?" k_B와 log는 볼츠만의 엔트로피가 "에너지와 온도에 기초하여 정의된 클라우지우스의 엔트로피"와 일치하도록 만들기 위한 조치인데, 앞으로 펼칠 우리의 논리에서는 별로 중요하지 않으므로 무시해도 된다. 위 방정식에서 기억해야 할 것은 W에 담긴 뜻이다. W는 우리가 알고 있는 방식에 따라 계의 요소들이 배열될 수 있는 방법의 총 개수를 의미한다. 상자 속에 갇힌 원자 집단의 경우, 온도가 0켈빈이면 원자를 배열하는 방법이 단 한 가지뿐이므로(몽땅 바닥상태에 놓인 경우) $W=1$이고, 따라서 엔트로피 S는 0이다.● 상자의 온도가 높아져서 일부 원자가 높은 에너지 준위로 이동하면 가능한 배열의 수가 많아지므로 W가 커지고, 따라서 엔트로피도 커진다.

방안을 가득 채운 공기의 경우, 구성요소는 원자 또는 분자이고

● $\log 1 = 0$이다. 원래는 상용로그(log)가 아니라 자연로그(ln)인데, 안구의 평화를 위해 그냥 상용로그로 표기했다.(볼츠만의 묘비에도 log로 표기되어 있다.—옮긴이)

우리가 알고 있는 것은 방의 부피와 공기의 총질량, 온도 등이다. 이때 엔트로피를 계산한다는 것은 우리가 아는 양에 기초하여 "방 안에 원자와 분자를 배열하는 방법의 수"를 헤아린다는 뜻이다. 물론 이 방법의 수는 상상하기 어려울 정도로 많은데,● 그중 하나는 대부분의 원자들이 방구석에 처박혀서 가만히 있고, 단 하나의 유별난 원자가 계의 모든 에너지를 독점한 경우다. 또는 모든 원자들이 똑같은 에너지를 나눠 가진 채 방안에 골고루 분포될 수도 있고……. 아무튼 상상할 수 있는 모든 경우가 가능하다. 여기서 중요한 것은 원자가 구석에 밀집되어 있거나 에너지가 일부 원자에 집중된 경우보다, "모든 원자의 에너지가 거의 같으면서 방안에 골고루 분포된 경우"에 가능한 배열의 수 W가 압도적으로 많다는 것이다. 볼츠만은 원자의 배열을 머릿속에 그리다가 또 한 가지 중요한 사실을 깨달았다. 원자들이 서로 충돌하여 에너지를 주고받을 수 있도록 허용하면, 모든 다양한 배열의 발생 확률이 거의 같아진다는 것이다. 여기에 "원자들이 방안에 골고루 분포된 경우의 수는 다른 경우의 수보다 엄청나게 많다"는 사실을 추가하면, 평범한 방 안에서는 원자들이 균일하게 배열될 확률이 매우 높다는 결론이 얻어진다. 모든 것이 안정적이고 고르게 분포된 상태를 '열역학적 평형thermodynamic equilibrium'이라 하는데, 이럴 때 엔트로피는 최대치에 도달하고 온도는 방의 모든 곳에서 똑같아진다.

열역학 제2법칙에는 '변화'라는 개념이 내재되어 있다. 물리계가

● 다행히 W 앞에 log가 붙어 있어서 숫자가 크게 줄어든다.—옮긴이

제2법칙을 따르려면 어쩔 수 없이 변해야 한다. 왜 그럴까? 평형에서 크게 벗어난 물리계를 생각해보자. 즉, 이 계의 구성요소들은 매우 비정상적인 방식으로 배열되어 있다. 그런데 이들이 상호작용하면서 에너지를 주고받을 수 있다면, 계는 평형상태로 나아갈 수밖에 없다. 왜냐하면 이것이 '발생 확률이 가장 높은 사건'이기 때문이다. 맥스웰이 "제2법칙은 확률적 요소를 갖고 있다"라고 말한 것은 바로 이런 이유였다.(정말 대단한 통찰력이다!) 결국 열역학 제2법칙은 발생 확률에 기초하여 미래를 예측하는 법칙이다. 모든 물리계가 열역학적 평형상태를 향해 나아가는 이유는 평형상태에 놓일 확률이 가장 높기 때문이며, 확률이 높은 이유는 평형상태에 해당하는 배열의 수가 가장 많기 때문이다.

물리계가 이렇게 한쪽으로만 진화하는 현상을 흔히 '열역학적 시간 화살thermodynamic arrow of time'이라 한다. 계가 나아가는 방향을 '미래'로 정의해도 논리상 아무런 문제가 없기 때문이다. 간단히 말해서, 과거는 미래보다 질서정연하다. 우리 우주에서 시간 화살을 반대 방향으로 돌리면, 고도의 질서와 극도의 저엔트로피 상태로 대변되는 빅뱅Big Bang까지 거슬러 올라갈 수 있다.

엔트로피와 정보

우리가 방 안에 있는 모든 원자의 세부 사항(위치, 속도, 질량, 전하, 스핀, 에너지 등)을 완벽하게 알고 있다고 가정해보자. 모든 것을 알고 있으니 방의 부피와 기체의 무게, 온도와 같은 거시적 특성을 굳이 알 필요가 없다. 그렇다면 기체 입자의 배열 상태가 완벽하게 알려져 있으므로 계의 엔트로피는 0이다. 즉, 모든 것을 알고 있는 전지전능한 존재에게는 엔트로피라는 개념이 필요 없다. 그러나 우리는 모든 것을 알 수 없는 무력한 존재이기에(물리학자도 마찬가지다!) 방 안을 가득 채운 원자를 일일이 추적하여 정보를 캐내기란 현실적으로 불가능하다. 그러므로 우리에게 엔트로피는 매우 유용한 개념이다. 주어진 계를 몇 개의 숫자로 서술하고 싶을 때, 엔트로피는 "겉으로 드러나지 않은 정보의 양"을 말해준다. 이런 점에서 볼 때 엔트로피는 계에 대한 우리의 '무지無知의 척도'라 할 수 있다. 엔트로피와 정보의 관계를 최초로 밝힌 사람은 미국의 수학자 클로드 섀넌Claude Shannon이다. 그가 1948년에 발표한 논문은 정보이론information theory의 초석이 되었고, 이로부터 현대적 의미의 컴퓨팅과 통신기술이 탄생했다. 다시 공기로 가득 찬 방으로 돌아가보자. 우리가 알고 있는 것은 방의 부피와 전체 공기의 무게, 온도인데, 이 조건을 만족하는 원자 배열의 수는 엄청나게 많다. 이 숫자에 log를 취하면 엔트로피가 된다(볼츠만 상수 k_B는 신경 쓸 필요 없다). 여기서 명심할 것은 가능한 배열이 아무리 많아도 특정 순간에 방 안의 원자들은 '단 하나의 특정한 배열 상태'에 놓여 있다는 것이다. 단지 우리가 그 배열을 모르는 것뿐이다. 이제 관측을 시도하여 원자의 배열상태를 알아냈다고 하자. 그렇다면 우리는 무엇을 새롭게 알 수 있을까? 다시 말해서, 우리는 계에 대하여 얼마나 많은 정보를 얻어냈을까? 섀넌의 이론에 의하면 우리가 얻은 정보의 양은 "관측된 배열을 다른 배열과 구별하는 데 필요한 최소한의 비트 수"로 정의할 수 있다. 예를 들어 가능한 배열이 단 네 개뿐인 단순한 계를 생각해보자. 이런 경우 모든 가능한 배열은 이진 수 00, 01, 10, 11로 나타낼 수 있다. 즉, 한 번의 측정으로 2비트의 정 보가 얻어지는 셈이다. 가능한 배열이 총 여덟 개면 각 배열은 세 자 리 이진수 000, 001, 010, 011, 100, 101, 110, 111로 표현된다. 가능한 배열의 수가 수백만 개라면 이진수의 자릿수가 많아서 일일이 쓰기가 번거롭지만, 굳이 그럴 필요 없다. 간단한 공식으로 비트의 수를 알 수 있기 때문이다. 가능한 배열의 수를 W라 했을 때, 필요한 비트의 수 N은 다음과 같다.

$$N = \log_2 W$$

어디선가 본 것 같지 않은가? 그렇다. 기체 상자의 엔트로피를 구 하는 볼츠만의 공식과 판박이처럼 닮았다. 수학과 친한 독자라면 볼 츠만 공식의 자연로그($\ln$)가 밑수 2인 로그($\log_2$)로 바뀌었음을 눈치 챘을 것이다.• 하지만 이런 변화는 숫자의 전체적인 스케일만 달라질 뿐, 우리가 펼치는 논리에는 아무런 영향도 주지 않는다. 여기서 핵심 은 기체의 상태를 정확하게 측정해서 얻은 정보의 양이 측정 전 기체 의 엔트로피에 비례한다는 것이다.

• $\log 2 = 0.6931$(여기서 $\log$는 상용로그가 아니라 자연로그다.—옮긴이)

$$N = \frac{S}{0.6931 k_B}$$

바로 여기에 엔트로피의 핵심이 담겨 있다. 엔트로피는 사물의 내부 구조를 알려주는 양이다. 즉, 엔트로피는 사물이 저장할 수 있는 정보의 양과 밀접하게 관련되어 있으며, 따라서 이 세계의 기본 구성요소와 불가분의 관계에 있다. 그러니까 엔트로피는 찻잔과 증기기관, 별의 기본구조를 들여다보는 창문인 셈이다. 또한 베켄스타인의 논리를 따라 블랙홀 사건지평선의 면적과 엔트로피를 연관시키면, 시간과 공간의 가장 근본적인 구조까지 엔트로피를 통해 들여다볼 수 있다.•

블랙홀의 엔트로피 ─────────

이제 엔트로피를 블랙홀에 적용해보자. 잠깐, 뭔가 좀 이상하다. 엔트로피를 알면 사물의 내부 구조를 알 수 있다는데, 앞에서 분명히 "블랙홀에는 내부 구조가 없다"라고 하지 않았던가? 그렇다. 블랙홀은 시공간의 순수 기하학적 특성일 뿐, 더 이상의 특징이 없다. 블랙홀에 머리카락이 없다는 것도 그래서 나온 표현이다. 그러므로 겉에

• N과 S는 단순히 비례하는 관계에 있으므로, 향후 저자는 이들을 굳이 구별하지 않고 거의 같은 의미로 사용하고 있다.—옮긴이

서 보면 블랙홀의 엔트로피는 0인 것 같다. 블랙홀에 찻잔 몇 개를 던지면 질량은 커지겠지만 그게 전부다. 엔트로피는 여전히 0이어야 한다. 이것이 바로 휠러의 관점이었다. 그렇다면 그 막강한 제2법칙도 블랙홀 앞에서는 맥을 못 춘다는 말인가? 제2법칙을 우주 최강의 법칙으로 여겼던 에딩턴이 옳다면 블랙홀도 제2법칙을 따라야 할 것 같은데, 휠러의 설명을 들어보면 생각이 또 달라진다. 이 헷갈리는 상황에서 제2법칙의 수호자로 나선 사람이 바로 베켄스타인이었다. 그는 블랙홀도 엔트로피를 갖고 있으며, 그 값이 사건지평선의 면적에 비례할 것으로 추측했다. 그리고 여기서 한 걸음 더 나아가 블랙홀의 엔트로피를 구체적으로 계산하던 중 매우 심오한 사실을 발견하게 된다.

지금 당신에게 "1비트에 해당하는 정보를 블랙홀에 주입하라"라는 명령이 떨어졌다고 하자. 어떻게 해야 이 임무를 성공적으로 수행할 수 있을까? 한 가지 방법은 블랙홀을 향해 광자 한 개를 던지는 것이다. 광자는 질량이 없고 스핀만 있으므로, 광자 한 개에 담긴 정보는 달랑 1비트뿐이다. 예를 들어 시계방향으로 자전하는 광자에 0을 할당하고, 반시계방향으로 자전하는 광자에 1을 할당하면 된다. 또한 광자는 고정된 양의 에너지를 실어 나르고 있는데, 이 값은 파장에 비례한다. 에너지와 파장의 관계는 1905년에 아인슈타인이 처음 제안한 후로 양자이론의 핵심이 되었다. 간단히 말하자면 파장이 길수록 광자의 에너지가 작고, 파장이 짧을수록 에너지가 크다. 그래서 태양의 자외선은 피부에 해롭지만, 촛불의 빛 때문에 피부가 타진 않는다.(물론 가까이 갖다 대면 탄다!) 자외선 광자는 파장이 짧아서 세포를 손상시킬 정도로 에너지가 큰 반면, 촛불 광자는 파장이 길어서(가시

광선) 에너지가 작기 때문에 별다른 해를 입히지 않는 것이다. 여기서 또 한 가지 중요한 사실, 광자의 위치는 파장보다 짧은 거리로 분해할 수 없다. 즉, 우리가 측정한 광자의 위치에는 파장 이하의 오차가 필연적으로 포함된다는 뜻이다. 그러므로 블랙홀에 광자를 던지려면 파장이 슈바르츠실트 반지름과 거의 같거나 작은 광자를 던져야 한다. 파장이 이보다 길면 광자가 블랙홀 안에 온전하게 놓일 수 없기 때문이다|가정용 쓰레기통에 커다란 짐볼을 던지는 격이다.. 이 논리를 이용하면 블랙홀에 던질 수 있는 광자의 최대 수를 계산할 수 있으며, 이로부터 블랙홀에 저장할 수 있는 최대 비트 수, 즉 엔트로피를 대략적으로 알 수 있다.• 자세한 계산과정은 271~272쪽 박스 글에 적어놓았으니 관심 있는 독자들은 읽어보기 바란다. 아무튼, 슈바르츠실트 블랙홀에 저장 가능한 비트의 수는 다음과 같다.

$$N = \frac{c^3}{8\pi Gh} A$$

여기서 A는 사건지평선의 면적이다.•• 이 방정식에서 매우 흥미로운 것은 A 앞에 곱해진 상수들이다. c는 광속이고 G는 중력상수, h는 플랑크상수인데, 이들을 위의 방정식처럼 조합하면 물리학자들에게 매우 친숙하면서 양자이론의 핵심인 '플랑크 길이Planck length'의 제

• 블랙홀이 가장 큰 엔트로피를 갖는 이유는 잠시 후에 설명할 것이다.
•• 양자역학을 도입해서 좀 더 신중하게 계산하면 엔트로피는 사건지평선의 면적을 '플랑크 길이의 제곱의 4배'로 나눈 값과 같다. 이 값은 우리가 채택한 값과 다르지만 단순히 크기의 문제일 뿐, 논리상으로는 아무런 문제도 일으키지 않는다.

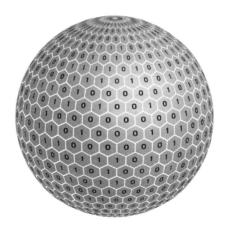

그림 9.3 블랙홀의 사건지평선을 플랑크 면적(플랑크 길이의 제곱)을 갖는 픽셀로 분할한 모습. 놀랍게도 픽셀의 총 개수는 블랙홀의 엔트로피와 같다.

곱이 된다(정확하게는 '플랑크 길이의 제곱의 역수'다). 플랑크 길이의 의미와 중요성에 대해서는 272~273쪽 박스 글에 자세히 적어놓았다. 간단히 말해서 플랑크 길이는 우주에 존재하는 길이의 가장 기본적인 단위이며, 물리적 의미를 갖는 가장 짧은 거리이기도 하다. 자, 지금부터가 중요한 부분이다. 블랙홀의 엔트로피, 즉 블랙홀에 숨어 있는 정보의 비트 수는 사건지평선을 플랑크 길이의 픽셀로 분할했을 때 픽셀의 개수와 같다. 단, 픽셀 하나당 1비트의 정보가 저장된다는 가정하에 그렇다. 이것을 도식적으로 표현하면 그림 9.3 같은 형태가 된다.

정말 머리카락이 곤두설 정도로 흥미로운 결과가 아닐 수 없다. 플랑크 길이로 만든 픽셀의 정체는 무엇인가? 그리고 일반상대성이론에 의하면 사건지평선은 그저 빈 공간일 뿐인데, 이곳을 분할하는 게 우리에게 무슨 이득이 된다는 말인가? 잠시 3장에서 언급된 내용을 떠올려보자. 등가원리에 의하면 중력과 가속운동은 원리적으로 동일한 현상이므로, 블랙홀 근방에서 자유낙하하는 우주인은 사건지평선을 통과할 때 특별한 경험을 하지 않아야 한다. 그러나 베켄스타인의 이론에 의하면, 우주인은 사건지평선에 도달했을 때 밀집된 비트와 마주치게 된다. 의문스러운 점은 또 있다. 블랙홀이 보유한 정보의 양은 왜 부피가 아닌 면적에 비례하는가? 도서관을 예로 들어보자. 이곳에 저장된 정보의 양은 책의 수에 비례하고, 책의 수는 당연히 도서관의 부피에 비례한다. 그런데 블랙홀 도서관은 정보를 보관하는 방식이 특이하여, 책을 낱장으로 일일이 찢어서 사건지평선을 덮어야 한다. 마치 내부가 존재하지 않는 것 같다.

혹시 블랙홀의 정보 저장 기술에 문제가 있는 건 아닐까? 아무튼 블랙홀에는 질량이 있고, 그 질량에 상응하는 최대 정보 저장 용량(엔트로피)도 있다. 임의의 물체를 슈바르츠실트 블랙홀에 떨어뜨린다고 가정해보자. 열역학 제2법칙이 만족되려면 블랙홀의 엔트로피는 적어도 자신이 삼킨 물체의 엔트로피만큼 증가해야 한다. 물체를 삼키면 사건지평선의 면적도 커지는데, 사건지평선의 면적은 물체의 질량에만 비례하기 때문에, 사건지평선의 면적 증가량을 좌우하는 것은 물체의 질량뿐이다. 이제 방금 전 떨어뜨린 물체와 질량이 같으면서 엔트로피가 최대인 물체를 블랙홀에 떨어뜨린다고 가정해보자. 이런 경우에도 사건지평선의 면적은 여전히 질량에 비례하므로, 이전과 정확하게 같은 양만큼 증가할 것이다. 따라서 블랙홀에 질량을 추가하면 엔트로피는 가능한 한 최대치로 증가해야 한다. 마치 블랙홀에 던져진 물체가 완전히 해체되어, 그 물체에 대한 우리의 '무지함'이 극

대화되는 것과 같다.

그러므로 블랙홀은 항상 "허용 가능한 최대 엔트로피"를 갖는다. 즉, 블랙홀은 주어진 공간에서 최대량의 정보를 저장할 수 있으며, 이 정보를 이진수로 환산한 비트의 수는 표면적을 플랑크 단위(플랑크 길이의 제곱)로 나눈 값과 같다. 그런데 여기에는 "유한한 공간에 존재하는 모든 것은 그 공간을 에워싼 표면의 정보로 완벽하게 서술된다"라는 심오한 규칙이 존재하는 것 같다. 이것이 바로 그 유명한 '홀로그래 픽 원리holographic principle'다.

블랙홀의 엔트로피 계산

블랙홀을 향해 광자를 던지면, (멀리 떨어진 관측자가 측정한) 파장이 슈바르츠실트 반지름보다 작은 광자만 블랙홀 안으로 들어갈 수 있다. 양자물리학에 의하면 광자의 에너지 E는 $E=hc/l$로 쓸 수 있는데, 여기서 l은 광자의 파장이고 h는 플랑크상수다. 따라서 슈바르츠실트 반지름을 R이라 했을 때, 광자가 가질 수 있는 에너지의 최소값은 $E=hc/R$이다. 그리고 아인슈타인의 질량-에너지 호환규칙에 의해 질량이 M인 블랙홀의 총에너지는 Mc^2이므로, 블랙홀 안에 넣을 수 있는 광자의 최대 개수 N은 다음과 같다.

$$N = \frac{Mc^2}{hc/R} = \frac{McR}{h}$$

슈바르츠실트 반지름은 $R=2GM/c^2$이므로

$$N = \frac{R^2 c^3}{2Gh}$$

이고, 사건지평선의 면적은 $A=4\pi R^2$이므로,

$$N = \frac{c^3}{8\pi Gh} A$$

가 되어, 앞에서 제시했던 식과 일치한다. 그런데 혹시 광자 말고 다른 입자를 사용하면 정보를 더 많이 저장할 수 있지 않을까?(예를 들어 전자도 스핀을 갖고 있으므로, 정보를 비트로 바꿀 수 있다.) 아쉽게도 그렇지 않다. 광자 이외의 입자들은 질량을 갖고 있기 때문에, 블랙홀 안에 광자만큼 많이 욱여넣을 수 없다.

플랑크 길이

플랑크 길이는 물리학의 기본상수 삼총사인 플랑크상수 h와 뉴턴의 중력상수 G, 빛의 속도 c를 조합해서 만들어낸 길이 단위인데, 값이 상상할 수 없을 정도로 작다. 비교하자면, 양성자proton의 직경은 플랑크 길이의 100,000,000,000,000,000,

000(10^{20})배쯤 된다. 막스 플랑크Max Planck는 1899년에 "물리
학의 기본상수에만 의존하는 계측 시스템"으로 자신의 이름
을 딴 단위(플랑크 시간, 플랑크 질량도 있음)를 처음으로 도입
했다. 사실, 플랑크 단위는 우리에게 친숙한 미터나 초 단위보
다 훨씬 자연스럽다. 미터와 초는 행성의 크기와 주기를 인간
에게 친숙한 규모로 분할한 것으로, 자연의 법칙과는 아무런
상관도 없다(게다가 여기에는 정치적인 입김도 작용했다). 반면
에 중력의 세기와 원자의 거동, 우주의 속도한계는 인간과 완
전히 무관하다. 만일 우리가 외계문명을 만나서 M87 블랙홀
의 사건지평선의 면적을 물어본다면, 그들은 미터법이 아닌
플랑크 단위로 답할 것이다. 플랑크 길이 l_p의 값은,

$$l_p = \sqrt{\frac{hG}{2\pi c^3}} \approx 10^{-35}\,\text{m}$$

이며, 물리적 의미가 담긴 가장 짧은 거리로 알려져 있다. 이
보다 작은 영역으로 가면 '연속적인 공간'이라는 개념이 더
이상 먹혀들지 않을 수도 있다.

반복되는 역사 ————————

베켄스타인의 블랙홀 엔트로피와 19세기의 통계역학은 물리학

무대에 처음 데뷔할 때 비슷한 시련을 겪었다. 볼츠만이 1906년에 62세의 나이로 사망할 때까지도 원자론에 입각하여 제2법칙을 설명한 그의 이론은 학계에서 거의 무시되고 있었다. 그 무렵 독일의 물리학을 이끌었던 에른스트 마흐Ernst Mach조차도 원자의 존재를 믿지 않았으니, 당시 학자들이 볼츠만의 이론을 어떻게 취급했을지 짐작이 가고도 남는다.• 마흐는 처음에 철학적인 이유로 원자론에 반대했으나, "볼츠만의 이론에서 문제점이 제기되었는데, 볼츠만 자신도 해결하지 못했다"라는 소문이 퍼지면서 본격적인 반대론을 펼치기 시작했다. 이 논쟁의 핵심에 놓였던 것이 바로 열역학 제2법칙이다. 볼츠만의 이론대로 물질이 원자로 이루어져 있다면 엔트로피가 증가할 가능성이 압도적으로 높지만, 반드시 그렇다는 보장은 없다. 예를 들어 방 안의 모든 원자들이 한쪽 구석으로 모여들어서 당신이 질식사할 확률은 엄청나게 낮지만, 분명히 0은 아니다. 마흐와 그의 추종자들은 자연의 기본 법칙이 통계적으로 성립한다는 주장에 노골적으로 반감을 드러냈다. "엔트로피는 거의 항상 증가한다"라고 하면 마치 개인의 의견처럼 들릴 뿐, 물리법칙의 권위 같은 건 별로 느껴지지 않는다. 클라우지우스가 제2법칙을 서술할 때도 '거의'라는 모호한 단어는 사용하지 않았다. 그러나 지금 우리는 볼츠만이 옳다는 것을 확실하게 알고 있다. 정말로 그렇다. 제2법칙에는 분명히 확률적 요소가 포함되어 있다.

• 볼츠만이 스스로 목숨을 끊은 것도 동료 학자들의 거센 반발에 시달리다가 우울증에 걸렸기 때문이라는 설이 있다.—옮긴이

요즘 물리학자들도 블랙홀의 열역학적 거동을 놓고 이와 비슷한 논쟁을 벌이는 중이다. 블랙홀이 엔트로피를 갖는다는 것을 "블랙홀 안에 움직이는 부분이 있다"라는 뜻으로 받아들인다면, 일반상대성 이론조차도 통계적 성질을 띠게 된다. 고전 열역학이 통계역학을 통해 입증된 것과 비슷한 상황이다. 그렇다면 시공간도 "통계에 기초한 근사적 서술"로 간주해야 한다. 상자 속 기체의 특성을 온도, 부피, 무게를 이용하여 대충 서술한 것처럼, 시간과 공간도 무언가의 "두루뭉술한 평균치"라는 이야기다. 통계역학의 선구자인 미국의 물리학자 조사이아 윌러드 기브스Josiah Willard Gibbs는 1902년에 출간한 저서에 다음과 같이 적어놓았다.

　　　열역학의 법칙은……. 다수의 입자로 이루어진 계의 거동을 대략적으로(또는 확률적으로) 서술하고 있다. 좀 더 정확하게 말하자면, 이 법칙은 "개개의 입자를 인식할 수 없는 존재"(인간을 뜻한 다)가 계를 관측하여 얻은 통계적 역학 법칙일 뿐이다.

　　21세기를 사는 우리도 시간과 공간의 저변에 깔린 미세구조를 인식하지 못하여, 그것을 대충 서술하고 있는 것은 아닐까?
　　블랙홀이 엔트로피를 갖는다는 베켄스타인의 주장에는 커다란 오점이 하나 있었다. 앞에서 보았듯이 엔트로피와 온도는 불가분의 관계여서, 블랙홀이 엔트로피를 가지려면 온도도 갖고 있어야 한다. 그러나 임의의 물체가 온도를 가지려면 무언가를 흡수하고 방출할 수 있어야 한다. 결국 온도란 "두 물체 사이에 교환된 에너지"로부터 정의되는 양으로, 파인먼이 말했던 "물기 제거 용이도"와 비슷한 개념이다. 블랙홀에서 아무것도 추출할 수 없다면, 블랙홀의 온도는 0켈빈이 되어야 한다. 1972년까지만 해도 대부분의 물리학자들은 블랙홀에서 아무것도 탈출할 수 없다고 굳게 믿고 있었다. 일반상대성이론이 그것을 보장했기 때문이다. 그러나 1974년에 갑자기 모든 것이 달라졌다. 서른두 살의 청년 스티븐 호킹이 〈블랙홀은 폭발하는가?〉라는 제목으로 충격적인 논문을 발표했기 때문이다.

10장

호킹 복사

**바딘과 카터, 그리고 나는 열역학적 유사성이 단순한 비유일
뿐이라고 생각했다. 그러나 지금까지 얻은 결과를 보면,
여기에는 더욱 깊은 의미가 담겨 있는 것 같다.**

_스티븐 호킹[1]

스티븐 호킹의 논문은 이론물리학계에 일대 혁명을 일으켰고, 그
영향은 지금도 계속 이어지는 중이다. 그는 블랙홀에 양자이론을 적
용했다가 "블랙홀도 일상적인 물체처럼 복사輻射, radiation를 방출한
다"라는 사실을 깨달았다. 블랙홀이 난로라는 것도 충격이었지만, 더
욱 놀라운 것은 호킹의 이론 때문에 중력법칙이 통계적 법칙으로 둔
갑하고, 공간의 기하학적 구조는 양자효과에 의해 근본적인 무작위
성을 띠게 된다는 것이었다. 어떤 종류의 무작위성인가? 이 질문의 답
은 아직도 발견되지 않은 채 이론물리학의 성배로 남아 있다. 그렇다
고 물리학자들이 손을 놓은 것은 아니다. 이론물리학은 1974년 이후
로 정말 파란만장한 길을 걸어왔다. 이 책의 나머지 부분은 블랙홀의
열역학에 관한 내용으로 채워질 예정이다. 이 분야는 블랙홀뿐만 아니
라 시간과 공간에 대한 새로운 이론으로 우리를 이끌어줄 것이다.

블랙홀 역학의 법칙

존 바딘John Bardeen, 브랜던 카터, 스티븐 호킹은 1973년에 〈블랙홀 역학의 네 가지 법칙The Four Laws of Black Hole Mechanics〉이라는 제목의 논문을 발표했다. 이 논문에서 그들은 고전 열역학과 블랙홀 사이의 유사성을 다음과 같이 정리했는데, 기호의 의미를 모르는 사람이 봐도 상당히 닮았다는 느낌이 든다.[2]

	열역학	블랙홀 역학
제0법칙	온도(T)는 일정하다	표면중력(k)은 일정하다
제1법칙	$dE=TdS$	$dE=\dfrac{k}{2\pi}\dfrac{dA}{4}$
제2법칙	엔트로피(S)는 증가한다	사건지평선의 면적(A)은 증가한다
제3법칙	T는 0이 될 수 없다	k는 0이 될 수 없다

열역학 법칙에서 온도(T)를 표면중력(k)으로 바꾸고(추가로 2π로 나눔), 엔트로피(S)를 사건지평선의 면적(A)으로 바꾸면(추가로 4로 나눔) 곧바로 블랙홀의 역학법칙이 된다(물론 반대 방향으로 바꿀 수도 있다).

온도의 개념을 정립한 제0법칙부터 살펴보자. 기체 상자와 같은 물리계는 모든 것이 진정되어 아무런 일도 일어나지 않을 때 평형상태에 도달한다. 이는 곧 상자 내부의 모든 영역이 똑같은 온도로 통일되었다는 뜻이다. 블랙홀의 경우 온도에 대응되는 양은 표면중력으로서, 예를 들어 블랙홀이 행성을 집어삼킨 후 진정국면에 접어들면 사건지평선의 모든 곳에서 k 값이 똑같아진다. 표면중력은 사건지평선 바로 위에서 "중력에 저항하기 어려운 정도"를 가늠하는 값이다. 다소 비현실적인 설정이지만, 한 우주인이 낚싯대를 들고 블랙홀 근처에서 우주유영을 한다고 상상해보자. 낚싯줄 끝에는 질량이 M인 송어 한 마리가 매달려 있다. 그는 송어가 사건지평선 바로 위에 도달할 때까지 낚싯줄을 점점 길게 풀면서 줄의 장력을 측정하는 중이다. 그의 계획대로 송어가 사건지평선 가까이 도달하면 줄의 장력은 kM이 될 것이다(k는 블랙홀의 표면중력이다●). 완벽한 구형의 슈바르츠실트 블랙홀이라면, 일정 고도를 유지한 채 사건지평선을 따라 움직여도 표면중력은 변하지 않는다. 그렇다면 자전하는 커 블랙홀의 경우는 어떨까? 이 경우에도 변하지 않을 것 같긴 한데, 왠지 확신이 서지 않는다. 자세한 증명은 바딘-카터-호킹의 논문에 나와 있다.

열역학 제1법칙은 일종의 에너지보존법칙으로, 계의 온도(T)가 고정된 상태에서 외부로부터 에너지(dE)가 유입되면 계의 엔트로피(dS)는 증가한다. 여기 대응되는 블랙홀 열역학 법칙은 다음과 같다. 표면중력(k)이 주어진 블랙홀에 에너지(dE)를 떨어뜨리면 사건지평선의 면적(dA)이 증가한다. 이쯤에서 표면중력과 온도를 동일하게 취급하고 싶어진다면, 베켄스타인의 주장대로 사건지평선의 면적과 엔

─────────

● 표면중력은 블랙홀의 질량에 반비례한다.

트로피도 동일시하고 싶어질 것이다. 게다가 호킹은 사건지평선의 면적이 항상 증가한다는 결론에 도달했으니, 제2법칙에서 말하는 엔트로피와도 기가 막히게 맞아떨어진다. 순전히 기하학적 개념인 '면적'과 기하학의 사돈의 팔촌보다 멀 것 같은 '정보의 양'이 긴밀하게 연결되어 있다는 것은 그 누구도 예상하지 못한 의외의 결과였다.

흥미롭기는 제3법칙도 마찬가지다. 고전 열역학에 의하면, 일련의 유한한 단계를 거쳐 무언가의 온도를 0켈빈까지 내리는 건 원리적으로 불가능하다. 거실의 냉장고를 예로 들어보자. 냉장고 내부의 온도가 0켈빈에 가까워질수록 냉각 효율도 0에 가까워진다. 온도가 극도로 낮은 물체에서 에너지를 추출하려면 엔트로피가 엄청나게 변해야 하고, 이는 곧 막대한 양의 에너지를 외부로 방출한다는 뜻이기 때문이다. 그러므로 냉장고가 마지막 남은 한 방울의 에너지까지 외부로 방출하여 절대온도 0켈빈에 도달하려면 무한대의 일을 해야 한다. 슈바르츠실트 블랙홀의 경우, 질량을 무한대로 키우면 표면중력을 0으로 만들 수 있다. 그러나 질량이 무한대가 되려면 무한대의 에너지를 투입해야 하므로 이것 역시 불가능하다. 커 블랙홀은 사정이 조금 다르다. 물질이 회전하고 있다면, 이것을 커 블랙홀에 던져서 표면중력을 줄일 수 있다. 그렇다면 회전하는 물질을 왕창 던져서 커 블랙홀의 표면중력을 0으로 만들 수 있지 않을까? 그럴듯한 제안이지만 이것도 불가능하다. 표면중력이 작을수록 물질이 블랙홀을 비껴가거나, 블랙홀이 물질을 밀어내기 때문이다.

바딘-카터-호킹 3인방은 긴 토론을 거친 후 1973년에 다음과 같이 결론지었다. "k가 온도와 유사한 것은 A가 엔트로피와 유사한 것과 동일한 맥락에서 이해할 수 있다. 그러나 k는 블랙홀의 온도가 아니며, A는 블랙홀의 엔트로피가 아니다. 실제로 블랙홀의 유효온도는 0켈빈이다."

그로부터 몇 달 후 발표한 1974년 논문에서, 호킹은 과학자가 갖춰야 할 가장 중요한 능력을 유감없이 발휘했다. 얼마 전 자신이 내린 결론에 스스로 이의를 제기한 것이다. "……모든 블랙홀은 온도를 갖는다는 가정하에 계산된 값과 정확하게 같은 빈도로 뉴트리노neutrino나 광자 같은 입자를 생성하고 방출하는 것 같다." 그 후 호킹은 1975년에 발표한 후속 논문 〈블랙홀에 의한 입자 생성〉에서 블랙홀의 온도를 다음과 같이 구체적으로 제안했다.[3]

$$T = \frac{k}{2\pi}$$

즉, 블랙홀의 온도는 표면중력을 원주율의 두 배로 나눈 값과 같다. 이로써 호킹은 열역학 법칙과 블랙홀 역학 법칙이 비슷하게 보이는 이유를 깨달았다. 둘이 닮은 것은 우연이 아니라, 블랙홀이 열역학적 객체임을 보여주는 증거였던 것이다. 호킹은 다음과 같이 설명했다. "블랙홀이 일정한 빈도로 입자를 방출한다는 것을 사실로 받아들이고 $k/2\pi$를 온도에, $A/4$를 엔트로피에 대응시키면, 일반화된 제2법칙이 모습을 드러낸다."

블랙홀이 입자를 방출한다는 것은 정말로 파격적인 주장이었다. 이것이 사실이라면 중력법칙의 본질이 '통계적 법칙'일 가능성이 농후해지기 때문이다. 호킹의 논문은 1970년대 초 물리학계에 핵폭탄

급 위력을 발휘했고, 이론물리학자들은 일반상대성이론과 블랙홀을 처음부터 다시 들여다봐야 했다. 기체 상자의 온도와 엔트로피가 눈에 보이지 않는 작은 물체들(원자)의 통계적 특성이었던 것처럼, 중력 법칙도 미시적 요인이 낳은 통계적 결과일지도 모른다. 하지만 아무리 생각해도 이상하다. 아무것도 빠져나올 수 없다는 블랙홀이 어떻게 달궈진 석탄처럼 빛을 발할 수 있다는 말인가? 호킹의 주장을 이해하기 위해, 잠시 양자이론과 무無의 물리학으로 눈길을 돌려보자.

호킹 복사 ─────────

이 책에서는 그동안 일반상대성이론에 집중하느라 양자이론을 자세히 들여다볼 기회가 없었다. 일반상대성이론도 분명히 파격적이지만, 결정 가능성과 인과율의 측면에서 보면 다분히 고전적인 이론이다. 고전이론이 자연을 서술하는 방식은 우리의 직관과 잘 맞아떨어진다. 우주는 입자와 장, 그리고 힘으로 구성되어 있으며, 임의의 순간에 단 하나의 명확한 배열로 이루어져 있다. 그리고 이 배열 요소들이 시공간에서 상호작용을 교환함에 따라, 우주는 예측 가능한 방식으로 진화하고 있다. 일반상대성이론은 시공간이 입자와 장에 반응하는 방식과, 역으로 입자와 장이 시공간의 변화에 반응하는 방식을 알려준다.

그러나 양자역학은 답이 하나로 명확하게 떨어지는 고전이론과 달리, 확률과 가능성의 세계를 서술하고 있다. 예를 들어 입자가 A에서 B로 이동할 때 취하는 경로를 양자역학적으로 계산하여 관측 결과와 일치하는 답을 얻으려면, 입자가 취할 수 있는 "모든 가능한 경로"를 고려해야 한다. 고전물리학에서 입자는 단 하나의 경로를 따라가지만, 양자적 입자는 여러 개의 경로를 동시에 지나간다.

고전이론과 양자이론의 가장 큰 차이점은 '확률'의 개입 여부다. 양자이론은 자연을 오직 확률적으로 서술하고 있다. 이런 유별난 특성은 "입자의 위치와 운동량을 동시에 정확하게 알 수 없다"라는 하이젠베르크의 불확정성 원리에 기인한 것이다. 어떤 방법으로든 입자의 위치를 100퍼센트 정확하게 알아낸다면, 입자의 속도는 오리무중이 된다. 다시 말해서, 입자의 현재 상태를 완벽하게 알아낸다 해도 미래에 입자가 어디에 있을지 정확하게 알 수 없다. 그렇다고 미래를 무지無知로 내버려둔다는 뜻은 아니다. 양자이론은 입자의 미래를 확률적으로 예측해준다. 우리의 지식이나 기술이 부족해서 이렇게 된 것이 아니다. 자연 자체가 원래 그렇게 생겨먹었다. 중요한 것은 입자의 양자적 상태가 시간에 따라 변하는 양상을 양자역학으로 예측 가능하다는 점이다. 입자의 현재 양자적 상태를 정확하게 알고 있으면, 향후 입자가 놓이게 될 다양한 위치를 확률적으로 알 수 있다. "위치 A에서 발견될 확률은 70퍼센트, B에서 발견될 확률은 25퍼센트, C에서 발견될 확률은 3퍼센트……" 같은 식이다. 게다가 이 확률이 시간에 따라 어떻게 변하는지도 알 수 있다. 다만, 특정 시간에 입자의 위치를 100퍼센트 정확하게 알아맞힐 수 없을 뿐이다. 그러므로 우리는 전자가 어느 순간에 어디에 있는지, 또는 특정 영역에서 전기장이 얼마나 많은 에너지를 운반하고 있는지 정확하게 알 수 없다. 우리가 알 수 있는 거라곤 입자가 어딘가에 있을 확률이나, 전기장이 특정한 배열 상태에 놓일 확률뿐이다. 그리고 입자와 장에 태생적으로 내재된 불확실성은 자연스럽게 호킹 복사로 이어진다.

이 시점에서 자연 전체가 양자역학을 따른다는 점을 강조하고 싶다. 양자역학은 일반상대성이론 못지않게 중요한 이론으로, 원자와 분자, 화학, 핵물리학뿐만 아니라 현대 전자공학을 떠받치는 주춧돌이다. 예를 들어 수십억 종의 전자기기에 예외 없이 쓰이고 있는 트랜지스터도 양자역학의 산물이다. 결국 우리는 좋건 싫건 양자세계에 살고 있는 셈이다.

양자 진공 ──────────

우리가 일상적으로 사용하는 단어 중 일부는 양자역학에서 사뭇 다른 의미로 통용되고 있다. 대표적 사례가 바로 '진공眞空, vacuum'이다. 호킹 복사를 낳은 양자적 우주에서, 진공은 완벽한 무의 공간이 아니다. 흔히 진공이라고 하면 입자와 장이 존재하지 않는 텅 빈 공간을 떠올리지만, 이것은 사실과 다르다. 원리적으로 진공은 완벽하게 비어 있을 수가 없다. 완벽하게 비었다는 것은 그 영역에서 에너지와 장이 0임을 "100퍼센트 정확하게" 알고 있다는 뜻인데, 양자이론이 그런 정확한 지식을 허용하지 않기 때문이다. 실제로 진공은 구조가 복잡하면서 매우 활동적인 공간이다. 공간의 한 영역을 다른 영역과 완전히 차단한 후, 그 안에 있는 입자를 몽땅 제거하면 말 그대로 텅 빈 진공이 구현되지 않을까? 아니다. 입자를 아무리 완벽하게 제거해도 새로운 입자가 끊임없이 나타난다. 하이젠베르크의 불확정성 원리 때문이다. 비유적으로 말하자면 인간에게 진공은 물고기에게 물과 같은 존재여서, 일상생활의 배경으로 항상 그곳에 존재한다. 입자란 진공이 들뜬 상태(진공의 바다에 이는 잔물결)이며, 이 물결은 한시도 잦아드는 법이 없다.

양자진공quantum vacuum을 상상하는 한 가지 방법은 텅 빈 공간에서 입자가 갑자기 출현했다가 순식간에 사라지는 광경을 떠올리는 것이다. 이렇게 섬광처럼 출몰하는 유령을 '진공요동vacuum fluctuation' 또는 '가상입자virtual particle'라 한다. 어떤 전능한 존재가 시간을 정지시키고 우주의 한 영역을 초고해상도 확대경으로 들여다본다면, 이 유령들은 진짜 입자처럼 보일 것이다. 그런데 블랙홀의 사건지평선 근처의 시공간을 먼 곳에서 바라보면 이런 일이 실제로 일어난다. 블랙홀이 고성능 돋보기처럼 작용하여 시간을 정지시키고, 진공요동이라

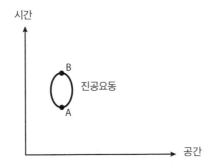

그림 10.1 진공요동. 진공 중에서 한 쌍의 입자가 느닷없이 생성되어 A에서 아주 짧은 시간 동안 존재했다가, B에서 다시 만나 무로 사라진다. 두 입자의 에너지 합은 0이므로, 한 입자의 에너지가 양수이면 다른 입자의 에너지는 음수가 되어야 한다.

는 유령을 현실로 만들어주는 것이다. 한 관점에서 가상입자로 보였던 것이, 관점을 바꾸면 실제 입자처럼 보일 수도 있다.

가상입자는 진공 중에서 항상 쌍으로 나타난다. 만일 당신이 이 광경을 눈으로 볼 수 있다면, 둘 중 하나의 에너지는 양수이고 나머지는 음수라는 것을 금방 알아차릴 것이다. 정상적인 상황에서는 두 입자가 아주 짧은 시간 안에 다시 합쳐지면서 에너지가 0으로 사라지므로, 평균적으로 볼 때 진공의 총에너지는 변하지 않는다. 언뜻 들으면 무슨 환상의 나라 이야기 같지만, 사실은 우리에게 이미 친숙한 현상이다. 집에서 조명 스위치를 켜면 형광등 안에 있는 기체 원자들은 에너지를 공급받아 들뜬 상태가 된다. 즉, 원자 내부의 전자들이 바닥상태보다 에너지가 높은 상태(높은 에너지 준위)로 점프하는 것이다. 에너지 준위는 9장에서 엔트로피를 논할 때 언급한 바 있다(그림 9.2 참조). 하나의 원자는 "허용된 에너지 준위에 전자들이 분산되어 있는" 상자와 비슷하다. 높은 준위로 점프한 전자는 그곳에 잠시 머물다가 다시 낮은 준위로 떨어지면서 광자를 방출하고, 바로 이 광자가 어두운 방에 빛을 선사한다. 한동안 물리학자들은 전자가 낮은 에너지 준위로 떨어지는 이유를 이해하지 못하여 그냥 "자발적 방출 spontaneous emission"이라 불렀는데, 지금은 진공요동 때문에 떨어지는 것으로 확인되었다. 간단히 말해서, 진공요동이 원자를 '간지럽혀서' 방출을 유도한다는 것이다. 호킹 복사를 유발하는 원인도 이와 비슷하다. 진공요동이 블랙홀을 간지럽혀서 입자의 방출을 유도하고, 이 과정에서 블랙홀의 에너지가 감소한다.

호킹은 1975년 논문에서 블랙홀이 복사에너지를 방출하는 이유를 꽤 친절하게 설명하면서 이런 코멘트를 달아놓았다. "여기 제시된 설명은 엄밀한 논리가 아니다. 열방출thermal emission의 엄밀한 증명은 수학을 통해 이루어진다." 그럼에도 불구하고 호킹의 설명은 블랙홀 복사를 이해하는 데 큰 도움이 된다. 대체 어떤 설명인지 우리도 한번 들어나 보자.

일단 블랙홀 바깥에 자리를 잡고, 사건지평선 근처에서 일어나는 진공요동에 집중해보자. 이곳에서 입자쌍이 생성되면 둘 중 하나가 블랙홀로부터 멀어지면서 재결합이 이루어지지 않을 수도 있다. 왜 그런가? 둘 중 음에너지를 가진 입자가 사건지평선 안으로 진입해서 특이점에 도달할 때까지 멀쩡하게 존재할 수 있기 때문이다. 블랙홀 안에 음에너지 입자가 존재할 수 있다는 것은 블랙홀에서 에너지를 추출하는 '펜로즈 과정'에서 이미 확인한 바 있는데(그림 7.7 참조), 근본적인 이유는 작용권 안에서 시간과 공간의 역할이 뒤바뀌기 때문이다. 그리고 이것은 사건지평선 안으로 진입한 음에너지 입자가 블랙홀의 질량을 줄이고, 파트너 입자는 드넓은 우주를 향해 날아가면서 호킹 복사로 나타나는 이유이기도 하다.•

슈바르츠실트 블랙홀의 경우, 블랙홀의 온도를 표면중력이 아닌 블랙홀의 질량(M)으로 표현할 수 있는데, 구체적인 값은 다음과 같다(이 값을 호킹 온도Hawking temperature라 한다).••

• 양에너지 입자가 모두 블랙홀에서 멀어지는 것은 아니다. 일부는 블랙홀 안으로 떨어져서 특이점에 도달한다. 요점은 "개중에 운 좋은 입자는 탈출할 수도 있다"는 것이다.
•• $\hbar$는 플랑크상수 h를 2π로 나눈 값이다.

그림 10.2 스티븐 호킹이 유도한 슈바르츠실트 블랙홀의 온도 공식은 웨스트민스터 사원에 마련된 그의 추모비에 새겨져 있다. (도판 14 참고)

$$T = \frac{\hbar c^3}{8\pi GMk_{\mathrm{B}}}$$

호킹의 계산에 내재된 양자이론은 이 놀라운 방정식을 통해 일반상대성이론과 우아하게 결합된다. 블랙홀의 역학 법칙은 알고 보니 열역학 기본 법칙이 교묘하게 위장한 것이었다. 그 덕분에 물리학자들은 블랙홀을 "정보를 저장하고, 사건지평선 바깥의 우주와 에너지를 교환하는 열역학적 객체"로 간주할 수 있게 되었다. 스티븐 호킹이 계산한 블랙홀의 온도는 우주를 이해하는 데 너무나 큰 도움이 되었기에, 웨스트민스터 사원에 마련된 그의 추모비에 선명하게 새겨져 있다.

11장

스파게티화와 증발

그러나 미세물리학에서 정보는 외부에 있지 않다.

작은 세상에서 자연은 우리에게 단호하게 말한다.

질문이 없으면 답도 없다! 그곳은 상보성이 지배하는 세상이다.

_존 아치볼드 휠러[1]

진공요동이 블랙홀을 간지럽혀서 복사를 방출하도록 만드는 것이 들뜬 상태의 원자가 바닥상태로 떨어지는 것과 비슷한 현상이라는 설명은 제법 그럴듯하게 들린다. 그러나 이런 식으로 이해하고 넘어가면 일상적인 물체에서 방출되는 복사와 호킹 복사의 차이점을 알 길이 없다. 둘 사이의 근본적인 차이를 추적하다 보면, "진공요동을 실제 현상으로 만드는 것은 중력효과다"라는 사실에 직면하게 된다. 이 독특한 생성 메커니즘은 호킹 복사의 세 가지 특성으로 이어지는데, 다 듣고 나면 무슨 야바위꾼에게 속은 듯한 느낌이 든다.

1. 큰 블랙홀의 사건지평선 근처에서 자유낙하하는 사람은 복사와 마주치지 않는다.
2. 큰 블랙홀의 사건지평선 바로 위에서 가속운동을 하는 사람

은 엄청나게 뜨거운 복사열 때문에 몸 전체가 증발해버린다.

3. 블랙홀에서 멀리 떨어져 있는 사람은 온도가 호킹 온도와 같은 물체에서 방출된 것처럼 보이는 차가운 복사열을 느낀다.

각 항목을 자세히 분석해보자.

1. 큰 블랙홀●의 사건지평선 근처에서 자유낙하하는 사람이 복사선과 마주치지 않는 이유는 쉽게 이해할 수 있다. 사실 이것은 아인슈타인의 등가원리에서 곧바로 유도되는 결과다. 자유낙하하는 관측자는 자신이 평평한 시공간에서 정지상태에 있는 것처럼 느낀다. 그러므로 그는 마치 블랙홀에서 멀리 떨어져 있는 것처럼 평온한 상태에서 진공요동(입자-반입자쌍)을 느낄 수 있다. 결국 그는 아무것도 느끼지 못한 채 계속 떨어지다가, 특이점에 가까워졌을 때 스파게티화를 겪게 된다.

2. 이와 대조적으로, 사건지평선 바로 위에 떠 있는 사람은 진공요동의 '양(+)에너지' 부분과 마주치게 된다. 그의 관점에서 그는 "시공간의 기하학적 특성 때문에 파트너와 분리된 (가상입자가 아닌) 실제 입자들에게" 얻어맞는 것처럼 느낀다. 1970년대 중반에 폴 데이비스Paul Davies와 빌 언루Bill Unruh는 평평한 시공간에서

● '큰 블랙홀'이란 사건지평선에서 조력효과tidal effect가 크게 나타나지 않는 블랙홀을 말한다.

도 이와 비슷한 효과가 나타날 수 있음을 알아냈다(이것을 '데이비스-언루 효과Davies-Unruh effect'•라 한다).**2** 이들의 이론에 의하면 중력을 행사하는 물체로부터 멀리 떨어진 곳에서 가속운동을 하는 로켓은 입자의 '열탕'을 뒤집어쓰는데, 이때 열탕의 온도는 가속도에 비례한다. 여기에 등가원리를 적용하면 블랙홀의 사건지평선 바로 위에서 현 위치를 유지하기 위해 가속운동을 하는 로켓도 똑같은 상황에 처할 것이다. 이 경우 로켓 바로 근처의 시공간은 거의 평평하기 때문에, 로켓이 겪는 일은 평평한 시공간에서 가속운동을 할 때와 거의 동일하다. 따라서 로켓은 뜨거운 입자로 가득 찬 욕조에 담긴 것처럼 열 폭탄을 맞게 되고, 사건지평선에 아주 가까우면 아예 증발해버릴 것이다.

3. 블랙홀로부터 멀리 떨어진 곳에서 자유낙하하는 관측자도 호킹 복사에 노출되지만, 목숨이 위태로울 정도는 아니다. 그에게 도달한 복사 입자는 호킹 온도 근처에서 방출된 것이기 때문이다(이것이 바로 호킹이 예측한 내용이었다). 이 상황은 블랙홀의 조력潮力을 이용하여 설명할 수도 있다. 지구에 조석현상이 일어나는 이유는 달의 중력이 지구의 지점마다 조금씩 다르기 때문이다. 그 결과로 해수면의 높이가 달라지고, 지구의 형태도 미세하게 변형된다. 단, 지구에서 그리 멀지 않은 두 지점 사이에서는

• 1973년에 이 문제를 연구했던 스티븐 풀링Stephen Fulling의 이름을 포함시켜서 '풀링-데이비스-언루 효과'로 불리기도 한다.

조석효과가 거의 관측되지 않는다. 지구에서 조석효과가 눈에 띄게 나타나려면 두 지점이 (지표면상에서) 아주 멀리 떨어져 있어야 한다. 그래야 두 지점에서 달의 중력이 큰 차이를 보이기 때문이다. 몇 미터 떨어진 두 지점 사이에는 달이 미치는 중력이 거의 똑같기 때문에, 욕조에 물을 받아놓고 아무리 기다려도 조수현상은 나타나지 않는다. 호킹 복사는 블랙홀의 중력이 진공요동에 의해 달라지면서 일어나는데, 이로부터 실제 입자가 생성될 정도로 효과가 크게 나타나려면 진공요동이 블랙홀의 크기만큼 떨어진 곳에서 일어나야 한다. 그러므로 블랙홀에서 멀리 떨어진 관측자는 파장이 긴 입자(저에너지 입자)의 흐름을 느끼게 되는 것이다.

위에 열거한 세 가지 상황은 각기 다른 관점에서 볼 때 적절한 설명이지만, 언뜻 생각하면 서로 모순되는 것처럼 보인다. 요점을 좀 더 뚜렷이 부각시키기 위해, 당신이 커다란 블랙홀을 향해 뛰어든다고 가정해보자. 당신의 관점에서 볼 때 당신은 특이점에 가까워질수록 스파게티 가락이 되겠지만, 사건지평선은 아무런 사고 없이 무난하게 통과할 것이다. 블랙홀 바깥의 로켓에 남은 당신의 동료들은 당신이 사건지평선을 넘는 장면을 결코 볼 수 없지만, 인내심을 갖고 기다리면 지평선에 점점 가까워지는 모습은 볼 수 있다. 일반상대성이론으로 알 수 있는 건 여기까지다. 그런데 우주선에 남은 동료들이 온도계를 줄에 매달아 길게 내려뜨려서 당신이 있는 곳의 온도를 측정하기로 마음먹었다고 하자. 얼마 후 온도계가 사건지평선 바로 위까지 내려오면, 위에 제시한 2번처럼 진공요동을 겪으면서 뜨거운 복사 열탕에 잠길 것이다. 멀리 떨어진 우주선에서 볼 때, 사건지평선 근처는 거의 불지옥을 방불케 한다. 동료들은 당신이 블랙홀 바깥에서 바싹 타는 바람에 사건지평선을 통과하지 못했다고 생각할 것이다.

떨어지는 사람의 관점에서는 사건지평선을 멀쩡하게 통과했는데, 멀리 떨어진 동료들은 우주 장례식 준비를 하고 있다. 이 명백한 모순을 어떻게 해결해야 할까? 일반상대성이론의 기초인 등가원리를 포기하고 '사건지평선=불지옥'이라는 결론을 내릴 것인가? 아니면 자유낙하하는 관찰자가 무사히 사건지평선을 통과했으니, 진공에 대한 양자역학적 분석이 틀렸다고 우길 것인가? 둘 중 하나를 선택한다면 나머지 하나는 깨끗이 포기해야 한다.

그러나 중도주의를 닮은 세 번째 방법이 있다. 아무것도 포기하지 않고 두 관점을 모두 수용하는 것이다. 외부 관찰자의 관점에서 볼 때 블랙홀은 절대 뚫을 수 없는 뜨거운 대기로 에워싸여 있어서, 자신에게 다가오는 모든 것을 가차 없이 증발시킨다. 그러나 내부로 진입한 당신은 사건지평선을 통과할 때 아무것도 느끼지 못했다. 사건지평선은 이름만 요란할 뿐, 실체가 없는 것 같다. 블랙홀에 접근하는 사람은 자신이 볼 때 스파게티처럼 늘어나고, 외부인의 관점에서 볼 때 뜨거운 열기에 기화된다. 이것이 소위 말하는 '블랙홀의 상보성black hole complementarity'이다.[3]

외부 관찰자는 아무리 오랫동안 기다려도 블랙홀에 물체가 빨려 들어가는 광경을 볼 수 없다. 사건지평선 안에서는 시간과 공간의 역할이 뒤바뀌므로, 바깥세상에서 볼 때 "블랙홀의 내부는 시간의 끝

너머에 존재한다"고 말할 수도 있다. 그러나 블랙홀 가까이 접근한 물체는 뜨거운 대기에 휘말려 무조건 타버린다. 바깥에서 볼 때, 블랙홀은 뜨겁게 타오르는 석탄과 별로 다르지 않은 것 같다.

블랙홀의 상보성을 받아들이면 둘 중 어느 것도 블랙홀에 빠진 사람의 체험담과 모순되지 않는다. 그는 블랙홀 내부를 탐험하다가 특이점을 만나면서 영원히 사라지겠지만, 일단 사건지평선을 넘어선 후에는 바깥에 있는 사람에게 자신의 상태를 알릴 방법이 없다. 또한 바깥에 있는 사람도 블랙홀 안으로 떨어지는 사람에게 이제 곧 숯덩이가 될 거라고 알려줄 수 없다. 외부 관측자와 내부 진입자가 만나서 자신이 본 것을 비교할 수 없기 때문에 모순이 발생하지 않는 것이다. 언뜻 들으면 말장난 같지만, 논리상으로는 아무런 문제도 없다.

당신은 이렇게 반문할 수도 있다. "블랙홀을 향해 여러 명이 차례로 뛰어들었다고 하자. 얼마 후 외부 관측자가 그들의 재를 수습해서 블랙홀 안으로 뛰어들면 '너희는 이미 밖에서 재가 되었다'라며 증거를 보여줄 수 있지 않은가?" 누군가가 살아 있는 상태에서 자신이 타고 남은 재를 바라본다는 것은 제아무리 상보성을 들이댄다 해도 도저히 있을 수 없는 일이다. 이 명백한 모순을 피해 갈 수 있을까? 있다. "외부 관측자가 먼저 간 동료들의 잔해를 수습하는 데에는 반드시 시간이 걸린다"는 사실을 고려하면 된다. 외부 관측자가 잔해를 모아서 사건지평선 안으로 뛰어들 때쯤이면, 먼저 진입한 동료들은 이미 스파게티화되어서 자신의 재를 확인할 수 없다. 미꾸라지처럼 잘도 빠져나간다고? 빠져나간 건 맞지만, 절대로 꼼수가 아니다. 1980년대에 등장한 정보이론에서도 이와 비슷한 문제가 제기된 적이 있다.

정보 역설 ────────────

블랙홀 복사이론을 제기했던 호킹의 논문 제목은 〈블랙홀은 폭발하는가?〉였다. 이런 파격적인 제목을 붙인 이유는 블랙홀이 수축되면 온도가 상승하면서 복사가 더욱 강렬해지고, 그 결과 수축이 더욱 빠르게 진행되다가 종국에는 복사선의 섬광으로 완전히 사라질 것이기 때문이다.* 여기서 "빠르다"는 말은 그다지 적절한 표현이 아니다. 질량이 태양의 5배인 블랙홀의 온도를 호킹의 공식으로 계산하면 0켈빈보다 100억 분의 1도쯤 높다는 결과가 얻어진다. 빅뱅이 일어난 지 약 138억 년이 지난 지금, 우주의 온도는 0켈빈에서 2.7도쯤 높은 것으로 밝혀졌으니, 블랙홀은 우주 공간보다 훨씬 차갑다.** 지금 이 순간에도 블랙홀은 휠러의 아이스티처럼 (상대적으로) 뜨거운 우주 욕조를 떠다니면서, 열역학 제2법칙에 따라 에너지를 흡수하고 있다. 그러나 우주는 꾸준히 팽창하면서 식고 있으므로, 언젠가 블랙홀은 차가운 우주에서 상대적으로 '뜨거운 점'이 되어 증발하는 시기가 찾아올 것이다. 태양과 질량이 같은 블랙홀의 수명은 약 10^{69}년으로, 조만간에 폭발할 염려는 없어 보인다. 그러나 블랙홀에 대한 논의를 여기서 멈추면, 아인슈타인 이후로 이론물리학계에 가장 큰 혁명을 몰고 온 주제를 놓치게 된다. 이 혁명은 다음과 같이 단순한 질문에서 시작되었다. "블랙홀은 정보를 파괴하는가?"

───────────

- 이것은 호킹의 공식에서 확인할 수 있다. 블랙홀의 온도는 질량에 반비례한다.
- ●● 고작 2.7도 차이밖에 안 나는데 "훨씬 차갑다"고 하는 이유는 2.7켈빈에 해당하는 에너지가 100억 분의 1켈빈에 해당하는 에너지보다 270억 배나 크기 때문이다.—옮긴이

한 권의 책이 블랙홀에 빠졌다고 상상해보자. 그 후 블랙홀은 상상을 초월할 정도로 긴 시간 동안 호킹 복사를 방출하면서 서서히 증발하다가, 마지막 순간에 복사를 폭발하듯 쏟아내고 조용히 사라진다. 이제 남은 것은 호킹 복사뿐이다. 그런데 호킹의 계산에 의하면 이것은 본질적으로 열복사thermal radiation이며, 열복사는 정보를 담고 있지 않다. 즉, 블랙홀이 사라지면 책에 담긴 정보도 완전히 사라진다. 그 책이 애초부터 우주에 존재하지 않았던 것과 동일한 상황이 되는 것이다. 그렇다면 별을 포함하여 블랙홀로 빨려 들어간 모든 물체의 세부 정보도 블랙홀과 함께 영원히 사라지고, 우주에는 아무런 특징도 없는 열복사만 남게 된다.

그래서, 그게 뭐 어쨌다는 말인가? 레너드 서스킨드는 1983년에 출간한 책《블랙홀 전쟁》에서 다락방에 사람들이 옹기종기 모여 세미나를 하던 날을 떠올렸다. 그날 참가자 중 한 명이었던 호킹은 "블랙홀 때문에 정보가 파괴된다"고 주장했다.[4] 16년 후에 노벨상을 받게 될 헤라르뒤스 엇호프트Gerardus 't Hooft는 호킹의 발표가 끝난 후 한동안 그 자리에 서서 칠판을 뚫어지게 바라보았다. "엇호프트의 찡그린 얼굴과 호킹의 득의양양한 미소가 희비 쌍곡선처럼 엇갈렸던 그 순간이 지금도 생생하게 기억난다……." 엇호프트의 심기가 불편했던 데에는 그럴 만한 이유가 있었다. 현재 우리가 알고 있는 물리법칙에 의하면 정보는 어떤 경우에도 보존되어야 한다. 임의의 시간에 어떤 대상의 정확한 상태를 알고 있으면, 그것의 미래를 예측할 수 있고, 과거도 정확하게 재현할 수 있다. 이것이 바로 "우주는 예측 가능한 방식으로 진화한다"는 결정론의 핵심이다. 물리학의 모든 법칙은 결정론적 진화를 보장하고 있다. 기체 상자나 별, 또는 은하와 같은 물리계는 시간이 흐르면 "단 하나의 명확한 미래 배열상태"로 진화한다. 또한 모든 만물은 예측 가능한 방식으로 진화하기 때문에, 시간의 반대 방향으로 법칙을 적용하면 임의의 과거에 계의 상태를 정확하게 알아낼 수 있다.• 그렇다면 블랙홀이 존재하는 우주는 어떤가? 지금도 은하의 중심부에서는 초대형 블랙홀이 주변 사물을 닥치는 대로 집어삼키고 있다. 만일 블랙홀이 먼 훗날 호킹 복사만 남기고 사라진다면, 그 안에 존재했던 정보는 절대로 되살릴 수 없을 것이다. 정보는 커녕, 블랙홀이 존재했다는 사실조차 알 수 없다. 존재의 흔적까지 블랙홀 스스로 지워버렸기 때문이다. 이것이 바로 그 유명한 '블랙홀 정보 역설black hole information paradox'이다.

그림 11.1은 블랙홀의 정보 역설에 대한 펜로즈 다이어그램으로, 블랙홀이 존재하는 기간에 해당하는 슈바르츠실트 시공간과(그림 8.3) 블랙홀이 사라지고 없는 평평한 민코프스키 시공간을 하나로 이어붙인 것이다. 보다시피 특이점은 블랙홀과 함께 사라지고, 시간의 끝을 나타내는 물결선은 다이어그램 상단에서 시간꼴 미래 무한대보다 먼저 끝난다. 특이점의 오른쪽 끝에서 무슨 일이 일어날지는 아무도 알 수 없다. 왜냐하면 이 지점에서는 블랙홀이 사라지고 양자중력 효과가 주인공으로 떠오르기 때문이다. 그러나 앞으로 보게 되겠지만, 많은 전문가들의 예상과 달리 정보 역설을 해결하기 위해 굳이 이

• 물리계가 양자역학적으로 진화하는 경우에는 관측 결과를 정확하게 예측할 수 없지만, 그래도 양자적 법칙에 따라 계의 과거와 미래의 상태(여러 가능성이 중첩된 상태)를 알 수는 있다.

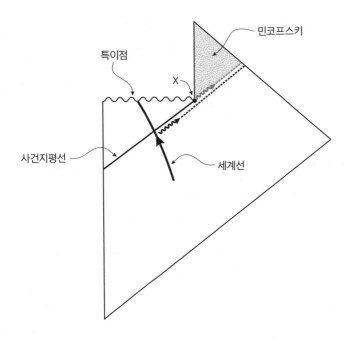

민코프스키

특이점

X

사건지평선

세계선

그림 11.1 증발하는 블랙홀에 대한 펜로즈 다이어그램. 최후의 호킹 입자(회색 물결선 화살표)가 X에서 방출되면 특이점은 사라진다. 살짝 휘어진 굵은 선은 블랙홀에 던져진 책의 세계선이고, 검은 물결선 화살표는 또 다른 호킹 입자다. 두 호킹 입자는 각자의 세계선(점선)을 따라가다가 빛꼴 미래 무한대에서 끝난다. (도판 15 참고)

부분을 알 필요는 없는 것으로 밝혀졌다.

그림 11.1에서 회색으로 칠한 부분은 블랙홀이 증발한 후의 시간에 해당한다. 이 시기의 시공간은 평평하고, 무언가가 사건지평선을 넘었던 흔적은 말끔하게 사라졌다. 사건지평선 내부에서 아무 점이나 골라 45도 선을 그으면 특이점에서 만난다는 것이 이 사실을 입증한다. 사건지평선 너머의 영역은 외부 우주와 인과적으로 단절되어 있으므로, 여전히 '탈출 불가능 영역'으로 남아 있다. 그래서 그

림 11.1의 특이점 위에는 시공간이 존재하지 않는다. 블랙홀이 사라진 후 우주에 남는 것이라곤 오직 호킹 복사뿐이다. 블랙홀이 사라지면서 방출한 마지막 호킹 입자의 세계선은 회색 물결선 화살표로 표시해놓았다. 이 입자는 아무런 방해물 없이 빛꼴 미래 무한대를 향해 나아간다.

호킹은 복사선에 아무런 특징이 없으므로, 블랙홀 안으로 떨어진 모든 것은 흔적을 남기지 않는다고 주장했다. 그렇다면 그 많은 정보는 다 어디로 간 것일까? 블랙홀이 증발하지 않는다면 "블랙홀에 빠진 책은 여전히 그 안에 존재한다. 단지 우리가 안을 들여다볼 수 없을 뿐이다"라며 다소 궁색한 설명이라도 늘어놓을 수 있을 것이다. 그러나 블랙홀이 증발하면 특이점도 존재하지 않으므로 책을 숨길 곳조차 없다.

블랙홀의 상보성을 수용하면 (적어도 외부 관찰자의 관점에서) 이 역설이 간단하게 해결된다. 외부 관찰자는 사건지평선을 넘어가는 물체를 본 적이 없으므로 사라진 정보도 없다. 블랙홀을 향해 떨어진 책을 다시 생각해보자. 그림 11.1에서 살짝 휘어진 실선이 책의 세계선이다. 외부 관찰자의 관점에서 볼 때 상보성에 의하면 책은 사건지평선에서 완전히 소각되고, 그 재가 호킹 복사의 형태로 우주를 향해 날아간다(그림 11.1의 검은 물결선 화살표). 모닥불에 책을 태운 것과 같은 상황이다. 책을 불에 태운 후 모든 재와 기체, 불씨 등을 알뜰하게 긁어모으면 그 안에 담겨 있던 정보를 완벽하게 복구할 수 있다. 물론 현실적으로는 불가능하지만, 이론물리학자는 현실에 연연하지 않는다. 요점은 '원리적으로' 가능하다는 것이다. 책에 담긴 정보는 불에 타면서 뒤죽박죽으로 섞이겠지만, 적어도 사라진 것은 없다. 단지 종이에 인쇄된 글자들이 공간 속의 입자로 변했을 뿐이다. 책이 사건지평선을 넘기 전에 몽땅 타버린다면, 펜로즈 다이어그램에서 책을 구성하는 모든 원자에 대하여 시간꼴 미래 무한대나 빛꼴 미래 무한대를 향해 나아가는 세계선을 그릴 수 있다. 이 모든 것을 블랙홀 안에 있는 관찰자의 관점에서 서술해보자. 블랙홀 내부로 들어온 책은 특이점에 가까워지면서 스파게티화된다. 특이점에 도달하면 어떤 일이 일어날지 알 수 없지만, 어쨌거나 특이점은 사건지평선 너머에 있으므로 책이 다시 블랙홀 밖으로 탈출할 수 없다는 것만은 분명한 사실이다. 그리하여 책은 사건지평선 안에서 시간의 끝을 맞이하여 완전히 사라진다. 하지만 외부인의 관점에서 보면 정보가 사라지지 않았으므로 문제될 것이 없다. 이 책은 호킹 복사로 쓰였으며, 미래의 초인적 존재가 읽을 수 있도록 항상 어딘가에 존재할 것이다. 그러므로 블랙홀의 상보성을 수용하면 내부 관점과 외부 관점이 모두 '진실'로 인정된다.

그렇다면 물리적 현실에는 어떤 결과가 초래될 것인가? 우리는 과거의 경험에 기초하여 책이나 사람 같은 거시적 물체는 한순간에 하나의 장소에만 존재할 수 있고, 이들에게 닥칠 운명도 단 하나뿐이라고 생각하는 경향이 있다. 그러나 양자이론에 입각하여 아원자입자subatomic particle(원자보다 작은 입자의 총칭)의 거동을 설명하려면 위와 같은 관념을 완전히 포기해야 한다. 게다가 상보성 원리는 지극히 당연하게 여겼던 직관마저 포기하도록 강요하고 있다. 당신은 블랙홀 안에서 스파게티화되고, 밖에서 증발한다. 블랙홀 내부와 외부의 관계가 일상적인 세계에서 말하는 '이곳'과 '저곳'의 관계와 같지 않다는 뜻이다. 마지막으로, 역사는 꽤 오래되었지만 아직 해결되지 않은 문제가 하나 있다. 호킹의 계산에 의하면 호킹 복사에는 정보가 담겨 있지 않다. 물리학자들은 오랜 세월 동안 이 문제와 씨름을 벌인 끝에, 호킹의 계산에 이의를 제기하는 것이 상보성의 입자를 굳히는 데 매우 유리하다는 사실을 깨달았다. 이의를 제기하기는 아주 쉽다. 다음과 같은 질문을 던지면 된다. "정보가 끝까지 살아남는다면, 호킹은 어디서 실수를 범한 것일까?"

12장

한 손으로 치는 박수

얽힘Entanglement은 청동기시대에 등장한 철과 같다.

_마이클 닐슨, 아이작 추앙[1]

물리학자는 역설을 좋아한다. 성격이 괴팍해서가 아니라(드물게 그런 사람도 있지만), 자신의 세계관이 무너지기를 은근히 바라기 때문이다. 또한 이것은 세상이 싫어서가 아니라, 개념적 대형사고를 겪을 때마다 자연에 대한 이해가 한층 더 깊어지기 때문이다. 훌륭한 과학자는 연구를 통해 자신의 믿음이 확인되는 것보다, 새로운 믿음이 탄생하기를 원한다. 블랙홀의 정보역설과 상보성 원리는 기존의 상식을 무색하게 만들면서 당대 물리학자들을 궁지로 몰아넣었다. 이 난리통에 결정론이 무사히 살아남으려면 호킹의 계산에 오류가 있어야만 했다. 만일 오류가 없다면, 결정론은 더 이상 발붙일 곳이 없어진다. 둘 중 어떤 쪽으로 결론이 나더라도 물리학자에게는 새로운 통찰을 얻을 기회였다. 결국 호킹의 계산은 양자이론과 일반상대성이론에 기초한 것이니, 잘하면 두 이론을 통일하거나 적어도 통일되지 않는 이유를 알 수 있을 것 같았다.

지금의 물리학으로는 블랙홀의 특이점에서 어떤 일이 일어나는지 알 길이 없다. 일반상대성이론에 의하면 특이점은 그곳으로 진입하는 모든 만물에 '시간의 끝'을 의미한다. 이것을 하나의 '위치'로 해석한다면 물질이 더 이상 존재하지 않는 곳이다. 일단 특이점을 만나면 물리학은 아무것도 계산할 수 없다. 그러나 호킹 복사는 특이점과 무관하다. 호킹의 계산은 양자물리학과 일반상대성이론이 정상적으로 작동하는 사건지평선 근처에서 실행되었다(이런 영역에서 펼치는 물리학을 '저에너지 물리학low-energy physics'이라 한다). 앞으로 보게 되겠지만 우리에게 친숙한 저에너지 물리법칙에는 더욱 심오한 양자중력이론의 흔적이 포함되어 있으며, 이 흔적은 호킹 복사를 통해 모습을 드러낸다.

물리학자들은 호킹 복사가 생성되는 특이한 방식과 이것이 증발과정에 가하는 제약조건을 이해함으로써 첫 번째 힌트를 얻었다. 특히 호킹 복사는 양자진공에서 무언가를 '뽑아내는' 식으로 이루어진다. 양자진공에서 한 쌍의 입자가 나타났다가 사라지는 과정을 다시 떠올려보자(그림 10.1 참조). 두 입자는 진공에서 태어났으므로 진공과 비슷한 속성을 갖고 있을 텐데, 그중 제일 중요한 것이 바로 '양자적 얽힘quantum entanglement'이다.

양자물리학이 양산한 의외의 결과들 중 얽힘이야말로 기괴함의 끝판왕이다. 에르빈 슈뢰딩거Erwin Schrödinger는 얽힘의 개념이 "양자세계를 고전적 사고에서 멀어지게 만드는 힘"이라 했고, 아인슈타인은 "유령 같은 원격 작용spooky action at a distance"이라며 불편한 심기를 노골적으로 드러냈다. 그러나 요즘 과학자들은 바로 이 얽힘을 이용하여 환상적인 기계장치를 만들고 있으니, 유령처럼 무서운 존재만은 아닌 것 같다. 그렇다. 요즘 한창 떠오르는 양자컴퓨터가 바로 이 '얽힘'을 이용한 발명품이다. 양자적 얽힘은 우리의 직관에 전혀 부합되지 않지만, 이 세상이 갖고 있는 현실적 속성이기도 하다.

얽힘이 직관에서 벗어난 것처럼 보이는 이유는 우리가 겪는 일상적인 경험 중 여기에 대응시킬 만한 사례가 하나도 없기 때문이다. 대충 말해서 얽힘이란 "고전적 논리로 설명할 수 없는 둘 이상의 객체들 사이의 상호관계"라고 할 수 있다.• 얽힌 관계에 놓인 두 물체는 아무리 멀리 떨어져 있어도 상대방의 영향을 즉각적으로 느낀다.•• 왜냐하면 이들은 "서로 연결된 하나의 물리계"이기 때문이다. 이는 곧 일상적인 세상의 저변에 더욱 미묘하면서 전체적인 세계가 존재한다는 뜻이다. 당신의 손에 있는 전자가 지구로부터 250만 광년 떨어진 안드로메다은하의 어떤 전자와 양자적으로 얽힌 상태일 수도 있다. 아인슈타인의 유령이 씻나락 까먹는 소리 같지만, 엄연한 사실이다. 그러나 상대방의 영향이 즉각적으로 전달된다고 해서, 특정 메시지를 빛보다 빠르게 보낼 수 있다는 뜻은 아니다. 아인슈타인의 광속초과 금지령은 얽힘의 세계에도 어김없이 적용되니, 타임머신 같은 건 포기하는 게 좋다.••• 아무튼 내가 하고 싶은 말은 양자적 얽힘이 엄연한 현실이라는 것이다.

• 상호관계는 일상생활에서도 흔히 볼 수 있다. 왼쪽 양말의 색과 오른쪽 양말의 색 사이에는 특정한 상호관계가 성립하고, 맨체스터에 사는 것과 이슬비에 익숙해지는 것도 밀접하게 관련되어 있다.
•• 즉, 영향이 전달되는 데 시간이 전혀 걸리지 않는다.—옮긴이
••• 영향은 즉각적으로 전달되지만, 여기에 유용한 정보를 실어 나를 수는 없다.—옮긴이

큐비트 ─────────

얽힘의 의미를 좀 더 깊이 이해하기 위해, 양자비트quantum bit(또는 큐비트qubit)의 세계로 들어가보자. 일반적으로 비트는 스위치와 같은 개념이어서 '켜짐on'과 '꺼짐off'이라는 두 가지 값만 가질 수 있다. 필요하다면 이것을 0과 1로 대치해도 무방하다. 현대의 모든 디지털 컴퓨터는 이와 같은 고전적 비트에 기초한 것이다. 반면에 큐비트는 0과 1을 동시에 가질 수 있어서, 훨씬 많은 일을 할 수 있다. 누군가가 큐비트를 관측하기만 하면 0 아니면 1로 결정되지만, 관측 전에는 0과 1이 섞여 있다. 전문용어로 말하면 큐비트는 0과 1이 선형적으로 중첩된 상태다linear superposition. 그 유명한 '슈뢰딩거의 고양이' 사고실험thought experiment|현실적으로 실행이 불가능하여 상상 속으로 하는 실험|을 들어본 독자라면 이런 아이디어에 익숙할 것이다. 여기, 봉인된 상자 안에 고양이 한 마리가 산 채로 갇혀 있다. 상자 안에는 방사성 원소가 들어 있어서 입자를 방출할 가능성이 있고, 입자가 방출되면 복잡한 기계장치를 거쳐 독가스가 방출되어 고양이를 죽인다. 이런 상태로 얼마의 시간이 지나면 고양이는 특정 확률로 살아 있거나 아니면 죽었을 텐데, 상자의 뚜껑을 열지 않는 한(즉, 관측을 하지 않는 한) 상자 내부에는 산 고양이와 죽은 고양이가 중첩된 상태로 존재한다. 그러다 누군가가 상자를 열면 고양이는 살아 있거나 죽었거나, 둘 중 하나로 명확하게 결정된다. 이 사고실험에서 고양이의 상태는 큐비트와 비슷하여, 관측되기 전에는 0과 1이 혼재된 상태로 존재한다. 단, 여기에는 짚고 넘어가야 할 사항이 몇 가지 있다. 무엇보다 관측의 진정한 의미를 정의하

고, 고양이처럼 큰 동물을 양자적 객체로 간주할 수 있는지 따져봐야 하는데, 이런 것은 우리의 관심사가 아니기에 그냥 넘어가기로 하겠다. 궁금한 독자들은 양자역학 소개서를 읽어보기 바란다. 슈뢰딩거의 고양이는 워낙 유명한 문제여서 어떤 책을 골라도 나와 있을 것이다(나와 제프 포셔가 공동 집필한《퀀텀 유니버스The Quantum Universe》도 그중 하나다). 이 책을 읽는 독자들은 큐비트가 기존의 비트보다 훨씬 풍부한 구조를 갖고 있다는 사실만 알면 된다. 큐비트는 0이나 1로 딱 떨어질 필요 없이, 두 값을 동시에 가질 수 있기 때문이다.

20세기 영국의 물리학자 폴 디랙Paul Dirac은 큐비트와 양자상태를 나타내는 강력한 표기법을 개발했다. 지금부터 큐비트를 기호 Q로 표기하자. 만일 큐비트가 1이라는 명확한 값으로 결정되었다면, 그 상태는 디랙의 표기법에 따라 다음과 같이 쓸 수 있다.

$$|Q\rangle = |1\rangle$$

반대로 Q가 0으로 결정된 상태는 다음과 같다.

$$|Q\rangle = |0\rangle$$

0과 1이 중첩되어 있으면서 관측을 실행했을 때 0이 나올 확률과 1이 나올 확률이 똑같은 큐비트의 양자상태는 다음과 같다.

$$|Q\rangle = \frac{1}{\sqrt{2}}|0\rangle + \frac{1}{\sqrt{2}}|1\rangle$$

고전 컴퓨터에는 이런 논리가 적용되지 않는다. 또 다른 예로 관측을 실행했을 때 0이 나올 확률이 10퍼센트이고 1이 나올 확률이 90퍼센트인 큐비트는 다음과 같이 쓸 수 있다.

$$|Q\rangle = \sqrt{\frac{1}{10}} \, |0\rangle + \sqrt{\frac{9}{10}} \, |1\rangle$$

양자 규칙은 이와 같은 식으로 작동한다. 각 개별상태 앞에 곱해진 계수를 제곱하면 그 상태가 얻어질 확률이 되는데, 마지막 $|Q\rangle$는 '대부분의' 상태가 1이면서 0이 조금 섞여 있다. 독자들은 이렇게 의심할 수도 있다. "사실 큐비트는 1 아니면 0인데, 마치 두 값이 섞여 있는 것처럼 위장술을 펼치는 거 아닐까?" 아니다. 근본적인 원인은 아직 알려지지 않았지만, 큐비트는 정말로 0과 1을 동시에 갖고 있다. 직관과 다르다고 불평할 일도 아니다. 우주는 처음 탄생했을 때부터 이런 식으로 작동해왔고, 앞으로도 그럴 것이다.

양자적으로 얽힌 상태는 전술한 상태로부터 구축할 수 있다. 큐비트가 두 개인 경우를 예로 들어보자. 두 큐비트가 모두 0이면, 이들이 결합된 양자상태 Q_2는 다음과 같다.

$$|Q_2\rangle = |0\rangle|0\rangle$$

여기서 첫 번째와 두 번째 $|0\rangle$은 각각 첫 번째 큐비트와 두 번째 큐비트의 상태를 나타낸다. 또는 다음과 같은 상태도 가능하다.

$$|Q\rangle = \frac{1}{\sqrt{2}} |0\rangle|1\rangle + \frac{1}{\sqrt{2}} |1\rangle|0\rangle$$

이것이 바로 "얽힌 상태"로서,• "첫 번째 큐비트가 0이고 두 번째 큐비트가 1일 확률은 50퍼센트이고, 첫 번째 큐비트가 1이고 두 번째 큐비트가 0일 확률도 50퍼센트인 상태"를 나타낸다. 단, 이 상태에서 두 큐비트가 모두 0이거나 1일 확률은 0퍼센트다. 하나의 큐비트처럼 작동하는 물리계의 대표적 사례로는 광자photon를 들 수 있다. 광자는 스핀이라는 물리량을 갖고 있는데, 값이 두 개뿐이어서 0과 1로 표현 가능하다. 마지막에 적은 |Q⟩, 즉 벨 상태Bell state|두 개의 큐비트로 이루어져 있고, 가장 간단하면서 양자적 얽힘이 최대인 상태|는 광자 두 개로 구현할 수 있다. 우리에게는 이런 상태가 매우 낯설지만, 양자암호나 양자컴퓨터를 개발하는 연구원들에게는 매일 마시는 커피만큼 친숙한 개념이다.

큐비트는 잠시 잊고, 폴 키앗Paul Kwiat과 뤼시앵 하디Lucien Hardy가 제안한 양자 주방quantum kitchen으로 가보자.[2] 이들의 비유에서 케이크를 광자로 대치하고 단어 몇 개를 물리학 용어로 바꾸면, 물리학 연구소에서 이루어지는 실험과 거의 같아진다. 양자 주방의 개요도는 그림 12.1과 같다. 중앙에 자리 잡은 주방에서 재료를 섞어 케이크 모양이 만들어지면 오븐에 넣고 굽는다. 케이크가 구워지는 동안 오븐은 컨베이어 벨트에 실려 양쪽으로 이동하는데, 왼쪽 오븐은 루시

• 이 얽힌 상태는 양자적 얽힘의 선구자였던 북아일랜드의 물리학자 존 벨John Bell의 이름을 따서 "벨 상태"로 불린다.

그림 12.1 폴 키앗과 뤼시앵 하디의 저서 《신비한 양자 케이크The Mystery of the Quantum Cakes》에 등장하는 양자 주방의 개요도.

(L) 담당이고 오른쪽 오븐은 리카르도(R) 담당이다. 이들은 도중에 오븐의 문을 열어서 부푼 정도를 확인할 때도 있고(단, 오븐의 문을 열면 케이크는 이미 부풀었거나 부풀지 않았거나, 둘 중 하나다) 컨베이어 벨트의 끝에서 케이크의 일부를 잘라 시식을 할 때도 있다(맛있거나 맛없거나, 둘 중 하나다). 이상이 실험의 전체적인 개요다.

　루시와 리카르도 앞에는 수많은 오븐(쌍)이 지나갈 텐데, 이들은 오븐마다 (1) 도중에 문을 열어서 부푼 정도를 확인하거나 (2) 오븐이 컨베이어 벨트 끝에 도달할 때까지 기다렸다가 케이크를 먹어보거나, 둘 중 한 가지 테스트를 무작위로 선택해서 실행하기로 했다. 단, 이들에게는 케이크 한 쌍당 단 한 번의 테스트만 허용된다(오븐이 지나가는 빈도는 양쪽 모두 똑같다). 도중에 오븐을 열어서 부푼 상태를 확인하거나 마지막에 케이크를 맛볼 수 있을 뿐, 하나의 케이크를 대상으로 두 가지 행동을 모두 할 수는 없다. 루시와 리카르도는 각자의 테스트 결과를 일지에 기록하기로 했다.

　자, 케이크 공장이 방금 가동되기 시작했다. 루시가 첫 번째 케이크를 왼쪽 컨베이어 벨트 끝에서 시식했는데 맛이 좋았다. 같은 시간에 리카르도도 똑같이 오른쪽 컨베이어 벨트 끝에서 시식했는데 맛이 별로다. 두 번째 오븐이 지나갈 때 리카르도는 도중에 문을 열어서 확인했는데 반죽이 부풀어 있었고, 루시는 두 번째 케이크도 벨트 끝에서 시식했는데 맛이 좋았다. 이런 식으로 여러 번 테스트를 거친 후, 두 사람은 다음과 같은 사실을 알게 되었다.

사실 1. 루시의 케이크가 일찍 부풀면 리카르도의 케이크는 항상 맛있다.
사실 2. 리카르도의 케이크가 일찍 부풀면 루시의 케이크는 항상 맛있다.
사실 3. 루시와 리카르도, 둘 다 도중에 오븐을 열었을 때 두 케이크 모두 부푼 경우는 전체의 12분의 1이다.

이 세 가지 사실로부터 우리가 (상식에 입각하여) 내릴 수 있는 결론은 두 케이크가 모두 맛있을 확률이 적어도 12분의 1 이상이라는 것이다. 왜 그런가? 이유는 다음과 같다.

1. 리카르도와 루시 모두 도중에 오븐을 열었을 때 두 케이크 모두 부풀었을 확률이 12분의 1이다.
2. 리카르도의 케이크가 부풀면 루시의 케이크가 맛있고, 그 반대도 마찬가지이기 때문이다.

여기까지 보면 케이크의 맛이 대체로 형편없다는 것 빼고는 별로 특별한 사항이 없는 것 같다. 그러나 양자적 특성이 반영된 양자 주방에서는 놀라운 결과가 얻어진다.

두 케이크 모두 맛있는 경우가 단 한 번도 없다는 것이다.

어떻게 그럴 수 있을까? 앞에서 우리는 두 케이크가 모두 맛있을 확률이 12분의 1이라고 장담했다. 이것은 반론의 여지가 없는 논리를 거쳐 얻은 확실한 결과다. 그런데 양자 주방에서는 이런 경우가 한 번도 없다니, 이것을 어떻게 설명해야 할까?

원하는 결과를 얻으려면 주어진 상황에 새로운 요소를 추가해서 논리를 처음부터 다시 전개해야 한다. 해본 사람은 알겠지만, 이 과정이 의외로 재미있다. 과연 어떤 메커니즘을 추가해야 두 케이크 모두 맛있는 경우를 제거할 수 있을까? 물리학과 학생들은 술집에서 이런 게임 벌이기를 좋아한다.● 이 책의 공동 저자인 제프와 나는 아주 오래전에 술집에서 특수상대성이론의 광속초과 금지령을 어기는 방법을 놓고 한참 동안 논쟁을 벌인 적이 있다. 지구와 달 사이에 길이 40만 킬로미터짜리 금속 막대를 연결해놓고 한쪽 끝을 툭툭 두드리면 반대쪽 끝이 즉각적으로 반응할 것이므로, 빛보다 빠르게 모스부호를 전달할 수 있지 않을까?●●

한 사람이 도중에 오븐을 열면 어떤 신호가 전달되어 다른 사람의 케이크가 맛있어지도록 만들어주는 메커니즘이 존재할 수도 있

● 이건 좀 거짓말 같다. 나는 술집에서 물리학 이야기를 하는 학생을 본 적이 없다.—옮긴이

●● 불가능하다. 막대의 한쪽 끝에 가해진 충격은 원자들 사이의 상호작용을 통해 도미노처럼 전달되는데, 이 전달 속도는 빛의 속도보다 한참 느리다.—옮긴이

다. 예를 들어 왼쪽(또는 오른쪽) 오븐을 중간에 열 때 나는 소리가 오른쪽(또는 왼쪽) 오븐을 바람직한 방향으로 흔들어서 케이크의 맛이 좋아지는지도 모른다. 또는 뜨거운 열을 잘 견디는 케이크 요정이 모든 오븐 속에 숨어서 전체 과정을 지켜보다가, 반대쪽 오븐이 도중에 열릴 때마다 자신이 담당한 케이크에 맛이 좋아지는 요정 가루를 뿌릴 수도 있다. 그러나 컨베이어 벨트가 충분히 길고 이동속도도 엄청나게 빨라서 관측이 행해지기 전에 신호가 도달할 수 없도록 만들면, 소리나 요정 가루처럼 인과관계에 기초한 가능성은 배제된다. 루시(또는 리카르도)가 중간에 오븐을 열었을 때 발생한 신호가 리카르도(또는 루시)의 케이크에 영향을 미치려면, 그 신호는 컨베이어 벨트 끝에서 리카르도(또는 루시)가 케이크를 맛보기 전에 도달해야 한다. 따라서 컨베이어 벨트를 아주 길게 만들거나 이동속도를 빠르게 조절하면 이런 일이 일어나지 않도록 만들 수 있다. 다른 가능성은 없을까? 있다. 케이크 반죽을 만드는 주방장이 루시와 리카르도의 행동을 미리 알고 있다면, 적절한 타이밍에 반죽에 이물질을 넣어서 두 케이크 모두 맛있는 경우가 단 한 번도 없도록 만들 수 있다. 하지만 이 가능성도 루시와 리카르도가 오븐이 주방을 떠난 후 항상 즉석에서 무작위로 결정을 내린다면 원천봉쇄된다. 또 다른 가능성도 시간만 투자하면 얼마든지 생각해낼 수 있고, 몇 가지 가정을 추가하면 방어할 수도 있다. 두 케이크 모두 맛있는 경우가 단 한 번도 발생하지 않는 이유를 양자이론에 의존하지 않고 반박의 여지 없이 완벽하게 설명할 수 있을까? 한 가지 방법이 있긴 있다. 태초에 시간이 처음 흐르기 시작했던 순간부터, 향후 우주에서 일어날 모든 사건이 이미 결정되어 있었다고 우기면 된다. 단, 여기에는 치러야 할 대가가 있으니, "자유의지는 우리의 착각 속에만 존재하는 허구일 뿐이며, 당신이 노력을 하건 말건 당신의 미래는 이미 정해져 있다"는 운명론을 받아들여야 한다. 이 해결책이 마음에 드는가? 모르긴 몰라도 열에 아홉은 심기가 불편할 것이다. 그러니 결정론이나 운명론은 뒤로 제쳐두고, 양자역학의 설명에 귀를 기울여보자.

케이크가 '얽힌 양자상태'에서 생산된다면, 둘 다 맛있는 경우가 하나도 없는 이유를 설명할 수 있다. 한 쌍의 케이크(동시에 반죽되어 하나는 왼쪽, 다른 하나는 오른쪽으로 컨베이어 벨트를 타고 가는 한 쌍의 케이크)의 양자상태를 "둘 다 맛있을 수 없는 상태"로 만들면 된다. 이 것은 앞에서 두 개의 큐비트가 모두 0이거나 1일 수 없는 상태 $|Q\rangle$와 비슷하다.

루시와 리카르도가 얻은 결과를 재현하는 양자상태는 다음과 같다.

$$|Q\rangle = \frac{1}{\sqrt{3}}\left(|B_\mathrm{L}\rangle|B_\mathrm{R}\rangle - |B_\mathrm{L}\rangle|G_\mathrm{R}\rangle - |G_\mathrm{L}\rangle|B_\mathrm{R}\rangle\right)$$

여기서 B와 G는 각각 '맛없는 경우'와 '맛있는 경우'이고, 아래 첨자 L과 R은 각각 '루시의 케이크'와 '리카르도의 케이크'를 나타낸다. 앞에서 예로 들었던 $|Q\rangle$보다 조금 더 복잡한 상태이지만, $|G_\mathrm{L}\rangle|G_\mathrm{R}\rangle$에 해당하는 항이 없으므로 두 케이크 모두 맛있는 경우는 절대 발생하지 않는다. 그리고 둘 다 맛없는 경우는 전체의 3분의 1이다. 왜 그런가? 도중에 오븐을 열어서 반죽이 부풀었는지 확인하는 행위와 수치

적 결과를 연결지으려면 좀 더 신중한 양자적 논리가 필요한데, 자세한 계산과정은 앞으로 우리가 다루게 될 내용과 별 관계가 없기에 아래 박스 글에 따로 적어놓았다. 관심 있는 독자들은 한 번 읽어보고, 그렇지 않으면 건너뛰어도 된다.

양자 주방에 대한 추가 설명

케이크의 양자상태에는 맛의 좋고 나쁨을 구별하는 기호(B와 G)만 있고, 반죽의 부푼 상태에 대해서는 아무런 기호가 없다. 부푼 상태에 관한 정보는 양자상태의 어느 부분에 들어 있는 것일까? 맛없는 상태($|B\rangle$)와 맛있는 상태($|G\rangle$)를 다음과 같이 정의하면, 루시와 리카르도의 관측 결과를 재현할 수 있다.

$$|B\rangle = \frac{1}{\sqrt{2}}\left(|N\rangle + |R\rangle\right)$$

$$|G\rangle = \frac{1}{\sqrt{2}}\left(|R\rangle + |N\rangle\right)$$

여기서 R은 반죽이 부푼 경우risen이고, N은 반죽이 부풀지 않은 경우not risen다. 이 상태를 어떻게 해석해야 할까? 우선 $|B\rangle$를 예로 들어보자. 케이크를 먹어봤는데 맛이 없었다면, 그 케이크는 $|B\rangle$ 상태에 있다는 뜻이다. 그리고 다음 차례에

서 오븐을 열었다면, 반죽이 부풀지 않았을 확률은 50퍼센트다. $((1/\sqrt{2})^2=1/2)$ 이제 위의 $|B\rangle$와 $|G\rangle$를 $|Q\rangle$에 대입하여 약간의 계산을 거치면 $|R_L\rangle|B_R\rangle$ 항의 계수가 $-1/\sqrt{12}$ 임을 알 수 있다.• 즉, 두 반죽이 모두 부풀 확률이 12분의 1이라는 뜻이다. 그리고 계산 결과를 자세히 들여다보면 $|R_L\rangle|B_R\rangle$ 항과 $|B_L\rangle|R_R\rangle$ 항이 없음을 알 수 있는데, 이것은 위에서 언급된 사실 1, 2와 일치한다. 이 모든 것은 양자 주방의 주방장이 처음부터 위와 같은 상태가 되도록 케이크를 만들었기 때문이다.

양자 주방의 가장 유별난 점은 여기서 생산된 케이크들이 '맛있다', '맛없다', '부풀었다', '부풀지 않았다'는 특징을 독립적으로 갖지 않는다는 것이다. 한 쌍씩 생산되어 나오는 2-케이크 시스템의 양자상태는 모든 관측 결과의 조합이 앞에 나열한 사실 1, 2, 3과 일치하도록 양자 주방에서 조리된다. 그러나 이 양자상태는 개개의 케이크가 주방에서 나왔을 때 맛있거나 맛없을 가능성을 모두 갖고 있으며, 부풀거나 부풀지 않을 가능성도 동시에 갖고 있다. 다시 한번 강조하건대, 루시와 리카르도가 케이크의 맛을 100퍼센트 확실하게 예측할 수 없는 것은 시스템의 양자상태에 대한 지식이 부족해서가 아니다. 두 사람은 양자상태를 정확하게 알 수 있지만, 관측을 하기 전에는 개개

• 위의 $|B\rangle$를 $|B_L\rangle$에 대입할 때는 $\frac{1}{\sqrt{2}}(|N_L\rangle+|R_L\rangle)$로 대입해야 한다. 다른 경우도 마찬가지다.—옮긴이

의 케이크가 맛있는지 맛없는지, 또는 부풀었는지 부풀지 않았는지 알 수 없다. 왜냐하면 케이크는 누군가에게 관측되지 않는 한, 이 모든 속성을 다 갖고 있기 때문이다.[•]

두 케이크의 상호관계에 관한 정보는 얽힌 상태의 어디에 들어 있을까? 이것은 각 케이크에 개별적으로 저장되지 않는다. 간단한 2-큐비트 시스템을 다시 생각해보자.

$$|Q_2\rangle = \frac{1}{\sqrt{2}}\,|0\rangle|1\rangle + \frac{1}{\sqrt{2}}\,|1\rangle|0\rangle$$

큐비트 하나를 관측하면 동일한 확률로 0 또는 1이 얻어진다. 동전 던지기와 똑같은 상황이다. 동전 여러 개를 한꺼번에 던지면 절반은 앞면, 절반은 뒷면이 나온다. 여기에는 아무런 정보도 없다. 각 동전의 상태는 완전히 무작위로 결정된다. 그러나 동전이 양자적으로 얽혀 있다면, 하나가 앞면이 나왔을 때 이것과 얽힌 동전은 뒷면이 나온다는 것을 보지 않아도 알 수 있다. 양자적으로 얽힌 파트너 동전이 우주 반대편에 있어도 마찬가지다. 위에 제시한 양자상태 $|Q_2\rangle$에는 "동전 두 개가 동시에 앞면이 나오거나 동시에 뒷면이 나오는 경우는 절대로 없다"는 정보가 저장되어 있지만, 저장 방식이 우리가 아는 것

[•] 그렇다면 케이크 사이의 '연결 관계'를 이용하여 빛보다 빠르게 정보를 전송할 수 있지 않을까? 답은 불가능하다. 이것은 양자역학과 특수상대성이론의 정면충돌을 막아준 중요한 특징이다. 예를 들어 루시의 케이크가 맛있을 확률은 리카르도의 선택과 무관하게 계산할 수 있다. 즉, 루시가 관측을 통해 얻은 결과는 리카르도의 관측과 무관하다. 그러므로 리카르도는 자신이 내린 선택을 이용하여 루시에게 메시지를 전달할 수 없다. 두 사람의 관측 결과는 서로 연결되어 있지만, 정보 전달이 가능한 종류의 연결이 아니다.

과 사뭇 다르다. 예를 들어 책에 담긴 정보는 각 페이지에 국소적으로 저장되어 있고, 읽은 페이지가 많을수록 이야기도 많이 전개된다. 그러나 양자 도서는 낱장을 아무리 집중해서 읽어도 횡설수설한 내용뿐이며, 페이지 간 상호관계를 알아야 스토리를 꿰어맞출 수 있다. 이런 책이라면 도입부를 이해하는 데에도 꽤 많은 부분을 읽어야 한다. 달랑 한 페이지 안에는 상관관계가 없으므로 정보도 식별할 수 없다. 얽힌 양자계의 작은 부분에는 정보가 들어 있지 않다. 이것은 양자세계의 중요한 특성이자 블랙홀 정보역설의 핵심이기도 하다.

양자적 얽힘과 증발하는 블랙홀 ──────

양자진공은 이름만 진공일 뿐, 결코 비어 있지 않다. 게다가 여기서 출몰하는 입자들은 양자적으로 깊이 얽혀 있다. 진공이 얽힌 정도는 '리-슈리더 정리Reeh-Schlieder theorem'로부터 알 수 있는데, 이 정리에 의하면 우주 전역에 걸쳐 진공의 작은 영역에서는 어떤 것도 만들어질 수 있다. 이 마술 같은 트릭이 (이론적으로) 가능한 이유는 진공이 태생적으로 얽혀 있기 때문이다. 사실 리-슈리더 정리는 이색적이면서 매우 중요한 정리인데, 국소적 연산을 수행할 수 없다는 사실 때문에 다소 퇴색한 듯한 느낌이 든다(물리학자로서 부끄러운 일이다). 그러나 이 정리에 진공이 암호처럼 내장되어 있다는 것만은 분명한 사실이다. 우리에게 중요한 것은 호킹 복사가 얽힌 진공의 산물이라는 점이다.

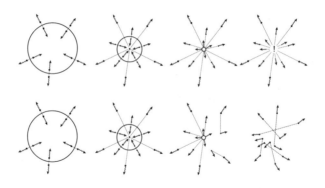

그림 12.2 호킹 복사와 블랙홀의 양자적 얽힘. 윗줄의 그림은 호킹의 계산을 그대로 적용했을 때 정보가 사라지는 과정을 보여주고 있다. 복사와 블랙홀 사이의 얽힘은 꾸준히 증가하는데, 어느 순간 블랙홀이 사라졌으니 당장 문제가 발생한다(윗줄 오른쪽 끝). 아랫줄은 정보가 손실되지 않는 경우로서, 복사와 블랙홀 사이의 얽힘은 서서히 복사들 사이의 얽힘으로 전환된다.

    그림 12.2는 호킹 복사를 통해 블랙홀이 증발하는 과정을 개략적으로 표현한 것이다. 그림에서 점선은 호킹 입자쌍을 나타내는데, 이들은 원래 양자진공에서 탄생한 입자여서 서로 얽힌 관계에 있다. 호킹 입자쌍은 필연적으로 사건지평선을 사이에 두고 멀어지기 때문에, 이들의 얽힌 관계는 블랙홀 외부의 호킹 복사와 블랙홀 자체를 연결하는 것으로 생각할 수 있다. 이제 시간이 흐를수록 호킹 복사가 더욱 빈번하게 일어나면서 더욱 많은 입자가 블랙홀과 얽히게 된다. 그러나 블랙홀은 점점 작아지다가 결국 사라지고, 호킹 복사는 자신과 얽힌 파트너를 잃게 된다. 결국 우주 공간에 남은 복사는 "한 손으로 치는 박수 소리"가 되는 셈이다.

    얽힘이 사라지면 어떤 결과가 초래될까? 앞서 말한 대로 얽힌 물리계는 계 전체에 걸쳐 상호관계 정보를 저장할 수 있는 풍부한 구조를 갖고 있다. 따라서 얽힌 관계가 단절되면 정보가 손실될 수밖에 없는데, 이것은 양자역학의 기본 원리와 결정론에 위배된다.• 여기서 탄생한 것이 바로 블랙홀의 정보역설이다.

이 당혹스러운 상황을 모면하기 위해, 이렇게 주장할 수도 있다. "블랙홀의 마지막 증발 단계에서 어떤 희한한 일이 일어날지, 아무도 모르지 않는가?" 블랙홀의 덩치가 크면 사건지평선 근처에서 시공간의 곡률이 크지 않으므로 호킹의 계산을 신뢰할 수 있다. 그러나 완전 증발을 코앞에 둔 초소형 블랙홀이라면 이야기가 달라진다. 마지막 순간에는 사건지평선 근처에서 시공간의 곡률이 너무 크기 때문에, 일반상대성이론과 양자역학을 적용할 수 없을지도 모른다. 이런 경우에는 양자중력이론을 적용해야 하는데, 안타깝게도 이 이론은 이름만 존재할 뿐, 아직 완성된 버전이 없다. 그래서 정보역설에 관한 논쟁은 아직 판가름 나지 않은 상태다. 이럴 때는 "훗날 발견될 새로운 물리학이 이 문제를 해결해줄 것"이라며 한 발 빼는 것이 신상에 좋을 것 같다.

그러나 1993년에 미국의 물리학자 돈 페이지는 이런 자세가 옳지 않다고 강력하게 주장했다.[3] 블랙홀의 정보역설은 증발의 마지막 순간에 발생하는 문제가 아니라, 블랙홀이 중년기에 접어들었을 때부터 발생하기 때문이다. 블랙홀과 호킹 복사를 "양자적으로 얽힌 단일 물

• 양자역학은 "계의 이전 상태를 알고 있으면 미래의 상태도 알 수 있다"는 점에서 결정론적이다. 그러나 양자역학은 본질적으로 무작위에 기초한 이론이기에, 계의 상태를 안다고 해서 관측 결과까지 알 수 있다는 뜻은 아니다. 이런 점에서 보면 양자역학은 비결정론적 이론이다. 용어상의 혼돈을 피하기 위해, 물리학자들은 모든 양자적 상태가 "유니터리성unitarity을 갖는다"고 말한다.

리계"로 간주해보자. 이것은 앞에서 다뤘던 양자 주방의 복잡한 버전에 해당한다. 블랙홀과 호킹 복사는 서로 반대 방향으로 이동하는 케이크이며, 둘은 양자적으로 얽힌 관계에 있다. 호킹 복사의 양이 많아질수록 블랙홀의 크기가 줄어들고, 그 결과 점점 많아지는 것(복사)과 점점 줄어드는 것(블랙홀)이 얽힌 관계에 놓이게 된다. 그러다 보면 블랙홀과 복사선이 더 이상 얽힌 관계를 유지할 수 없는 시점이 찾아올 텐데, 돈 페이지는 그 시기가 블랙홀의 최후 순간이 아니라 중년기에 접어들었을 무렵이라고 주장했다.

페이지의 논리를 이해하기 위해 한 가지 사례를 들어보자. 모든 조각이 정사각형인 퍼즐을 누군가가 완성하여 테이블 위에 올려놓았다. 완성된 퍼즐에는 많은 양의 정보(그림)가 들어 있다. 이제 퍼즐에서 조각을 무작위로 선택하여 옆에 있는 테이블로 하나씩 옮긴다고 해보자. 첫 번째 테이블 위의 완성된 퍼즐은 호킹 복사를 방출하기 전의 블랙홀이고, 두 번째 테이블은 블랙홀의 외부 공간에 해당한다.

첫 번째 테이블에서 퍼즐 조각을 무작위로 골라 빈 테이블로 옮긴다. 한 개, 두 개, 세 개……. 두 번째 테이블로 옮겨온 조각은 블랙홀에서 방출된 호킹 입자와 비슷하다. 조금 전까지 아무것도 없었던 두 번째 테이블 위에 퍼즐 조각 세 개가 옮겨왔는데, 이것만으로는 완성된 그림이 무엇인지 알아내기 어렵다. 사실 이들은 규모가 더 크고, 상호관계도 더욱 복잡하고, 훨씬 많은 정보를 보유한 거대 시스템의 일부인데, 단 몇 개의 조각만으로는 이 사실을 알 수 없다.

두 번째 테이블로 옮겨온 퍼즐 조각의 엔트로피는 (조각의 올바른 위치를 고려하지 않는다면) 테이블에 조각을 배열하는 방법의 수와 같다. 이것은 원자가 배열될 수 있는 방법의 수를 헤아려서 볼츠만의 엔트로피를 계산하는 과정과 비슷하다(세부 사항은 따지지 말자). 이렇게 구한 값을 '열 엔트로피thermal entropy'라 한다.•

옮긴 조각이 단 몇 개에 불과할 때, 두 번째 테이블의 엔트로피는 조각이 추가로 옮겨올 때마다 증가한다. 조각을 놓을 수 있는 자리가 충분히 많기 때문이다. 그러나 옮겨온 조각이 많아지면 조각들이 서로 맞물리기 시작한다. 이때가 되면 조각을 더 추가해도 '가능한 배열의 수'가 증가하지 않다가, 어느 시점부터는 전체적인 그림의 윤곽이 드러나면서 오히려 줄어들기 시작한다.

이 상황은 '얽힘 엔트로피entanglement entropy'라는 양을 도입하여 정량적으로 나타낼 수 있다. 이것은 일부 조각이 서로 맞는다는 사실을 감안하여 가능한 배열의 수를 계산한 값이다. 옮긴 조각이 몇 개 안 될 때는 조각들이 서로 맞을 가능성이 거의 없으므로 얽힘 엔트로피는 열 엔트로피와 같다. 그러나 옮겨온 조각이 많아지면 서로 맞는 조각도 점점 많아져서 가능한 배열의 수가 제한되므로 얽힘 엔트로피는 감소한다. 반면에 열 엔트로피는 옮겨온 조각의 수에만 관계된 양이므로 꾸준히 증가할 것이다.

새로 도입한 양을 '얽힘 엔트로피'라 부르는 이유는 두 퍼즐 조각의 얽힘 여부를 가늠하는 양이기 때문이다. 이 값은 조각이 옮겨오기

• 예를 들어 주어진 퍼즐 세트가 3×3이어서 하나의 조각이 들어갈 수 있는 위치가 아홉 개이고, 모든 조각이 똑같은 정사각형이라면, 가능한 배열의 수는 $9×8×7×6×5×4×3×2×1×4^9$=95,126,814,720이다. 맨 끝에 4^9이 곱해진 이유는 개개의 퍼즐이 네 가지 다른 방향으로 놓일 수 있기 때문이다.

전에 0이었다가, 하나둘씩 옮겨오면서 증가하기 시작한다. 퍼즐에 담긴 정보는 하나도 사라지지 않았지만 한 테이블에 집중되어 있던 정보가 두 테이블로 분산되고, 어느 시점에 이르면 두 번째 테이블에 완성된 그림이 드러나기 시작하면서 얽힘 엔트로피가 감소 추세로 돌아선다. 이때부터는 정보가 두 번째 테이블에 집중되면서 공유 정보량(얽힘)이 서서히 줄어든다. 두 테이블에 분산된 퍼즐은 조각이 절반쯤 옮겨졌을 때 얽힌 정도가 가장 커서, 얽힘 엔트로피가 최댓값에 도달한다. 그러므로 퍼즐의 얽힘 엔트로피는 0에서 출발하여 두 테이블의 조각 수가 거의 같아졌을 때 최대가 되고, 그 후 꾸준히 감소하여 0으로 사라진다. 이 변화 추이는 그림 12.3에 그래프로 표현되어 있다.

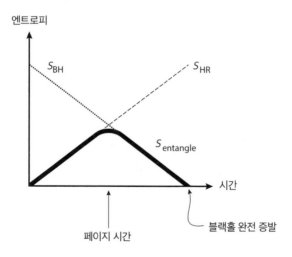

그림 12.3 페이지 곡선(굵은 곡선). S_{BH}(가는 점선)는 베켄스타인-호킹이 계산한 블랙홀의 엔트로피이고, S_{HR}(굵은 점선)은 호킹이 계산한 복사의 엔트로피다.

이 간단한 '퍼즐 옮기기' 사례로부터 돈 페이지의 논리를 이해할 수 있다. 첫 번째 테이블을 블랙홀로, 두 번째 테이블을 블랙홀에서 방출된 호킹 복사로 바꿔서 생각해보자. 블랙홀이 증발할 때 정보가 보존된다면, 방금 보았듯이 블랙홀과 복사 사이의 얽힘 엔트로피는 그림 12.3의 페이지 곡선Page curve처럼 증가했다가 감소해야 한다. 얽힘 엔트로피가 최대에 도달하는 시점을 '페이지 시간Page time'이라 하는데, 이 시점이 되면 초기 블랙홀 정보의 상당 부분이 호킹 입자의 상호관계로 옮겨가고, 시간이 흐를수록 옮겨간 양도 많아진다.

그림 12.3의 S_{BH}는 블랙홀의 열 엔트로피로서, 블랙홀이 증발함에 따라 점차 감소하다가 0으로 사라지고, 호킹 복사의 열 엔트로피 S_{HR}은 0에서 출발하여 끊임없이 증가한다. S_{HR} 곡선은 호킹의 계산값을 옮겨놓은 것으로, 이것만 보면 복사입자들 사이에 양자적 상호관계가 전혀 없는 것 같다. 그러나 돈 페이지는 다음과 같이 주장했다. "증발과정에서 정보가 보존되려면 끊임없이 증가하는 호킹 곡선이 아닌 페이지 곡선을 따라가야 한다. 그리고 더욱 중요한 것은 두 곡선의 차이가 페이지 시간부터 확연하게 드러난다는 것이다. 이 시기에는 블랙홀의 나이가 그리 많지 않기 때문에, 양자역학과 일반상대성이론을 모두 적용할 수 있다." 이런 관점에서 볼 때, 정보역설을 해결하는 것은 페이지 곡선(정보가 새어 나옴)과 호킹의 곡선(정보가 새어 나오지 않음) 중 어느 쪽이 옳은지 확인하는 것과 같다.

페이지 시간은 호킹 복사에 담긴 정보가 (외부로 새어 나온다면) 해독되기 시작하는 시간으로 생각할 수도 있다. 페이지 시간에 도달하기 전의 호킹 복사를 열복사로 간주하면(꽤 좋은 근사법이다), 얽힘 엔트로피는 열 엔트로피와 같아진다. 이 경우 상관관계는 보이지 않고, 복사에는 정보가 담겨 있지 않다. 그 후 페이지 시간이 지나면 상관관계가 드러나면서 복사선에 담긴 정보가 점점 많아진다. 이 상황은 앞서 언급했던 양자 책과 비슷하다. 책의 전체적인 내용이 페이지 간의 상호관계에 담겨 있기 때문에, 첫 페이지는 완전히 횡설수설이다. 적어도 절반 이상을 읽어야 상호관계를 파악하고 전체 스토리를 이해할 수 있다. 그런데 페이지 시간을 지나야 상호관계가 드러난다면, 또 하나의 이상한 결론이 얻어진다. 페이지 시간을 통상적인 블랙홀 수명의 절반으로 잡으면 10^{100}년쯤 되니까 방출 시점이 10^{100}년 이상 차이 나는 입자들의 상호관계가 드러나는 셈이다. 이것은 양자적 얽힘의 또 다른 신기한 특성으로, 시간과 공간이 겉보기와 다르다는 점을 시사하고 있다.

여기서 우리가 내릴 수 있는 결론은 "정보가 보존되려면 페이지 시간(대략 블랙홀 수명의 절반)보다 늦지 않은 시점에 호킹의 계산을 수정해야 한다"는 것이다. 그리고 앞에서도 말했지만 페이지 시간에는 사건지평선 근처에서 양자이론과 일반상대성이론이 완벽하게 작동하기 때문에, 새로운 물리학을 기다릴 필요가 없다. 그러나 블랙홀 증발과정에서 정보가 보존된다고 믿는다면, 양자이론과 일반상대성이론에 기초한 호킹의 계산은 우리의 예측에서 벗어난다. 이로써 문제가 명확해졌다. 블랙홀이 정보를 파괴하지 않는다는 것을 증명하려면 페이지 곡선을 계산해야 한다.

돈 페이지는 기존의 물리법칙으로 자신이 제안한 곡선을 계산할 수 있다는 확신을 갖고 과감하게 도전장을 내밀었다. 그러나 당시 물리학자들은 페이지 곡선과 일치하지 않는 호킹의 계산을 첨단이론으로 받아들였고, 그 외에 11장에서 다뤘던 상보성은 증거가 부족하여 정설로 인정받지 못했다. 블랙홀 바깥에서 볼 때 정보가 결코 사건지평선 안으로 사라지지 않는다는 점을 고려하면, 정보역설의 해답을 상보성에서 찾을 수 있을지도 모른다. 그러나 상보성을 수용하면 정보가 블랙홀 안으로 떨어진다는 관점도 똑같이 옳다고 인정해야 한다. 이 문제를 놓고 물리학자들이 한창 갑론을박을 벌이고 있을 때, 호킹은 틀렸고 상보성이 정답임을 강하게 시사하는 대담한 아이디어가 혜성처럼 등장했다. 그리고 그 키워드는 바로…… 홀로그래피 holography였다.

13장

홀로그램 세상

뭐가 어떻게 돌아가는지, 제대로 아는 사람이 하나도 없구면.

_조지프 폴친스키

블랙홀의 엔트로피는 면적에 비례한다. 이것은 블랙홀에 떨어진 물체의 모든 정보가 사건지평선의 표면을 덮고 있는 작은 조각에 암호처럼 저장된다는 것을 시사하고 있다. 시간이 흐르면 이 조각들은 표면을 벗어나 자유로워지고, 결국은 서로 연결된 호킹 입자가 된다. 조각들 사이의 상호관계(복사의 양자적 얽힘)에는 블랙홀로 떨어진 물체의 정보가 담겨 있다.•

블랙홀 근처에서 자유낙하하여 사건지평선을 통과하는 사람은 아무런 변화도 느끼지 못하므로, 지평선에 저장된 마술 같은 암호도 인지할 수 없다. 게다가 그는 특이점에 가까워졌을 때 (자신의 관점에서) 스파게티화되고, 사건지평선에서는 (외부 관측자의 관점에서) 불에 완전히 타버린다. 그러나 이 상반된 두 사건을 한 사람의 관측자가 모두 관측할 수 없으므로, 자연의 법칙에는 아무런 문제가 없다. 이것이 블랙홀의 정보역설에 대해 상보성이 내놓은 해결책이다. 난센스처럼 들리는가?

지금까지 수집된 증거들은 상보성이 난센스가 아님을 강하게 시사하고 있다. 그러나 그 안에 함축된 의미는 더욱 충격적이다. 상보성 이론에 의하면, 사건지평선 안에서 일어나는 모든 일은 밖에서 일어나는 사건 못지않게 물리적으로 타당하다. 이 두 가지 상반된 서술이 동일한 물리학에 대한 동등한 표현이라는 것이다. 또는 "블랙홀의 안과 밖이 똑같다"는 의미로 해석할 수도 있다. 이것을 '홀로그래피 원리 holographic principle'라 한다.**

언뜻 생각하면 굳이 홀로그래피 원리라는 거창한 용어까지 동원할 필요가 없을 것 같다. 무언가가 사건지평선을 통과할 때, 비밀리에 복사본이 만들어진다고 상상할 수도 있기 때문이다. 둘 중 하나는 특이점을 향해 계속 떨어져서 스파게티처럼 늘어나고, 다른 하나는 사

• 호킹의 계산에서는 이런 일이 일어나지 않는다. 호킹 입자는 상호관계가 없어서 정보를 실어나르지 않기 때문에 양자역학의 원리에 위배된다. 그래서 이론물리학자 사미르 마투르Samir Mathur는 호킹 입자가 "데이터가 부족한 진공에서 탄생한다"고 했다. 그 결과 호킹 복사의 얽힘 엔트로피는 계속 증가하고, 이 증가 추세는 결코 수그러들지 않는다(돈 페이지의 곡선과 일치하려면 특정 시점부터 감소해야 한다). 텅 빈 공간이 '얽힘의 무한 저장소' 같은 역할을 하기 때문이다. "사건지평선에 저장된 정보가 호킹 복사에 실려 외부로 방출되므로, 이 과정을 설명하는 이론을 찾아야 한다"는 것은 원론적인 지적일 뿐이다. 정보역설을 해결하려면 이 문제를 구체적으로 설명할 수 있어야 한다. 상보성 가설은 "사건지평선 근처의 뜨거운 영역에서 미지未知의 역학이 작용하여 호킹의 계산에 대대적인 수정을 가한다"고 주장하는데, 이 정도로는 만족스러운 답이 될 수 없다.

•• 홀로그램hologram은 "2차원에 담은 데이터로 3차원 물체를 복원한 영상"이고, 홀로그래피holography는 "홀로그램을 구현하는 기술"을 뜻한다.—옮긴이

건지평선에서 전소되어 호킹 복사에 각인될 수도 있다. 이것도 꽤 급진적인 발상이지만, 블랙홀 내부가 홀로그램이라는 주장에 비하면 온건한 편에 속한다. 그러나 복사본 가설에는 심각한 오류가 있다. 양자물리학의 법칙에 의하면 미지의 양자상태를 똑같이 복제하는 것이 원리적으로 불가능하기 때문이다. 이것은 '복제 불가 정리no-cloning theorem'로 알려져 있는데, 궁금한 독자들은 아래 박스 글을 읽어보기 바란다.

복제 불가

미지의 양자상태에 놓인 큐비트를 복제하는 기계장치가 있다고 가정해보자. 이 장치는 상태 $|0\rangle$을 $|0\rangle|0\rangle$으로 바꾸고, $|1\rangle$을 $|1\rangle|1\rangle$로 바꾼다. 그렇다면 이 장치에 큐비트 $|Q\rangle = \frac{1}{\sqrt{2}}(|0\rangle + |1\rangle)$을 입력했을 때 어떤 결과가 나올까? $|Q\rangle$에는 $|0\rangle$과 $|1\rangle$이 50대 50으로 섞여 있으므로, 복제 장치는 이것을 $\frac{1}{\sqrt{2}}(|0\rangle|0\rangle + |1\rangle|1\rangle)$로 바꿀 것이다. 그러나 이렇게 생성된 2-큐비트 상태는 $|Q\rangle|Q\rangle$와 다르다. 즉, 우리의 복제 장치로는 원본과 똑같은 양자상태를 만들 수 없다.

복제 가능성은 배제되었으니, 양자이론과 일반상대성이론을 포기하기 싫다면 홀로그래피가 남는다. 그러나 또 하나의 가능성이 남아 있다. "블랙홀에는 내부라 부를 만한 것이 아예 존재하지 않는다"는 가설이 바로 그것이다. 이 파격적인 해결책은 일반상대성이론이 틀렸다는 가정에서 출발한다. "그 어떤 물체도 블랙홀 안으로 진입할 수 없으며, 이것은 등가원리에 심각하게 위배된다. 그러므로 우리는 일반상대성이론을 포기할 수밖에 없다." 이런 식으로 아인슈타인에게 정면으로 도전장을 내민 사람은 아흐마드 알므헤이리 Ahmed Almheiri와 도널드 마롤프Donald Marolf, 조지프 폴친스키Joseph Polchinski, 제임스 설리James Sully였다. 이들은 2013년에 〈블랙홀: 상보성인가, 방화벽인가?Black Holes: Complementarity or Firewalls?〉라는 도발적인 제목의 논문을 발표하여 학계의 관심을 끌었다.[1] 흔히 'AMPS 논문'으로 알려진 이 논문은 상보성 이론에 치명적인 오류가 있음을 지적했고, 이로부터 "블랙홀에는 내부가 없으며, 사건지평선에 도달한 사람은 자신의 관점에서 볼 때도 방화벽 앞에서 화염에 휩싸인다"고 주장했다.

방화벽 ─────────

12장에서 우리는 블랙홀 외부를 떠다니다가 사건지평선에서 불에 타버린 불운한 우주인의 잔해를 수습하는 느긋한 관측자를 만난 적이 있다. 만일 당신이 이 잔해를 갖고 블랙홀 안으로 뛰어들어서 그 우주인에게 "이게 당신이 타고 남은 재입니다. 당신은 이미 죽었어요"라고 말한다면, 우주인은 자신의 관점에서 볼 때 "재가 되었으면서 동시에 재가 되지도 않았으니" 명백한 모순이다. 그러나 12장에서는 그 우주인이 당신을 만나기 전에 특이점에 도달하기 때문에 모순이 발생하지 않는다고 결론지었다. 여기에 큐비트와 복제를 도입하면, 방금 언급한 시나리오가 더욱 분명해진다. 예를 들어 블랙홀에 큐비트 한 다발을 던진 후 호킹 복사를 수집해서 적절한 방식으로 처리하면 원래 큐비트의 복사본을 얻을 수 있다. 단, 복제 불가 정리에 위배되지 않으려면 복사본을 들고 블랙홀 안으로 진입해서 원본 큐비트와 대조하는 것이 불가능해야 한다. 또한 앞서 말한 대로 블랙홀의 나이가 페이지 시간만큼 길지 않으면 많은 정보가 나오지 않기 때문에, 원본 큐비트의 복사본을 얻으려면 꽤 오랜 시간을 기다려야 한다. (블랙홀이 작다고 얕보면 안 된다. 태양과 질량이 같은 소형 블랙홀도 수명이 10^{69}년이나 된다!) 그러므로 젊은 블랙홀은 모순을 야기할 염려가 없다.

블랙홀이 페이지 시간을 넘겨서 중년기나 노년기에 접어들면 상황이 한층 더 미묘해진다. 이 시기의 블랙홀은 마치 거울처럼 작용하여 정보 조각을 거의 즉각적으로 내뱉는다.[2] 이 사실은 2007년에 패트릭 헤이든Patrick Hayden과 존 프레스킬에 의해 발견되었다. 그러나 놀랍게도 시간 지연(정보를 내뱉을 때까지 걸리는 시간)은 복제 불가 정리를 위반하지 않을 만큼 충분히 긴 것으로 확인되었다. 상보성의 관점에서는 모든 것이 잘 보이는데, AMPS는 이와 비슷한 사고실험을 제기하여 거의 다 된 밥에 재를 뿌렸다. 그러나 이들의 시나리오는 상보성과 양립하기가 쉽지 않다.

12장에서 본 바와 같이, 페이지 시간 이후에 호킹 복사로 정보를

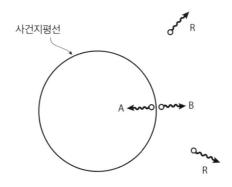

그림 13.1 방화벽. 젊은 블랙홀에서 방출된 호킹 입자 R은 늙은 블랙홀에서 최근에 방출된 호킹 입자 B와 얽히고, B는 블랙홀 내부의 입자 A와도 얽힌다.

전달하려면 호킹 입자들이 점점 더 많이 얽혀야 한다. 이 상황은 그림 12.2의 아랫줄에 나와 있다. 그러나 호킹 복사는 그림 12.2의 윗줄처럼 항상 얽힌 쌍으로 생성된다. 바로 이것이 문제다. 호킹의 입자쌍은 서로 얽혀 있기 때문에, 다른 무엇과도 얽힐 수 없다. 세칭 '얽힘의 일부일처제monogamy of entanglement'로 알려진 이 현상은 양자역학의 기본 속성 중 하나다.

그림 13.1은 페이지 시간보다 오래된 블랙홀에서 발생하는 문제를 개괄적으로 보여주고 있다. 주인공은 두 명의 관측자 앨리스Alice와 밥Bob이다. 밥은 블랙홀 바깥에서 호킹 복사를 열심히 수집하는 중이다. 그의 임무는 블랙홀 초기(페이지 시간 이전)에 방출된 복사 R을 적절하게 처리하여 단일 큐비트로 만드는 것이다.• 만일 정보가 보존된다면, 이 큐비트는 블랙홀의 말년에 방출된 호킹 입자 B와 얽힌

관계일 가능성이 매우 높다. 이것이 바로 블랙홀의 마지막 순간에 페이지 곡선이 0으로 떨어지는 이유다. 따라서 밥은 B와 R이 얽혀 있다고 결론짓는다.

앨리스는 페이지 시간 후에 자유낙하하면서 사건지평선을 통과하는 또 한 명의 관측자다. 블랙홀 안으로 진입한 그녀는 입자 B가 호킹 입자쌍인 A와 얽혀 있음을 확인할 것이다. 여기서 "앨리스가 볼 때 A와 B는 얽혀 있지 않다"고 가정하면, 얽힘의 일부일처제를 위반하지 않으면서 호킹 복사의 정보 유출을 허용할 수 있지 않을까?** 제법 괜찮은 해결책 같지만, 사실은 그렇지 않다. 이런 식으로 얽힘을 제거하면 사건지평선 주변에 '불의 벽wall of fire'이 생성된다. 진공 중에서 얽힘을 제거하려면 에너지가 필요하기 때문이다(빈 공간을 찢는 것과 비슷하다). 그 결과 방화벽은 앨리스가 블랙홀 내부로 진입하는 것을 막을 뿐 아니라, 사건지평선의 내부 공간을 파괴한다. 즉, 블랙홀의 내부가 존재하지 않게 되는 것이다.

상보성 이론으로 이 문제를 해결할 수 있지 않을까? 앨리스가 A와 B의 얽힌 관계를 관측하고, 또 밥이 B와 R의 얽힌 관계를 관측한다 해도, 둘이 만나서 관측 결과를 비교할 수 없으니 이것으로 오케이 아닌가? 아니다. 밥에게는 B-R의 얽힌 관계를 확인한 후 사건지평선 안으로 뛰어들어 (A-B의 얽힌 관계를 이미 확인한) 앨리스와 관측 결과를 비교할 수 있을 정도로 충분한 시간이 있기 때문이다.

- 매우 기발하면서도 복잡한 처리법이 있는데, 이것까지 알 필요는 없다.
- ** 그래도 밥은 B와 R의 얽힌 관계를 확인할 수 있다.

AMPS는 이와 같은 일련의 논리를 펼치다가 명백한 모순에 도달했고, 블랙홀의 내부가 정말로 존재하는지 심각한 의문을 품게 되었다. "대체 뭐가 어떻게 돌아가는지 제대로 아는 사람이 하나도 없다"라는 폴친스키의 푸념도 이 무렵에 나온 것이다. 근본적인 문제는 상보성 이론이 "블랙홀이 증발해도 정보가 보존되고, 이와 동시에 사건지평선 안팎에서 양자진공의 연속성과 통일성이 유지되어야 한다"는 요구를 충족시키기 위해, 지나치게 많은 얽힘을 요구했기 때문이다. 상보성 이론은 페이지 시간 이후 블랙홀과 호킹 복사에 과도한 정보를 욱여넣음으로써, 이들이 물리적으로 불가능한 양자상태에 놓일 것을 강요하고 있다.

　　AMPS 사인방은 논문의 끝부분에서 이 '정보 저장 한계'가 작동하는 방식에 대해 언급했다. 3장에 등장했던 "가속운동하는 관찰자" 린들러에게 이와 비슷한 논리를 적용하면, 그의 지평선에도 방화벽이 나타나야 하지 않을까? 린들러의 지평선은 블랙홀의 사건지평선과 달리 면적과 엔트로피가 무한대이기 때문에, 양자메모리가 부족한 상황은 절대 일어나지 않는다. 다시 말해서, 린들러의 지평선은 시간이 아무리 흘러도 늙지 않으므로, 진공의 완결성을 유지하는 데 필요한 정보를 얼마든지 저장할 수 있다.

　　홀로그래피는 등가원리를 구원하고 사건지평선의 안전을 보장할 뿐만 아니라, 양자역학과 정보 보존 법칙까지 구원해준 막강한 원리로서, "블랙홀의 안과 밖은 이중적 관계dual에 있다"는 아이디어에서 출발한다. 간단히 말해서, 블랙홀 초기에 방출된 호킹 복사 R과 내부에 있는 입자 A가 본질적으로 동일하다는 것이다. 말도 안 되는 헛

소리 같지만, 바로 이것이 홀로그래피 원리로 방화벽 문제를 해결하는 방법이다. 밥은 블랙홀 초기에 방출된 복사 R을 적절히 처리하여 B와 얽힌 관계임을 확인하는 과정에서 자신도 모르게 A-B 사이의 얽힌 관계를 끊어놓았다. 이 영향은 앨리스의 관측(A와 B 사이의 얽힘을 확인하는 관측)을 방해할 정도로 위력적이면서, 블랙홀 내부를 파괴할 만큼 위력적이지 않은 미니 방화벽을 만들어낸다.

홀로그램 세계 ─────────

시공간에 대한 홀로그래피 원리는 1993년에 헤라르뒤스 엇호프트가 처음 제안한 후, 레너드 서스킨드의 손을 거치면서 더욱 세련된 체계를 갖추게 되었다. 처음에 그들은 블랙홀의 상보성 가설을 보강하는 수단으로 홀로그래피 원리를 떠올렸지만, 얼마 지나지 않아 이 원리가 더욱 광범위하게 적용될 수 있음을 깨달았다. 즉, 홀로그래피는 블랙홀뿐만 아니라 자연에 내재된 보편적 특성이라는 것이다. 현재 홀로그래피 원리는 "우리가 인식하는 세상 전체가 홀로그램이다"라고 주장하는 단계까지 이르렀다.[3]

원래 홀로그래피는 2차원 화면에 저장된 정보만으로 3차원 물체의 입체 영상을 재현하는 기술이다. 홀로그램 영상을 본 사람은 그것이 얼마나 실감 나는지 잘 알고 있을 것이다. 홀로그램 영상을 띄워놓고 주변을 360도 돌면 피사체를 모든 각도에서 바라볼 수 있다. 자, 그렇다면 완벽한 홀로그램은 어떻게 만들 수 있을까? 홀로그래피로 3

차원 물체를 완벽하게 재현하려면 피사체와 관련된 모든 정보를 2차원 스크린(또는 필름)에 하나도 빠짐없이 저장해야 한다. 어디선가 들어본 이야기 같지 않은가? 그렇다. 앞에서 베켄스타인의 블랙홀 엔트로피를 다룰 때 이와 비슷한 이야기가 나왔다. 기억이 안 나는 독자들을 위해, 그 내용을 다시 한번 요약하면 다음과 같다. "2차원 사건지평선의 표면만 고려해도 블랙홀 안에 들어 있는 모든 정보를 계산할 수 있다."

9장에서 말한 대로 블랙홀은 모든 물체 중에서 정보의 밀도가 가장 높다. 그리고 블랙홀에 저장된 정보량은 사건지평선의 면적에 비례한다. 그러므로 임의의 영역 안에는 그 영역의 경계면에 저장할 수 있는 정보보다 많은 양의 정보가 존재할 수 없다. 엇호프트와 서스킨드는 여기에 착안하여 "공간 속 임의의 영역에 해당하는 정보는 그 영역의 경계면에 저장되어 있다"고 결론지었다. 홀로그래피 원리가 하필 블랙홀을 통해 발견된 이유는 블랙홀의 경계면이 외부에 떠다니는 모든 사람들에게 "사건지평선 근방에 형성된 뜨거운 막"의 형태로 노출되어 있기 때문이다. 그렇다면 블랙홀로부터 멀리 떨어진 곳에서 진행되는 우리의 일상에서 홀로그래피로 암호화된 정보를 들여다보려면 어떻게 해야 할까? 답은 아무도 모른다. 3차원 영역의 정보가 2차원 표면에 들어 있음을 확인하려면 3차원 공간을 잘라서 단면을 들여다봐야 하는데, 이 세상 어떤 도구를 동원해도 공간을 자를 수는 없기 때문이다.

홀로그래피는 상보성이 실제로 작동하는 완벽한 사례다. 사물을 서술하는 방법은 항상 두 가지가 있으며, 이 두 가지 서술은 물리적으로 완전히 동등하다. 이것은 블랙홀뿐만 아니라 우주 전체의 근본적 특성이다. 따라서 블랙홀은 우리에게 새로운 언어를 알려준 로제타 석인 셈이다. 그 덕분에 우리는 하나의 물리적 실체를 두 가지 동등한 방법으로 서술할 수 있게 되었다. 그중 하나는 주어진 영역의 경계면에 암호처럼 새겨져 있고, 다른 하나는 영역 안(공간)에 우리에게 친숙한 방식으로 존재한다. '우리'라는 존재와 우리가 겪는 모든 경험은 먼 곳에 있는 경계면에 새겨진 정보로부터 완벽하게 서술된다. 다만, 아직은 우리가 그 정보를 이해할 수 없을 뿐이다. 아무리 생각해도 미친 소리 같다. 그러나 이것은 SF가 아니라, 과학 역사상 최다 인용 횟수를 기록한 고에너지 물리학 논문에서 엄밀한 계산과 논증을 거쳐 내린 결론이다.

말다세나의 세계 ─────────

과학 논문의 중요성을 평가하는 방법 중 '논문 인용 지수citation index'라는 것이 있다. 문자 그대로 다른 사람의 글이나 논문에서 해당 논문이 인용된 횟수다. 당연히 중요한 논문일수록 인용 횟수도 많다. 고에너지 물리학 분야의 기록을 보면● 스티븐 호킹이 1975년에 발표한 〈블랙홀에 의한 입자 생성〉이 13위에, 그 위로 암흑에너지의 증거

─────────

● 이 통계자료는 전 세계 유명 연구소들이 공동운영하는 iNSPIRE database(inspirehep. net)에서 제공한 것이다.

를 발견한 두 편의 논문이 3, 4위에 올라 있다. CERN의 대형 강입자 충돌기에서 힉스 보손Higgs Boson이 발견되었음을 알린 두 편의 논문은 각각 6위와 7위다. 그러면 1위는 과연 어떤 논문일까? 이 분야에서 역대 최다 인용 횟수를 기록한 논문은 아르헨티나의 물리학자 후안 말다세나Juan Maldacena가 1997년에 발표한 〈초등각장론과 초중력의 큰 N 한계The Large N Limit of Superconformal Field Theories and Supergravity〉다.[4] 지금까지 무려 1만 8000번이나 인용된 이 논문은 홀로그래피 원리가 사실일 수도 있다는 강력한 증거를 제시함으로써, 지난 25년간 이론물리학의 판도를 완전히 바꿔 놓았다.

말다세나가 고려했던 우주는 우리의 우주가 아니었지만, 그래도 상관없다. 이 세상을 단순한 모형으로 축약하는 것은 물리학자들이 흔히 하는 일이다. 실제 세계가 너무 복잡해서 도저히 다룰 수 없다면, 모든 것이 실제보다 단순한 가상세계를 만들어서 자신의 논리(또는 계산)를 적용하는 것이 상책이다. 단, 모형은 지나치게 비현실적이지 않으면서 더욱 깊은 이해를 도모할 수 있어야 한다. 공학자는 비행기나 교량을 설계할 때 약간의 위험을 감수하면서 현실을 단순화한 가상 시뮬레이션을 실행한다. 그러나 말다세나의 선택은 경우가 다르다. 그는 홀로그래피 원리를 염두에 두고 우주를 선택하지 않았다. 다른 목적으로 선택한 우주 모형에서 수학 계산을 하던 중 홀로그래피 원리가 느닷없이 튀어나온 것이다. 말다세나의 이론을 이해하기 위해, 당신에게 2차원 장난감 우주가 주어졌다고 상상해보자.● 단, 이 우주는 유클리드 기하학을 만족하는 평면이 아니라, 쌍곡기하학hyperbolic geometry을 만족하는 쌍곡면이다. 그림 13.2의 왼쪽 그림

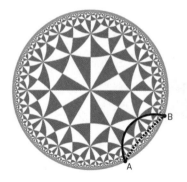

그림 13.2 (왼쪽) 2차원 쌍곡면을 원에 투영한 푸앵카레 디스크. A와 B를 잇는 실선은 점선보다 길어 보이지만, 사실은 실선이 더 짧다. (오른쪽) 네덜란드의 화가 마우리츠 에스허르의 〈원의 극한 1〉. 모든 물고기(또는 삼각형)는 크기와 모양이 같으며, 모든 선은 두 점을 잇는 최단 거리 직선이다. 그림 속 무늬는 공간의 크기를 측정하는 기본 단위로 간주할 수 있다(두 지점 사이의 거리는 그 사이에 놓인 물고기 수 또는 삼각형 수에 비례한다). 이것은 유클리드 평면에 똑같은 크기의 정사각형 타일을 깔아놓고 타일의 수를 헤아려서 두 점 사이의 거리를 구하는 것과 같다.

은 '푸앵카레 디스크Poincaré disk'로 알려진 2차원 쌍곡면이고, 오른쪽은 이 쌍곡면을 네덜란드의 화가 마우리츠 에스허르Maurits C. Escher가 아름다운 예술로 승화시킨 작품이다(작품 제목은 〈원의 극한 1Circular Limit I〉이다). 펜로즈 다이어그램에서 그랬듯이 이 그림도 무한대의 공간을 포함하고 있으며, 무한공간을 유한한 원에 집어넣기 위해 변두리가 크게 왜곡되어 있다. 예를 들어 에스허르의 그림에서 변두리로 갈수록 물고기가 작아지지만, 사실 이들은 "무한공간을 덮은 동일한

● 말다세나의 계산은 끈이론string theory에 기초한 것이어서, 다섯 개의 공간 차원이 작은 영역 안에 돌돌 말려 있는 10차원 시공간을 무대로 진행된다. 남은 5차원은 쌍곡공간으로, 공간의 경계는 4차원 면에 해당한다. 1997년 이후로 물리학자들이 홀로그래피 원리의 사례를 제시할 때는 문제를 단순화하기 위해 차원을 줄이는 것이 상례였다.

크기의 타일"이다. 변두리로 갈수록 공간이 크게 왜곡되기 때문에 물고기가 작아지는 것처럼 보이는 것뿐이다. 푸앵카레 디스크 투영은 등각투영conformal projection의 일종으로, 작은 물체의 형태가 정확하게 재현된다는 특징이 있다(예를 들어 물고기가 아무리 작아도 눈은 항상 원형이다).

자, 이제 쌍곡면에 시간을 추가해보자. 푸앵카레 디스크 여러 장을 층층이 쌓아 올리면 그림 13.3처럼 될 것이다. 시간은 아래에서 위쪽으로 흐르고, 개개의 디스크는 해당 시간의 공간 단면에 해당한다(그림에는 편의상 디스크를 두 개만 그려 넣었다). 이것을 '반-드지터 시공간Anti-de Sitter spacetime', 또는 줄여서 AdS라 한다. 이것을 "경계면과 내부가 있는 깡통"으로 간주하면 앞으로 언급될 내용을 이해하는 데 도움이 될 것이다. 말다세나는 "원통의 경계면에서 중력이 누락된 특정 이론을 정의하고 원통의 내부 시공간에서 중력이 포함된 이론을 정의하면, 두 이론은 수학적으로 완전히 동일하다"라는 사실을 증명했다. 간단히 말해서, 내부는 경계면을 홀로그램으로 투영한 것과 같다는 뜻이다. 그는 이 모형 우주의 일대일 대응관계를 증명하는 방정식을 유도하여, 홀로그래피 원리를 구체적으로 구현한 최초의 물리학자가 되었다.

이 내용을 이해하기 위해 'AdS/CFT 대응관계'로 알려진 이론의 세부 사항을 일일이 알 필요는 없다. CFTConformal Field Theories(등각장이론)는 입자물리학의 기초인 양자장이론의 한 종류로서,• 입자와 얽힘, 그리고 진공상태로 이루어진 양자이론이다. 그림 13.3에서 양자이론은 원통의 경계에서 정의된 물리계의 거동을 서술한다. 이것을

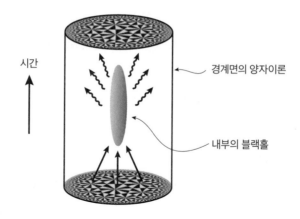

시간

경계면의 양자이론

내부의 블랙홀

그림 13.3 공간이 2차원인 경우 반-드지터 시공간에 대한 펜로즈 다이어그램. 원통은 무한히 길고, 경계면은 시간꼴이다. 일부 붕괴된 물질이 블랙홀을 생성하고(아래), 그 후 블랙홀은 호킹 입자를 방출하면서 증발하기 시작한다(위). 여기에 홀로그래피 원리를 적용하면 내부 시공간에서 '블랙홀이 형성되고 증발하는 과정'은 경계면에서 정의된 '중력 없는 양자이론'으로 설명할 수 있다.

머릿속에 그리고 싶다면, 이리저리 돌아다니는 기체 입자를 생각해 보라.

경계면(또는 경계 시공간)에 존재하는 양자계가 순수한 진공인 경우(즉, 입자가 하나도 없는 경우), 내부 시공간은 반-드지터 공간(AdS)이 된다. 그리고 경계면에 입자를 할당해서 기체가 존재하도록 만들면, 놀랍게도 내부 시공간에는 블랙홀이 나타난다. 그림 13.3은 이 관계를 도식적으로 표현한 것이다. 내부 시공간에서 블랙홀이 형성되고 증발하는 과정은 원통의 경계면에 존재하는 "중력이 없는 이론"으로

• 말다세나가 원래 고려했던 CFT는 쿼크quark와 글루온gluon 사이의 상호작용-(강력)을 서술하는 양자색역학Quantum Chromodynamics, QCD과 비슷하다. 그래서 이중성duality을 이용하여 중력이론으로부터 QCD의 결과 중 일부를 성공적으로 예측할 수 있었다.

설명할 수 있다. 즉, 내부와 경계면이 이중적 관계dual에 있는 것이다. 그러므로 내부의 중력은 경계면에서 양자역학의 결과로 나타난다.

그렇다면 반드시 제기해야 할 질문이 있다. 두 가지 서술 중 어느 것이 진짜인가? 블랙홀은 현실에 존재하는 실체인가, 아니면 경계물리학이 홀로그램으로 투영된 영상일 뿐인가? 전자가 답이라면 경계물리학은 실체가 아니라 블랙홀을 설명하는 기발한 방법일 뿐이고, 후자가 답이라면 우리가 실체라고 믿어왔던 모든 것은 경계에 있는 '진짜배기 실체'의 그림자(홀로그램)로 전락한다. 무엇이 진짜인지 궁금하긴 하지만, 이 질문의 답을 찾는 것은 물리학자가 할 일이 아닐지도 모른다. 당장 궁금한 문제에 지나치게 몰입하며 더 깊은 통찰을 놓친 사례가 과거에도 종종 있었기 때문이다. 세상에는 이런 일을 할 수 있는 사람이 엄청나게 많으므로 궁극적 진실을 찾는 일은 그들에게 맡기고, 극소수에 불과한 물리학자들은 자연현상을 설명하는 데 집중하는 편이 나을 수도 있다. 굳이 판정을 내리려 애쓸 필요 없이, 홀로그래피 원리를 "상보성 원리가 사실이라는 증거"로 받아들이면 그만이다. 세상을 설명하는 방법은 두 가지가 있고, 이들은 똑같이 옳으므로 모순이 발생할 일도 없다. 한쪽에서 진실이면 다른 쪽에서도 진실이다. 이것이 바로 홀로그래피 원리의 위력이며, 말다세나는 이 엄청난 사실이 수학적으로 구현되고 있음을 발견했다.

양자역학의 문제를 이와 동등한 중력 문제로 변환하는 기술은 지난 25년간 매우 성공적으로 진행되어왔다. 한쪽에서 볼 때 매우 복잡했던 문제가 다른 쪽에서 간단해진다면, 쉬운 쪽에서 문제를 풀면 된다. 물리학자에게는 엄청난 규모의 금맥을 발견한 것이나 다름없다. 이것이 바로 말다세나의 논문이 인용 횟수 1위를 기록한 비결이다. 홀로그래피 원리는 매우 유용하면서도 심오하여, 블랙홀이 증발할 때 정보의 유실 여부까지 알려준다.

그림 13.3은 AdS/CFT 대응관계로부터 "블랙홀에서 정보가 유출되어야 한다"는 것을 보여주고 있다. 원통의 아랫부분을 보면 처음에는 중력에 의해 붕괴되는 물질만 있을 뿐, 블랙홀은 존재하지 않았다. 그 후 블랙홀이 형성되고 증발하면(원통의 윗부분) 다량의 호킹 입자들이 남는다. 자, 지금부터 이중성에 집중해보자. 방금 서술한 모든 과정은 중력이 없는 경계면에서 일상적인 양자역학 법칙에 따라 진화하는 기체 입자와 동일하다. 경계이론과 내부이론 사이에는 일대일 대응관계가 정확하게 성립하기 때문에, 한 이론에서 정보가 보존된다면 다른 이론에서도 보존되어야 한다. 그런데 경계이론은 순수한 양자이론이므로 정보가 당연히 보존되고, 따라서 내부 시공간에서 진행되는 중력적 과정(블랙홀이 증발하는 과정)에서도 정보는 보존되어야 한다. 이것이 바로 스티븐 호킹이 킵 손과 존 프레스킬과의 내기에서 진 대가로 야구 백과사전을 건넨 이유였다. 천하의 호킹도 말다세나의 AdS/CFT 이중성을 인정한 것이다.

14장

흐르는 물속의 섬

말다세나의 AdS/CFT 대응관계 덕분에 블랙홀의 정보역설이
드디어 해결되었다. 정보는 분명히 블랙홀에서 유출된다.
그러나 호킹의 계산에서 틀린 부분을 찾는 것은 또 다른 문제다.
대체 어디가 어떻게 틀린 것일까?

_제프리 페닝턴[1]

경계 시공간에 적용되는 양자이론이 어떻게 내부 시공간에서 일
어나는 현상을 똑같이 재현할 수 있을까? 이 기적 같은 홀로그래피는
어떻게 작동하는 것일까? 이제 곧 보게 되겠지만, 마치 내부 공간이 양
자적 얽힘을 통해 경계면에 각인되어 있는 것 같다. 지금까지 알려진
연구 결과를 보면, 공간은 근본적인 양이 아니라 양자이론의 산물이
라는 느낌이 강하게 든다. 양자중력의 수수께끼는 결국 양자역학을 통
해 해결되고, 그로부터 중력이론이 출현할 가능성이 높다는 뜻이다.

6장에서 다뤘던 "최대로 확장된 슈바르츠실트 시공간"은 웜홀을
통해 연결된 두 개의 우주로 해석할 수 있다. 그러나 아쉽게도 블랙홀
내부에는 SF 영화에 등장하는 거대한 웜홀이 존재할 수 없다. 그곳에
는 붕괴된 별이 남긴 물질밖에 없기 때문이다. 그러나 앞서 말한 대로

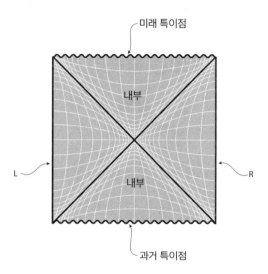

미래 특이점

내부

L

R

내부

과거 특이점

그림 14.1 양면 블랙홀.

"초미세 웜홀은 시공간의 일부가 될 수 있다." 지금부터 이 말의 의미를 좀 더 깊이 생각해보자.

그림 14.1은 최대로 확장된 슈바르츠실트 블랙홀(그림 6.2 참조)과 매우 비슷한 영구 블랙홀을 펜로즈 다이어그램으로 표현한 것이다. 이전과 다른 점은 블랙홀이 AdS 시공간 속에 존재한다는 것이다. 독자들은 이렇게 물을 수도 있다. "우리에게 친숙한 우주를 놔두고, 왜 AdS에 있는 우주에 관심을 갖는가?" 나도 그러고 싶은데, 방법을 모르겠다. 지금 동원 가능한 방법이라곤 말다세나의 AdS/CFT 이중성을 이용하는 것뿐이다. 현재 대부분의 물리학자들은 이 아이디어가 우리 우주에도 통해야 한다고 굳게 믿고 있다.

그림 14.1에서 위쪽(또는 아래쪽) 삼각형은 사건지평선과 미래(또

는 과거) 특이점으로 에워싸인 블랙홀의 내부이며,[•] L과 R로 표시된 모서리는 AdS 시공간 경계를 나타낸다. 슈바르츠실트의 경우와 마찬가지로 좌우 삼각형 영역은 블랙홀의 외부에 해당하는 전체 시공간으로, 웜홀을 통해 연결되어 있다. 여기에 AdS/CFT 대응관계를 적용하면, 펜로즈 다이어그램의 블랙홀 내부는 좌우 경계에 위치한 두 개의 양자장이론CFT[••]으로 설명된다. 전문용어로 말하자면, 블랙홀 내부의 시공간은 경계에 적용되는 두 양자이론의 '홀로그래픽 듀얼 holographic dual'에 해당한다.

자, 지금부터가 핵심이다. 양쪽 경계에 있는 CFT가 내부 시공간을 설명하려면, 두 CFT는 서로 얽혀 있어야 한다. 이들이 얽혀 있지 않으면 웜홀은 존재하지 않고, 두 개의 분리된 우주에 두 개의 단절된 블랙홀이 있을 뿐이다. 웜홀은 두 양자이론이 얽혔을 때 비로소 나타난다. 즉, 두 개의 우주를 연결하는 웜홀이 '얽힘'을 통해 나타난다는 것이다. 이처럼 양자적 얽힘과 웜홀은 불가분의 관계에 있으며, 이것은 양자이론과 중력 사이의 중요한 연결고리다.

이 연결관계를 좀 더 깊이 이해하기 위해, 홀로그래피 원리의 핵심 아이디어 중 하나인 류–다카야나기 추측Ryu-Takayanagi conjecture(RT 추측)에 대해 알아보자.[2] 프린스턴대학교의 신세이 류 Shinsei Ryu와 동경대학교의 다다시 다카야나기Tadashi Takayanagi가 2006년에 제안한 이 가설은 다양한 시나리오에 두루 성립하는 것으

• 사실 아래쪽 삼각형은 화이트홀의 내부다(6장 참조).
•• 앞으로 CFT라는 약자가 자주 나올 텐데, 등각장이론이라는 난해한 이름은 잊어버리고 그냥 "중력이 작용하지 않는 입자로 이루어진 기체"라고 생각하면 된다.

로 확인되었다. RT 추측이 중요한 이유는 양자적 얽힘과 시공간의 기하학적 특성을 수학적으로 연결해주기 때문이다.

그림 14.2는 양면 블랙홀(그림 14.1)의 가운데를 자른 단면을 내장형 다이어그램으로 나타낸 것으로, 6장에서 만났던 웜홀 다이어그램(그림 6.6)과 비슷하게 생겼다. 두 개의 CFT는 L과 R로 표시된 양쪽 끝 원에 존재한다(이 원은 그림 14.1에서 왼쪽과 오른쪽 수직선 위의 점에 대응된다). RT 추측에 의하면, L의 양자이론과 R의 양자이론 사이의 얽힘 엔트로피는 내부 공간을 둘로 나누는 가장 작은 곡선의 크기(면적)와 같다. 즉, 둘이 얽혀 있지 않으면 얽힘 엔트로피가 0이 되어 분할 곡선도, 웜홀도 없다. 이런 경우 두 양자이론은 분리되어 있으며, 이들을 연결하는 공간은 존재하지 않는다. 반면에 얽힘이 최대에 달하면 웜홀이 나타나고, 최소 곡선은 그림 14.2의 중앙에 그린 곡선처럼 가장 좁은 지점에서 웜홀을 감싸는 사건지평선이 된다.

왠지 어디선가 들어본 것 같지 않은가? 공간 차원을 하나 늘려서

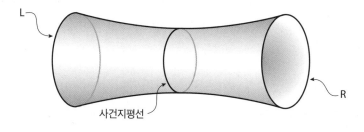

그림 14.2 그림 14.1의 웜홀을 특정 시간에 잡은 스냅숏. 경계면 L과 R에 있는 점들은 원을 형성하고, 내부는 2차원 표면이 된다. 또한 사건지평선은 웜홀을 반으로 나누는 가장 작은 원이며, 그 길이는 L과 R에 존재하는 두 양자이론이 양자적으로 얽힌 정도를 나타낸다.

우리에게 친숙한 3차원으로 확장하면, (웜홀을 시각화할 수는 없지만) CFT는 3차원 공간의 경계인 구면 위에 존재하게 된다. 여기에 RT 추측을 적용하면 두 CFT 사이의 얽힘 엔트로피는 이들을 연결하는 웜홀의 목구멍 면적과 같고, (6장에서 말한 대로) 웜홀이 가장 짧을 때 이 값은 블랙홀 사건지평선의 면적과 같다. 그러므로 사건지평선의 면적은 두 양자이론 사이의 얽힘 엔트로피와 같아진다. 그렇다. 친숙한 이유가 있었다. "블랙홀 사건지평선의 면적은 열 엔트로피와 같다"라는 베켄스타인의 결과와 비슷하기 때문이다.

매우 중요한 결과이므로 다시 한번 짚고 넘어가자. 처음에 우리는 입자 무리(기체)를 서술하는 두 개의 독립적인 양자이론에서 출발했다. 두 이론이 얽혀 있지 않으면 각자 고립된 우주를 서술한다. 13장에서 말했듯이 두 이론은 각자 나름대로 홀로그래픽 듀얼을 갖고 있지만, 그 외에는 완전히 분리된 이론이다. 그런데 두 이론이 얽힌 관계가 되도록 수학적 조건을 설정하면, 이들의 홀로그래픽 듀얼은 웜홀이 된다. 그리고 RT 추측에 의하면 오직 양자이론만으로 계산 가능한 두 양자이론 사이의 얽힘 엔트로피는 웜홀의 가장 좁은 곳의 면적과 같다. 또한 이 값은 블랙홀 사건지평선의 면적이기도 하다.

얽힘으로 만들어진 공간 ──────────

엔트로피와 얽힘, 기하학적 구조 사이의 연관성은 블랙홀을 연구하는 과정에서 발견되었지만, 최근 들어 이들의 관계는 훨씬 넓은 범위에 걸쳐 존재하는 것으로 확인되었다. 캐나다 출신 물리학자 마크 밴 람스동크Mark van Raamsdonk는 2010년에 출간한 그의 에세이 《양자적 얽힘을 이용한 시공간 구축Building up spacetime with quantum entanglement》에 다음과 같이 적어놓았다. "자유도를 얽히게 만들면 시공간을 연결할 수 있고, 얽힘을 풀어서 연결된 시공간을 찢을 수도 있다. 양자이론의 고유한 현상인 '얽힘'이 고전적 시공간 기하학의 핵심 요소로 등장한다는 것은 정말 흥미로운 일이다." 여기서 자유도degree of fredom란 입자나 큐비트 등 양자이론에서 '움직이는 부분'을 의미하며, '연결한다'거나 '찢는다'는 말은 얽힘이 시공간의 기하학과 관련된 정도가 아니라, 시공간의 근본적 기초임을 의미한다. 왜 그런가? 지금부터 그 이유를 차근차근 알아보자.

그림 14.3의 왼쪽 상단 원에 그려 넣은 경계에는 진공상태의 양자이론이 존재한다. 앞에서 말했듯이 진공은 양자적으로 긴밀하게 얽혀 있다. 따라서 경계의 양쪽 부분을 L과 R이라 하면, L과 R은 긴밀하게 얽힌 상태. RT 추측에 의하면 L과 R 사이의 얽힌 정도(얽힘의 양)는 내부 공간을 양분하는 가장 작은 표면(최소 표면minimal surface)의 면적과 같다. 그림에는 이 분할면이 회색 디스크로 표현되어 있다. 이곳에는 블랙홀 없이 구로 에워싸인 공간만 존재한다. 이제 경계면에서 얽힘의 양을 줄일 수 있다고 가정해보자. 그러면 RT 추측에 의해 두 영역을 나누는 경계면의 면적도 줄어들어야 하고, 이는 곧 두 영역이 그림 14.3의 왼쪽 상단처럼 잘록하게 연결된다는 것을 의미한다. 여기서 얽힘이 더욱 감소하다가 0으로 사라지면, 그림 14.3의 아래 그림처럼 구의 내부가 두 개의 영역으로 완전히 분리된다. 이들을

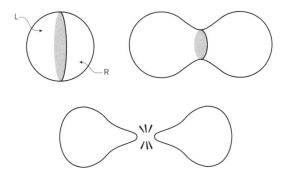

그림 14.3 두 반구 사이의 얽힘이 줄어들면 내부 공간이 조롱이떡 모양으로 잘록해지다가 단절된 두 공간으로 분리된다.

거품에 비유하면 공간은 각 거품의 내부에만 존재하고, 거품을 연결하는 공간은 더 이상 존재하지 않는다. 그러므로 공간의 경계에서 양자적 얽힘의 양이 달라지면 내부 공간의 기하학적 구조가 달라진다는 것을 알 수 있다. 그런데 아인슈타인의 일반상대성이론에 의하면 공간의 기하학은 중력에 의해 좌우되므로, 결국 중력은 양자적 얽힘에 의해 결정되는 셈이다. 이것이 바로 RT 추측이 낳은 놀라운 결과다.

여기에 덧붙여서, RT 추측은 AMPS 방화벽 역설을 해결하는 실마리도 제공해준다. 이 역설의 근원은 사건지평선 양쪽에 걸친 양자진공의 얽힘을 끊는 효과와 관련되어 있다. 앞에서 이것이 빈 공간을 찢는 것과 비슷하다고 말했다. 그런데 이 효과는 그림 14.3에서 살짝 다른 형태로 모습을 드러낸다. 즉, 하나의 경계로 양분된 두 영역 사이의 얽힘을 "끄면", 내부 공간이 두 개로 분리되는 것이다.

지금 우리는 아주 깊은 속에 숨어 있는 무언가를 엿보고 있는지도 모른다. 양자적 얽힘을 새로운 관점에서 바라보니, 세상이 다르게 보이기 시작한다. 이제 경계면에 있는 두 CFT 사이의 얽힘을 '두 입자 사이의 얽힘'으로 단순화해보자. 흔히 "ER=EPR 추측"으로 알려진 이 아이디어에 의하면, 양자적으로 얽힌 두 입자는 웜홀과 비슷한 무언가를 통해 연결된 것으로 생각할 수 있다. 이 추측은 후안 말다세나와 레너드 서스킨드가 밴 람스동크의 연구 결과에 기초하여 2013년에 제안한 것으로,[3] 방정식의 좌변 ER은 아인슈타인-로젠 다리(웜홀)이고 우변의 EPR은 아인슈타인과 네이선 로젠, 보리스 포돌스키Boris Podolsky가 분석했던 양자적 얽힘을 의미한다.[4] 여기서 잠시 말다세나와 서스킨드의 설명을 들어보자.

> 아인슈타인-로젠 다리(ER 다리)는 두 블랙홀이 양자적으로 얽혔을 때 생성된다. 그러므로 EPR과 연관된 모든 물리계는 모종의 ER 다리를 통해 연결되어 있을지도 모른다. 물론 이 다리는 아직 확실하게 정의되지 않은 양자적 객체일 뿐이지만, 발상 자체는 매우 흥미롭다. 우리는 두 스핀이 결합된 가장 단순한 단일 항 상태singlet state조차 (매우 양자적인) 이런 다리를 통해 연결되어 있다고 생각한다.

흐르는 물속의 섬• ─────────

이제 블랙홀로 돌아가서, 지금까지 줄곧 미뤄왔던 문제를 다룰 때가 되었다. 말다세나는 블랙홀에서 정보가 새어 나온다는 사실을 증명했고, 스티븐 호킹은 그의 주장을 쿨하게 인정했다. 그러나 호킹이 존 프레스킬과의 내기에서 패배를 인정하던 무렵에는 블랙홀에서 정보가 어떻게 새어 나오는지 아무도 알지 못했고, 호킹이 1974년에 수행했던 계산에서 틀린 부분을 정확하게 집어낸 사람도 없었다. 그 후로 2019년까지 이론물리학계는 별다른 변화 없이 줄곧 이런 상태를 유지해오다가, 두 연구팀이 구식 물리학(일반상대성이론과 양자역학)으로부터 중요한 페이지 곡선을 유도하면서 일대 전환점을 맞이하게 된다.[5] 이들이 일련의 계산을 거쳐 얻은 결과는 원거리 호킹 복사와 내부 호킹 복사가 동일한 대상의 두 가지 버전이라는 홀로그래픽 개념을 뒷받침하고 있다. 구식 물리학에서 페이지 곡선이 도출되었다는 것은 그 자체만으로도 매우 놀라운 일이지만, 아인슈타인의 중력이론에 자연의 근본적인 비밀이 숨어 있음을 암시하는 결정적 힌트일지도 모른다. 10장에서 다뤘던 블랙홀의 역학법칙도 일반상대성이론의 심오함을 보여주는 또 하나의 사례였다. 이 모든 것은 자연의 저변에 숨어 있는 초미세물리학microphysics에 대해 무언가 중요한 내용

────────────

• 관련 논문의 공동 저자인 스완지대학교의 티머시 홀러우드Timothy Hollowood, 프렘 쿠마르Prem Kumar, 안드레아 레그라만디Andrea Legramandi, 닐 탤워Neil Talwar에게 감사의 말을 전한다. 돌리 파턴Dolly Parton과 케니 로저스Kenny Rogers에게도 감사해야 할 것 같다.('흐르는 물속의 섬Island in the stream'은 컨트리 가수 돌리 파턴과 케니 로저스가 1983년에 발표한 듀엣곡의 제목이기도 하다.—옮긴이)

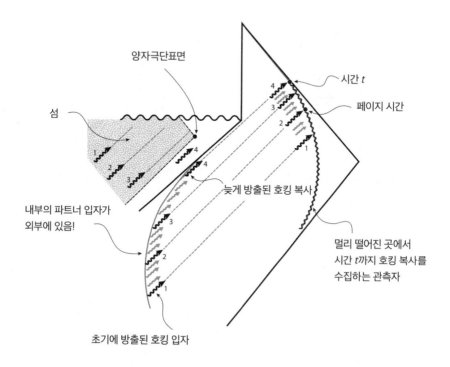

그림 14.4 증발하는 블랙홀에 대한 펜로즈 다이어그램. 물결선 화살표는 호킹 입자와 그 파트너 입자를 나타낸다(원래 입자는 사건지평선 바깥에 있고, 파트너 입자는 안에 있다). 복사 *R*에 해당하는 양자극단표면은 섬과 함께 표시되어 있다(회색 영역). 섬의 내부에 있는 파트너 입자는 *R*의 일부로 간주되어야 한다. (도판 16 참고)

을 알려주는 것 같다. 왜냐하면 호킹의 면적 정리는 열역학 제2법칙의 또 다른 형태이기 때문이다.

2019년에 발표된 논문의 핵심 아이디어는 오래된 블랙홀(페이지 시간을 넘긴 블랙홀)의 경우, 내부의 일부가 실제로 외부에 존재한다는 것이다. 이 놀라운 "내-외 동일성"이 어떤 결과를 초래할지는 아직 알 수 없지만, RT 추측과 ER-EPR 추측이 깊이 관련되어 있다는 것만은 분명한 사실이다.

그림 14.4는 증발하는 블랙홀의 펜로즈 다이어그램에서 흥미로운 부분을 강조한 것이다.• 호킹 복사는 45도 방향의 빛꼴 궤적을 따라 빛꼴 미래 무한대를 향해 흐르고, 그 파트너 입자들은 사건지평선 안에서 비슷한 궤적을 따라간다. 아인슈타인의 이론에 의하면 파트너 입자는 특이점에 도달할 운명이지만, 새로운 계산에서는 훨씬 극적인 일이 발생한다. 사건지평선 뒤에 있던 파트너 입자가 결국 밖으로 나가게 되는 것이다.

먼저 이것을 페이지 시간과 결부시키는 방법부터 알아보자. 블랙홀로부터 멀리 떨어져 있는 누군가가 고정된 위치에서 자신을 향해 날아오는 호킹 복사를 수집하고 있다. 이 관측자는 펜로즈 다이어그램의 오른쪽 끝에서 휘어진 물결선을 따라간다(그림 5.1의 슈바르츠실트 좌표 격자와 비교하면 위치가 고정되어 있음을 쉽게 알 수 있다). 관측자의 수집이 종료되는 시간을 t라 하고, 수집된 복사를 통틀어서 R이라

• 그림 14.4와 14.6을 완성하는 데 많은 도움을 준 티머시 홀러우드에게 감사의 말을 전한다.

하자. 우리의 관심사는 관측자가 수집한 복사와 블랙홀 사이의 얽힘 엔트로피를 계산하는 것이다. t가 충분히 크면 블랙홀이 완전히 증발하여, 관측자는 모든 호킹 복사를 알뜰하게 수집했을 것이다. 이런 경우 블랙홀의 모든 정보가 복사를 통해 유출되었다면 얽힘 엔트로피는 0으로 떨어져야 한다. 이것이 바로 새로운 계산에서 얻은 결과이자, 호킹의 계산에서 얻지 못했던 결과다.

두 계산의 근본적인 차이는 사건지평선 내부에 회색으로 칠한 영역, 즉 '섬'에서 찾을 수 있다. 이곳은 시공간에서 매우 특별한 영역으로, 위에서 언급한 2019년 논문의 주제이기도 하다. 섬의 위치는 관측자가 수집한 복사의 양에 따라 결정된다. 시간 t가 페이지 시간보다 이르면 섬은 존재하지 않고, 페이지 시간을 넘겼을 때부터 모습을 드러내기 시작한다. 그렇다면 섬과 페이지 시간은 어떤 관계일까?

펜로즈 다이어그램에서 섬의 오른쪽 끝에 '양자극단표면Quantum Extremal Surface, QES'이라고 이름 붙인 지점이 있다. 앞서 보았던 모든 펜로즈 다이어그램에서 그랬듯이, 이 점은 공간 속의 구면에 대응된다.• 새로운 계산법에 의하면, 얽힘 엔트로피는 이 구의 표면적을 이용하여 다음과 같이 쓸 수 있다.

$$S_{\mathrm{R}} = \frac{\text{QES의 표면적}}{4} + S_{\mathrm{SC}}$$

• 우리의 펜로즈 다이어그램에서 하나의 점은 특정 시간의 한 점이 아니라, "특정 시간에 동일한 슈바르츠실트 반지름 R을 갖는 공간상의 모든 점"을 의미하며, 이 조건을 만족하는 집합은 구면이다.

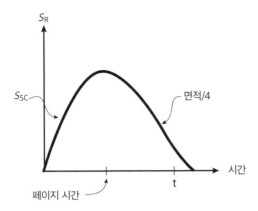

그림 14.5 섬 공식으로 계산된 복사 R의 얽힘 엔트로피 S_R. 놀랍게도 페이지 곡선과 거의 비슷하다(그림 12.3 참조).

여기서 S_{SC}는 호킹이 계산했던 호킹 복사의 얽힘 엔트로피인데, 보다시피 S_R과 중요한 차이가 있다. 즉, 얽힘 엔트로피를 올바르게 계산하려면 섬 안에 있는 '호킹 입자의 파트너'까지 고려해야 한다. 이것은 정말로 획기적인 변화가 아닐 수 없다. 호킹은 이 값을 계산할 때 '섬'의 존재를 미처 깨닫지 못한 것이다. 페이지 시간 이전, 즉 복사가 절반 이하로 진행된 시기에는 섬이 존재하지 않으므로 호킹의 계산이 정확하게 들어맞는다. 이것은 그림 14.5에서 페이지 곡선이 상승하는 부분과 같다. 그러나 페이지 시간 이후에는 섬이 나타나고, 사건지평선과 매우 가까운 곳에 섬의 QES가 존재하게 된다.

따라서 새로운 아이디어로 얽힘 엔트로피를 계산하려면 섬 안에 있는 호킹 입자를 고려해야 한다. 블랙홀 내부에 있는 이 입자들은 외부의 파트너와 재결합하여, 얽힘 엔트로피에 아무런 기여도 하지 않

는다.•

　일단 블랙홀 안에 섬이 형성되면 호킹 복사의 종 얽힘 엔트로피 S_R의 대부분은 방정식 우변의 첫 번째 항, 즉 'QES의 면적/4'가 차지한다. 그런데 QES가 사건지평선에 가깝기 때문에, 이 값은 블랙홀의 베켄스타인-호킹의 엔트로피와 거의 같다. 이제 블랙홀이 증발하면 사건지평선이 수축하여 QES의 면적도 줄어든다. 따라서 얽힘 엔트로피는 감소하기 시작하고, 블랙홀이 완전히 증발하면 QES의 면적(그리고 사건지평선의 면적)은 0이 되므로 얽힘 엔트로피도 0으로 사라진다. 이런 식으로 페이지 곡선은 페이지 시간 이후에 감소하면서 전체적으로 올바른 곡선이 얻어진다. 이 얼마나 아름다운 물리학인가!

　당신은 이렇게 느낄 수도 있다. "이거…… 원하는 결과를 얻어내려고 교묘하게 조작한 티가 너무 나는데?" 하긴, 얽힘 엔트로피의 감소 추세를 유도하기 위해 사건지평선 안에 있는 입자를 호킹 복사에 억지로 끼워 맞춘 것 같기도 하다. 테이블 위에 놓인 퍼즐 조각을 다른 테이블로 옮기면서 조각의 위치를 임의로 바꿨다는 느낌이 들 수도 있다. 앞에서 제시한 섬 공식이 오직 페이지 곡선을 재현하기 위해 고안된 것이라면 이런 비난을 들어 마땅하겠지만, 사실은 그렇지 않다. 섬 공식은 호킹이 처음에 사용했던 것과 똑같은 원리(양자물리학과 일반상대성이론)를 이용하여 유도할 수 있다. 다만 호킹은 섬의 출현을 암시하는 미묘한 수학적 특징을 간과한 것뿐이다.

─────────

• 얽힌 쌍 중 하나가 내부의 어떤 영역에 있고 그 파트너가 외부에 있으면, 이들은 해당 영역의 얽힘 엔트로피에 기여한다. 그러나 둘 다 안에 있거나 밖에 있으면, 해당 영역의 엔트로피에 아무런 기여도 하지 않는다.

페이지 곡선 계산법을 블랙홀 정보역설의 해결책으로 생각할 수도 있지만, 이것으로 끝내기는 너무 아깝다. 우리의 원래 목적은 블랙홀에서 정보가 빠져나가는 과정을 알아내는 것이었다. 최근 연구 결과를 보면, 물리학은 RT 추측 및 ER=EPR 추측과 밀접하게 관련되어 있는 것 같다.

섬의 의미 ─────

호킹 복사의 얽힘 엔트로피 공식과 류-다카야나기 공식은 놀라울 정도로 비슷하다. 혹시 여기에 기하학적인 얽힘이 숨어 있지 않을까? 답은 아무래도 "yes"인 것 같다. ER=EPR 추측으로 미루어볼 때, S_R 공식과 류-다카야나기 추측은 정확하게 같은 것처럼 보인다. 그림 14.6은 이 아이디어와 함께 늙은 블랙홀의 내부가 외부로 간주될 수 있는 이유를 도식적으로 표현한 것이다.

윗줄의 그림은 젊은 블랙홀로서, 그중 왼쪽 그림은 오른쪽에 있는 작은 펜로즈 다이어그램의 특정한 시간 구간을 내장형 다이어그램으로 나타낸 것이다.● 검은색과 회색 점으로 그려진 호킹 파트너 입자들이 미세한 웜홀을 통해 어떻게 연결되는지 주의 깊게 보기 바란다.

● 펜로즈 다이어그램에서 특정 시간 구간을 살짝 휘어진 (굵은) 곡선으로 그린 이유는 그림으로 나타낸 것 이외에도 다양한 가능성이 있기 때문이다. 중요한 것은 이 선이 상향으로 45도 이상 기울지 않는다는 것이다. 기울기가 45도를 넘으면 이 곡선은 '지금' 존재하는 '전체 공간'에 대응되지 않는다.

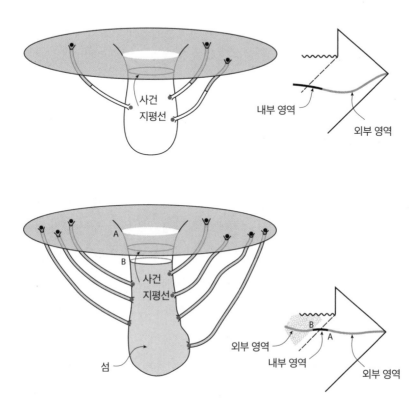

그림 14.6 섬 아이디어의 작동 원리. 이 그림으로 ER=EPR 추론과 류-다카야나기 추론이 모두 정당화된다. 늙은 블랙홀(아래 그림)은 '내부'의 대부분이 '외부'에 존재한다. 두 그림 모두 외부는 회색으로 칠해놓았으며, 점은 호킹 입자를 나타낸다. (도판 17 참고)

이것이 바로 ER=EPR 아이디어가 실현되는 방식이다.

이 입자들은 서스킨드와 말다세나가 제안했던 양자웜홀 중 하나를 통해 서로 연결된다. 연결이 이루어지면 내부와 외부의 구별이 불분명해진다는 것을 이해할 수 있겠는가? 외부 영역은 회색으로 칠해 놓았는데, 이렇게 보면 블랙홀에서 멀리 떨어진 평평한 영역을 외부로 간주하는 것이 자연스럽게 느껴진다. 그렇다면 웜홀의 내부 공간은 어떻게 되는가? 웜홀을 따라 외부에서 내부로 이동할 수 있을 것 같긴 한데, 이런 경우 내부와 외부의 경계선을 어디에 그려야 하는가? 그 답은 류-다카야나기의 아이디어에서 찾을 수 있다. 웜홀을 두 영역으로 나누면서 단면적이 가장 작은 부분을 찾으면 된다. 젊은 블랙홀의 경우, 가장 좁은 단면은 아마도 웜홀의 중간 어딘가에 있을 것이다.• 여기까지는 그다지 이상한 구석이 없다. 그러나 블랙홀이 늙으면 웜홀이 훨씬 많아지고, 류-다카야나기 표면은 양자극단표면QES이 된다(그림 14.6의 아래 그림에서 B로 표현되어 있다). QES와 곡선 A 사이의 영역은 내부이고, 회색으로 표현된 나머지 부분은 외부에 해당한다. 그리고 '섬'은 외부로 간주되어야 할 내부 영역의 일부가 된다.

이상이 "블랙홀이 증발하면서 정보가 외부로 방출되는 과정에 대한 물리적 시나리오"의 출발점이다. 그런데 이 시나리오에 등장하는 특이점은 이전보다 훨씬 이상하다. 그림 14.6에서 블랙홀의 내부를 보면, 특이점은 "외부와 연결된 웜홀의 양자 네트워크"로 대체된

• 작은 웜홀에 대해 아직 알려진 것이 없으므로 순전히 추측일 뿐이다. 그러나 S_R에 관한 공식은 이 추측과 무관하다.

것 같다. 5장에서 블랙홀 내부로 진입한 용감한 우주인들은 한결같이 특이점에서 최후를 맞이했다. 그러나 새로운 시나리오를 액면 그대로 받아들인다면, 시간의 끝이 정말로 우주인의 미래에 존재하는지 묻지 않을 수 없다. 당신이 그 우주인 중 한 명이라고 상상해보라. 당신은 별다른 변화를 느끼지 못한 채 사건지평선을 통과했는데…….
그다음에는 과연 어떤 운명이 당신을 기다리고 있을까? 그림 14.6에 의하면 당신은 웜홀 네트워크를 만나고, 조력 때문에 몸이 분해되어 뒤섞이고, 당신과 관련된 정보는 호킹 복사에 실려 웜홀을 통해 방출될 것이다.

15장

완벽한 코드

물리적 세계에 존재하는 모든 만물은
깊은 저변에(아주, 아주 깊은 저변에) 비물질적인 근원을 갖고 있다.
우리가 '현실'이라고 부르는 것은 "yes"나 "no"로 답이 주어지는
질문을 던진 후, 실험 장비로 찾은 답을 분석해서 얻은 결과일 뿐이다.
간단히 말해서, 모든 물리적 사물은 정보이론적인 기원을 갖고 있으며,
이것이 바로 '참여우주participatory universe'다.
_존 아치볼드 휠러[1]

쇼 전체는 하나로 연결되어 있으며…….
_존 아치볼드 휠러[2]

시간과 공간은 사물이 아니라 '사물의 순서'이며…….
_고트프리트 빌헬름 라이프니츠

결국 핵심은 "양자적 얽힘"이었다. 지금까지 우리는 블랙홀에서 새어 나오는 정보를 추적하면서 얽힘에 대해 많은 이야기를 나눴는데, 왠지 결론은 "얽힘이 공간을 만든다"는 쪽으로 기우는 듯하다. 지

금부터 내가 하려는 이야기의 골자는 얽힘으로부터 만들어진 공간이 매우 견고하다는 것이다. 무너지기 쉬운 공간에서 살고 싶은 사람은 없을 테니, 모두에게 좋은 소식이다.

양자적 얽힘은 양자컴퓨터의 핵심 원리이기도 하다. 양자컴퓨터에서 얽힘은 주변 환경에 의해 손상되기 쉬운 정보를 견고하게 유지하는 중요한 수단이다. 이것을 흔히 '양자 오류 수정quantum error correction'이라 하는데, 양자컴퓨터의 신뢰도를 높이는 데 반드시 필요한 과정이다. 언뜻 생각하면 컴퓨터를 만드는 일은 공간의 출현과 완전히 무관한 것처럼 보이지만, 사실 이 두 가지는 놀라운 공통점을 갖고 있다. 양자공학자가 큐비트를 조합해서 양자컴퓨터를 만들듯이, 공간도 양자적 얽힘의 조합처럼 보이기 때문이다. 최근 들어 양자컴퓨팅과 현실 세계가 어떤 식으로든 연결되어 있다는 주장이 물리학계에 떠돌기 시작했다. 그 똑똑하다는 물리학자들이 이런 황당무계한 주장에 설득된 이유를 알아보는 것이 마지막 장의 주제다.

시공간의 소스 코드 ───────

그림 15.1은 "얽힌 양자이론이 경계에 존재하는 반-드지터 시공간"의 조각을 푸앵카레 디스크로 나타낸 것이다. 그림에서 경계선은 A, B, C 세 부분으로 나뉘어 있는데, 일단은 A에 집중해보자. 류-다카야나기 추측에 의하면 A와 B, C의 얽힘 엔트로피는 두 영역을 나누는 가장 짧은 선의 길이와 같다. 그런데 이 AdS 시공간에서 가장 짧은

선은 직선이 아니라 곡선이다. 홀로그래피 원리에 의하면 경계(A, B, C)에서 무슨 일이 일어나는지 알면 내부와 관련된 모든 것을 알 수 있다. 그리고 A에서 일어나는 일을 알면, 회색으로 칠한 영역에서 일어나는 일도 알 수 있다(이유는 분명치 않지만, 어쨌거나 증명은 되어 있다). 전문용어로는 회색 영역을 'A의 양자분할quantum wedge'이라 한다. A에서 정의된 양자이론이 회색의 '분할 구역'에서 일어나는 모든 것을 결정하기 때문이다. 지금까지 한 이야기는 B와 C에도 똑같이 적용된다. 이제 디스크의 가운데 근처에 있는 점 하나를 생각해보자. 왼쪽 디스크를 보면 이 점은 B와 C 영역에 인코딩되어 있고, 가운데 디스크에서는 A와 C, 오른쪽 디스크에서는 A와 B에 인코딩되어 있다. 이 세 가지 서술이 모두 맞으려면, 점과 관련된 정보가 중복적으로 인코딩되어야 한다. 즉, 영역 A를 지워버려도 점에서 무슨 일이 일어나는지 알 수 있어야 한다는 뜻이다(B나 C를 지워도 마찬가지다). 단, 두 영역을 지우면 점을 복원할 수 없다. 꽤 흥미로운 이야기다. 점의 주변 영역과 관련된 정보는 단 하나의 영역(A 또는 B 또는 C)에 저장되는 것이 아니라, 임의의 두 영역에 걸쳐 중복적으로 저장된다. 이처럼 '강력한 정보

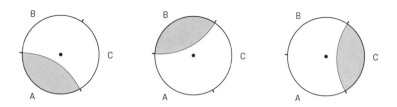

그림 15.1 평범한 분할 퍼즐wedge puzzle의 예.

분배'를 가능하게 만들어주는 것이 바로 양자적 얽힘이다.

홀로그래피 원리에 의하면 내부 공간을 인코딩하는 데 필요한 정보는 마구 뒤섞인 채 경계를 넘어 퍼져나가기 때문에 복원하기가 매우 어렵지만 파괴되는 경우는 거의 없다. 이것은 컴퓨터과학자들이 양자컴퓨터에 필요한 핵심 기술을 발견한 것과 매우 비슷하다. 현재 세계에서 가장 큰 양자컴퓨터는 약 100개의 큐비트로 이루어진 네트워크를 통해 작동한다. 큐비트의 수를 N이라 했을 때 계산이 수행되는 '공간'은 2^N에 비례하기 때문에, 이 공간에서 양자적 얽힘을 정보의 소스로 활용하는 양자컴퓨터는 실로 엄청난 잠재력을 갖고 있다. 100큐비트짜리 양자컴퓨터는 기존의 슈퍼컴퓨터로 우주의 나이(약 140억 년)보다 오래 걸리는 계산을 단 몇 분 만에 끝낼 수 있다.

대형 양자컴퓨터를 만들기가 어려운 이유는 큐비트가 주변 환경과 쉽게 얽히면서 어렵게 담아놓은 정보가 외부로 새어 나가기 때문이다. 이렇게 되면 양자컴퓨터는 당연히 작동하지 않는다. 그렇다고 양자컴퓨터를 주변 환경으로부터 완벽하게 격리하기란 사실상 불가능하므로, 차선책으로 컴퓨터 프로그램에 필요한 주요 큐비트가 망가지지 않도록 보호하는 수밖에 없다. 간단히 말해서, "쉽게 파괴되지 않는 정보 인코딩 방법"을 개발해야 한다는 뜻이다. 양자적 얽힘을 이용하여 정보를 견고하게 인코딩하는 과정을 양자 오류 수정이라 한다.

고전적인 오류 수정은 그다지 특별한 기술이 아니다. 예를 들어 QR코드에는 정보의 복사본이 여러 번 인코딩되어 있어서, 코드의 상당 부분이 파손돼도 손상된 정보를 쉽게 복원할 수 있다. 그러나 양자컴퓨터는 정보의 복사본을 만들 수 없다. 앞서 언급했던 복제 불가 정리(양자정보는 복제가 불가능하다는 정리) 때문이다. 이 문제를 해결하려면 중요한 정보를 복사하는 대신 중복적으로 인코딩하는 양자회로를 개발해야 할 뿐만 아니라, 주변 환경과의 상호작용을 최소화하는 방법까지 고안해야 한다. 상호작용을 최소화한다는 것은 정보를 뒤섞어서 주변 환경으로부터 기밀을 유지하는 것과 같다. 이런 점에서 볼 때, 주변 환경은 중요한 정보를 가로채려는 해커와 비슷하다. 해커가 정보를 가로채려면 암호를 풀어야 하는 것처럼, 주변 환경이 큐비트에 담긴 정보를 파괴하려면 정보가 인코딩된 방식을 알아야 한다. 그러므로 정보는 복잡하게 뒤섞일수록 환경에 대한 내성이 강해진다. 아래 박스 글에는 비양자적인 계에서 중복적이고 비국소적으로 정보를 인코딩하는 방식이 소개되어 있으니, 관심 있는 독자들은 읽어보기 바란다.

정보 인코딩

세 자리 숫자 abc를 코드(암호)로 만들어보자. 한 가지 방법은 이차함수 $f(x)=ax^2+bx+c$를 이용하는 것이다. 암호를 해독하려면 a, b, c의 값을 모두 알아야 한다. 이 정보를 숨기는 방법은 한 무리의 암호전달자에게 저마다 다른 x값과 그에 대응하는 $f(x)$의 값을 알려주는 것이다. 나중에 세 명을 임의로 골라서 x와 $f(x)$를 물어본 후, 원래 함수에 대입하면 a, b, c의 값을 알 수 있다. 이 방법은 "세 명을 고르는 방법이 매우 많으므로" 중복적이고, "모든 사람에게 똑같은 규칙(함수)에 따라 숫자를 제공했으므로" 비국소적이다. 암호전달자 중 상당수가 실종되는 악재가 발생해도 단 세 명만 무사하면 정보를 복원할 수 있다.

양자컴퓨터 설계자들에게 주어진 가장 큰 과제는 큐비트(또는 큐비트 다발)를 더 큰 큐비트 블록 안에 효율적으로 인코딩하는 장치를 개발하는 것이다. 이런 장치가 있어야 외부 큐비트가 주변 환경에 의해 손상되었을 때도 내부의 중요한 큐비트를 보호할 수 있다. 오류 수정이란 중복성과 보안성을 적절하게 조합하여 이 목표를 달성하는 것이다. 이로써 우리는 홀로그래피 원리와 양자컴퓨터의 연결고리를 이해할 수 있게 되었다. 앞서 말한 AdS/CFT•의 코딩도 결국은 중복성과 보안성의 이상적인 조합이기 때문이다.[3] 홀로그래피 원리에 의하면 내부 공간은 경계에 코드화되어 있고, 경계의 일부를 지워도 내부 정보는 손상되지 않는다. 즉, 코딩 방식이 다분히 중복적이다. 또한 양자적 얽힘을 통해 정보가 뒤섞이면서 비국소적으로 저장되기 때문에, 암호를 풀기가 결코 쉽지 않다. 내부 공간을 파괴하려면 (밴 람스동크의 생각대로) 경계의 상당 부분에 걸쳐 얽힘을 파괴해야 한다.

2015년에 페르난도 파스타우스키Fernando Pastawski와 베니 요시

• 양자 오류 수정과 AdS/CFT 사이의 관계는 2015년에 아흐마드 알므헤이리, 시 동Xi Dong, 대니얼 할로에 의해 처음으로 발견되었다.

다Beni Yoshida, 대니얼 할로Daniel Harlow, 존 프레스킬은 경계면에서 네트워크 내부 정보를 중복적으로 인코딩하는 '큐비트 네트워크 배열'을 고안했다.[4] 홀로그래피 원리에서 줄곧 주장해왔던 내용을 현실 세계에 구현한 것이다. 이들이 개발한 코딩은 "HaPPY 코드"로 알려져 있는데|Harlow and Pastawski, Preskill, Yoshida의 약자|, 개략적인 구조는 그림 15.2와 같다. 외부를 둘러싼 열린 원과 오각형 내부의 원은 큐비트를 나타낸다. 양자컴퓨터에서 경계에 있는 큐비트는 주변 환경에 의해 가장 손상되기 쉬운 큐비트이고, 오각형 안에 있는 것은 컴퓨터가 실제로 작동하는 데 필요한 큐비트로, 네트워크의 구조상 훨씬 안전하다. 오각형은 그 안에 있는 큐비트 여섯 개(주변 다섯 개와 자기 자신)를 얽힌 상태로 만들어주는 장치로서, 임의의 세 개가 다른 세 개와 최대한 얽히게 만드는 식으로 작동한다. 즉, 중앙의 큐비트에 인코딩된 정보는 주변 큐비트 중 최대 세 개를 지워도 굳건하게 보존된다.

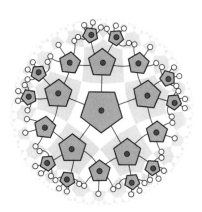

그림 15.2 HaPPY 홀로그래픽 오각형 코드.

그림 15.2는 여러 층의 오각형으로 이루어진 네트워크의 전형적 사례로서, 개개의 오각형이 연결된 방식은 푸앵카레 디스크의 쌍곡선 타일과 비슷하다(배경에 옅은 회색으로 그린 패턴과 비교해보라). 여기서 최외곽 큐비트를 새로운 오각형으로 옮기면 또 하나의 층을 추가할 수 있다. 그림에서는 외곽으로 갈수록 오각형이 작아지는 것처럼 보이지만, 실제로는 작아지지 않는다. 사실 오각형은 물리적 장치이므로, 모두 같은 크기로 만들 수도 있다. 중요한 것은 오각형으로 만들어진 네트워크의 형태인데, 그 기본 구조는 쌍곡기하학에 의해 결정된다. 이제 곧 보게 되겠지만, 쌍곡기하학을 통한 연결은 큐비트 네트워크의 중요한 특성 중 하나다.

HaPPY 코드의 흥미로운 성질 중 하나는 AdS/CFT(특히 류-다카야나기의 결과)의 가장 중요한 특징이 그대로 재현되어 있다는 점이다. 이 상황은 그림 15.3에 표현되어 있다. 여기서 검은 점은 큐비트를 나타낸다. 이제 가장자리에 매달려 있는 큐비트의 상태가 이미 알려져 있다고 가정해보자. 이들 중 세 개에서 나온 선이 오각형 안으로 연결되면 다른 두 큐비트의 상태를 알 수 있고, 오각형 중앙에 있는 큐비트의 상태도 알 수 있다. 바깥쪽 오각형 안에 있는 큐비트는 그와 인접한 안쪽 오각형과 연결되는데, 압력이 세 개 이하인 오각형에 도달할 때까지 안쪽으로 계속 들어가면 서로 연결된 모든 오각형의 큐비트 상태를 알 수 있다. 그러나 이 지점에 도달하면 더 이상 깊이 들어갈 수 없다. 가장자리에 있는 큐비트만으로는 더 이상 알 수 없는 한계가 존재하는 것이다. 이 단계에 도달했을 때 우리가 만난 선을 '탐욕측지선greedy geodesic'이라 하는데(그림 15.3의 점선 부분), 간단히 말

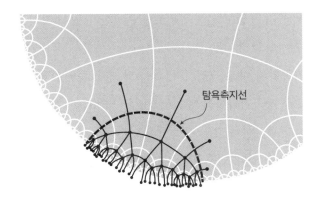

탐욕측지선

그림 15.3 탐욕측지선의 길이는 그것이 끊고 지나가는 네트워크 연결선의 수에 의해 결정된다. 가장자리에 매달린 (이미 알고 있는) 큐비트에서 출발하여 네트워크를 따라 안쪽으로 이동하면 오각형 안에 있는 내부 큐비트(검은 점)를 재현할 수 있다.

해서 "가장자리에 매달린 큐비트로 완벽하게 설명되는 내부 영역의 한계선"을 의미한다. 또한 이 선은 '매달린 큐비트'를 포함한 영역의 경계를 내부에서 연결하는 가장 짧은 선이기도 하다. 그런데 놀랍게도 경계 영역의 큐비트와 나머지 영역 큐비트들 사이의 얽힘의 양은 네트워크에서 탐욕측지선이 끊고 지나가는 연결선의 수와 같다. 이것은 류-다카야나기의 결과와 정확하게 일치한다.•

　여기서 가장 중요한 것은 HaPPY 코드가 큐비트 네트워크임에도 불구하고, 블랙홀 물리학의 속성을 그대로 갖고 있다는 점이다. 큐비트를 포함한 공간은 잊어버리고, 그냥 HaPPY 코드 자체만 놓고 생각

• 여기서 "탐욕greedy"이란 현 상황에서 가장 최선이라고 판단되는 선택을 한다는 뜻이다.—옮긴이

해보자. 이제 공간은 없고 얽힌 큐비트만 존재한다. 앞서 말한 대로 모든 코드는 기하학의 언어로 동일하게 서술할 수 있다. 푸앵카레 디스크의 쌍곡기하학이 바로 그것이다. 다시 말해서, 큐비트를 연결하는 방식은 새로운 쌍곡기하학을 낳는다. 또한 '거리'라는 개념은 네트워크에서 우리가 절단한 링크의 수로 나타난다. 즉, 거리는 절단된 링크의 수로 정의할 수 있다. 선뜻 믿어지지 않겠지만, 우리가 속한 공간은 현재 실험 장비로 도저히 감지할 수 없는 초미세 양자 단위의 얽힌 네트워크로 구성되어 있는 것 같다. 눈으로 볼 수는 없지만, 우리는 이 얽힌 단위가 공간을 포함하여 눈에 보이는 물리적 현상을 낳는 방식에는 꽤 민감한 편이다. 이 정도면 매우 놀라운 발전이다. 존 아치볼드 휠러가 살아 있다면 분명히 쌍수를 들고 환영했을 것이다.

그렇다면 현실이란 무엇인가? ─────────

혹시 우리가 거대한 양자컴퓨터 속에 살고 있는 것은 아닐까? 그럴지도 모른다. 이 황당한 추측이 사실임을 보여주는 증거가 나날이 쌓여가고 있다. 지난 여러 해 동안 블랙홀은 특유의 베일로 자신을 단단히 여민 채 이론물리학자들을 궁지로 몰아넣었다. 그러나 최근 10년 사이에 빠르게 발전한 양자정보이론 덕분에 이해의 폭이 넓어지면서 "홀로그래피는 분명히 존재하며, 양자 오류 수정과 매우 비슷하다"는 여론이 형성되고 있다.

우주가 거대한 양자컴퓨터를 닮았다면, 그 속에서 살아가는 우리는 초지능 컴퓨터에서 진행되는 거대한 게임 속의 자잘한 캐릭터에 불과한가? 그렇지는 않을 것이다. 가능성이 전혀 없는 것은 아니지만, 굳이 그런 식으로 자신을 폄하할 필요는 없다. 우리는 순수과학 중에서도 가장 순수한 양자중력이론을 찾다가 세상의 더 깊은 곳을 잠시나마 엿보았고, 이곳을 계속 파고들다 보면 언젠가는 완벽하게 작동하는 양자컴퓨터도 만들 수 있을 것이다. 근거 없는 자신감이 아니다. 이런 일은 과거에도 여러 번 있었다. 우리는 아득한 옛날부터 자연이 활용해온 기술을 뒤늦게나마 발견하여 일상생활에 응용해왔다. 인간도 분명히 자연의 일부이니, 자연의 기술이 인간에게 유용한 것은 별로 놀라운 일이 아니다. 아마도 최고의 교사는 자연 자체인 것 같다.

양자컴퓨터와 양자중력 사이의 예상치 못한 연결고리는 우리에게 새로운 가능성을 제시해준다. 몇 년 전만 해도 물리학자들은 양자중력을 실험으로 확인하는 것이 현실적으로 불가능하다고 생각했다. 그러나 양자컴퓨터를 이용하면 실험실에서 블랙홀의 물리학을 눈으로 확인할 수 있다. 게다가 두 분야 사이의 영향은 일방통행이 아니라 양방향으로 흐른다. 블랙홀에 대한 학술적 연구와 대형 양자컴퓨터 개발 프로젝트 사이에는 중복된 영역이 꽤 많이 있다. 양자컴퓨터는 단기적인 경제 문제뿐만 아니라 전 인류의 장기적인 미래에 엄청난 이익을 안겨줄 것이다. 오늘날 디지털 컴퓨터가 없는 세상을 상상할 수 없는 것처럼, 양자컴퓨터가 없는 세상을 상상하기 어려운 날이 곧 찾아올 것이다.

이것이 연구를 계속해야 하는 궁극적인 이유다. 과학 역사상 가장 중요한 두 가지 문제가 밀접하게 연관되어 있으니, 이보다 좋은 기회가 또 어디 있겠는가? 양자컴퓨터 개발과 양자중력 연구는 더할 나위 없이 일맥상통하는 프로젝트다. 그래서 우리는 두 분야를 최선을 다해 육성해야 한다.

"무한히 높은 저곳에 하늘과 별이 있음을 기억하라. 그러면 당신의 삶은 더욱 황홀해질 것이다." 19세기 말에 살았던 빈센트 반 고흐Vincent Van Gogh가 남긴 말이다. 블랙홀은 지난 100년 동안 최고의 물리학자들을 매료시켰다. 물리학은 이해와 매혹을 모두 추구하는 과학이기 때문이다. 무한히 넓고 먼 하늘을 이해해보려고 애를 쓰다 보니 이상하고 아름다운 도깨비 나라, 홀로그래피 우주에 도달했다. 반고흐의 통찰이 새삼 위대하게 느껴지는 대목이다. 웅장하고 신기한 것을 좇다가 매혹적인 무언가를 발견하는 것은 아마도 필연적인 결과인 듯하다. 그리고 이렇게 발견한 매혹적 대상은 예외 없이 우리에게 엄청난 이득을 안겨주었다.

감사의 글

이 책이 완성될 때까지 물심양면으로 도와준 가족과 동료, 친구들에게 깊이 감사드린다. 특히 다양한 토론을 거치면서 우리에게 깊은 영감을 심어준 밥 디킨슨Bob Dickinson과 잭 홀긴Jack Holguin, 티머시 홀러우드, 로스 젠킨슨, 마크 랭커스터Mark Lancaster, 게라인트 루이스Geraint Lewis, 크리스 모즐리Chris Maudsley, 피터 밀링턴Peter Millington, 제프리 페닝턴에게 각별한 감사를 전한다. 우리에게 중요한 자료를 제공해준 맨체스터대학교와 왕립학회의 관계자들에게도 깊이 감사드린다.

마일스 아치볼드Myles Archibald와 하퍼콜린스의 편집팀, 다이앤 뱅크스Diane Banks, 마틴 레드펀Martin Redfern, 수 라이더Sue Rider에게도 감사의 말을 전하고 싶다.

그리고 무엇보다도 가족들, 마리에케, 플로렌스, 이저벨, 레니, 틸리, 지아, 조지, 모…… 모두에게 깊은 감사와 사랑을 보낸다.

옮긴이의 말

시베리아에 위치한 하카스 자치공화국에는 "카시쿨락스카야"라는 동굴이 있다. 근처 지형이 험준하고 입구가 워낙 좁아서 사람들이 즐겨 찾는 곳은 아니다. 그런데 1965년 스무 명으로 구성된 탐사대가 이 동굴에 들어갔다가 여성 대원 두 명만 빼고 모두 실종됐고, 몇 년 후에는 젊은 학생들이 견학차 방문했다가 유령을 보고 혼비백산하여 동굴을 뛰쳐나온 일도 있었다(이들 중 한 명은 이상한 일기를 남기고 얼마 후 사망했다). 1993년에 러시아의 임상의학자 알렉산더 트로피모프 박사가 진상을 규명하겠다며 네 명의 과학자와 함께 동굴을 방문했는데, 주기적으로 변하는 강한 자기장이 관측되었을 뿐 별다른 이상 징후는 없었다. 다만, 동굴 안에는 꽤 오래된 제단이 있었고 희생제물로 바쳐진 듯한 생명체의 흔적도 발견되었다. 그곳 주민들은 "동굴 안에 하카스족 주술사의 영혼이 살고 있다"며 자신들은 동굴 근처에도 가지 않는다고 했다. 그러나 카시쿨락스카야 동굴은 모험을 즐기는 사람들에게 더없이 좋은 탐사지여서, 2000년대 초부터 세계적인 관광명소가 되었다. 알려진 게 적을수록, 위험 요소가 많을수록 궁금증이 커지고, 궁금증은 모험심을 자극하기 때문이다.

이 책의 주제는 블랙홀이다. 일단 이름부터 음침하고, 가까이 가면 큰일 날 것 같은 것이 "우주의 카시쿨락스카야 동굴"을 연상케 한다. 또한 소수의 탐험가(물리학자)들에게 각별한 사랑을 받는 것도 그렇고, 세상에 처음 알려졌을 때 공포의 대상으로 부각된 것도 비슷하다. 그러나 블랙홀은 카시쿨락스카야 동굴과 근본적으로 다른 점이 있다. 처음에 과학자들은 순수한 호기심으로 블랙홀을 탐구했지만, 지금은 블랙홀에서 우주의 기원과 시공간의 근본적 특성을 유추하는 수준까지 도달했다. 마치 미지의 동굴을 탐험하다가 지각, 맨틀, 핵의 구조를 알아내고 지구 탄생 시나리오까지 쓸 수 있게 된 격이다. 과거 한때 "우주 최강의 깡패"쯤으로 여겼던 블랙홀이 우주와 시공간의 비밀을 품고 있었던 것이다. 사실 따지고 보면 그리 놀라운 일도 아니다. 블랙홀을 이해하려면 일반상대성이론과 양자역학, 그리고 열역학까지 알아야 하는데, 이 정도면 물리학이 거의 총동원된 셈이므로 그에 걸맞은 결과가 얻어지는 건 어찌 보면 당연한 일이다.

나는 과거에 이 책의 저자 중 한 명인 브라이언 콕스(할리우드 중견 영화배우와 동명이인임. 헷갈림 주의!)의 책을 몇 권 번역한 적이 있다. 그때도 느낀 사실이지만, 역시 콕스는 두루뭉술한 설명으로 만족하지 않고 최상의 디테일을 추구하는 것 같다. 사실 교양물리학 책에서 설명의 해상도를 높이다 보면 어쩔 수 없이 부담스러운 수학에 도달하게 되고, 대부분은 이 단계에서 참고문헌을 들이밀며 슬쩍 발을 뺀다. 관광객을 강변까지 안내하고는 알아서 헤엄쳐 건너라는 식이다. 그러나 콕스는 자신이 직접 노를 저으며 기어이 독자들을 강 건너편으로 데려다준다. 그리고 수학이라는 험준한 강을 건너면서 물에 흠뻑 젖은 독자들은 그곳에 차려진 진수성찬을 음미하며 가이드에게 기꺼이 별점 다섯 개를 준다(실제로 아마존에서 판매 중인 그의 책에는 대부분 별 다섯 개가 붙어 있다). 펜로즈 다이어그램, 슈바르츠실트 해, 커 블랙홀, 시간꼴 미래 무한대 등등…… 블랙홀에 관심 있는 독자라면 한 번쯤 들어본 용어일 텐데, 그동안 강 건너편에서 망원경으로 구경만 해왔다면 이 책을 통해 직접 답사해볼 것을 권한다. 콕스의 설명은 그 정도로 디테일하면서 현장감이 살아 있다.

블랙홀은 중력의 산물이므로 전체적인 얼개는 아인슈타인의 일반상대성이론을 통해 서술된다. 그러나 1974년에 스티븐 호킹이 "블랙홀 복사이론"을 발표하면서 블랙홀은 중력 무대뿐만 아니라 양자역학 무대에도 동시에 출연하는 귀한 몸이 되었고, 양자역학과 중력을 결합한 양자중력이론을 검증하는 최적의 모델로 떠올랐다. 그리고 1997년에 후안 말다세나라는 슈퍼스타가 "반-드지터 공간에서 정의된 중력이론은 그 경계면에서 정의된 양자이론과 동일하다"는 홀로그래피 원리를 발표함으로써, 중력이론과 양자이론의 이중적 관계duality가 만천하에 드러났다. 이 모든 시나리오의 출발점이 블랙홀이었으니, 결국 블랙홀은 물리학자에게 새로운 언어를 선사한 일등 공신인 셈이다.

저자는 책의 말미에 양자적 얽힘quantum entanglement을 도입하여,

"중력과 양자이론은 얽힘을 통해 연결되었을지도 모른다"는 과감한 추측을 내놓았다. 이것이 사실이라면 중력은 양자적 얽힘에 의해 결정되며, 심지어 시공간 자체도 근본적인 양이 아니라 양자적 얽힘의 산물일 수도 있다. 블랙홀에서 출발하여 얻은 것치고는 정말 엄청난 결과다. 게다가 시공간은 우주의 삼라만상이 펼쳐지는 배경이니, 우주 자체가 거대한 양자컴퓨터일지도 모른다. 생각이 지나치게 앞서간다고? 아니다. 따지고 보면 그렇지도 않다. 이런 것은 SF 작가들이 이미 옛날에 써먹은 시나리오이기 때문이다. 그들의 탁월한 상상력에 새삼 고개가 숙여진다.

혹시 카시쿨락스카야 동굴 속에 지구의 비밀이 숨겨져 있는 건 아닐까? 블랙홀처럼 끈질기게 파고들어가다 보면 지구를 포함한 모든 행성의 비밀이 낱낱이 밝혀지지 않을까? 번역 내내 미스터리한 세계에서 헤매다 보니, 별의별 망상이 다 떠오른다.

박병철

주

1장

1 Hawking, S. W. and Ellis, G. F. R. (1973), *The Large Scale Structure of Space-Time* (Cambridge University Press, Cambridge).

2 Einstein, A. (1939), 'On a Stationary System with Spherical Symmetry Consisting of Many Gravitating Masses', *Ann. Math. Second Series*, 40(4):922–936.

3 Montgomery, C., Orchiston, W. and Whittingham, I. (2009), 'Michell, Laplace and the Origin of the Black Hole Concept', *J. Astron. Hist. Herit.*, 12(2):90–96.

4 Fowler, R. H. (1926), 'On Dense Matter', *MNRAS*, 87:114–122.

5 Chandrasekhar, S. (1931), 'The Maximum Mass of Ideal White Dwarfs', *Astrophys. J.*, 74:81–82.

6 Oppenheimer, J. R. and Snyder, H. (1939), 'On Continued Gravitational Contraction', *Phys. Rev. Lett.*, 56:455.

7 Wheeler, J. A. with Ford, K. (2000), *Geons, Black Holes, and Quantum Foam. A Life in Physics* (W. W. Norton & Co., New York).

8 Fuller, R. W. and Wheeler, J. A. (1962), 'Causality and Multiply Connected Space-Time', *Phys. Rev.*, 128:919–929.

9 Penrose, R. (1965), 'Gravitational Collapse and Space-Time Singularities', *Phys. Rev. Lett.*, 14:57.

10 Hawking, S. W. (1974), 'Black Hole Explosions?', *Nature*, 248: 30–31.

11 Wigner, Eugene P. (1960), 'The Unreasonable Effectiveness of Mathematics in the Natural Sciences', *Comm. Pure Appl. Math.*, 13:1, 1–14.

2장

1 Taylor, E. F., Wheeler, J. A. and Bertschinger, E. W. (2000), *Exploring Black Holes* (Pearson, New York).

2 Page, D. N. (2005), 'Hawking Radiation and Black Hole Thermodynamics', *New J. Phys.*, 7:203.

3 Hawking, S. W. (1975), 'Particle Creation by Black Holes', *Comm. Math. Phys.*, 43:199–220.

4 Misner, C. W., Thorne, K. S. and Wheeler, J. A. (1973), *Gravitation* (Princeton University Press, Princeton).

5 Hafele, J. C. and Keating, R. E. (1972), *Science*, 177(4044):168.

4장

1 Misner, C. W., Thorne, K. S. and Wheeler, J. A. (1973), *Gravitation* (Princeton University Press, Princeton).

5장

1 Hamilton, A. J. S. and Lisle, J. P. (2008), 'The River Model of Black Holes', *Am. J. Phys.*, 76:519–532.

6장

1 Einstein, A. and Rosen, N. (1935), 'The Particle Problem in the General Theory of Relativity', *Phys. Rev.*, 48:73.

2 Taylor, E. F., Wheeler, J. A. and Bertschinger, E. W. (2000), *Exploring Black*

Holes (Pearson, New York).

3   Morris, M., Thorne, K. and Yurtsever, U. (1988), 'Wormholes, Time Machines and the Weak Energy Condition', *Phys. Rev. Lett.*, 61(13):1446–1449.

7장

1   Hawking, S., Thorne, K., Novikov, I., Ferris, T., Lightman, A. and Price, R. (2002), *The Future of Spacetime* (W. W. Norton & Co., New York).
2   Droz, S., Israel, W. and Morsink, S. M. (1996), 'Black Holes: the Inside Story', *Phys. World*, 9(1):34.

8장

1   Chandrasekhar, S. (1987), *Truth and Beauty* (University of Chicago Press, Chicago).

9장

1   Wheeler, J. A. with Ford, K. (2000), *Geons, Black Holes, and Quantum Foam. A Life in Physics* (W. W. Norton & Co., New York).
2   Abbott, J. (1879), 'The New Theory of Heat', *Harper's New Monthly Magazine*, XXXIX.
3   Atkins, P. (2010), *The Laws of Thermodynamics: A Very Short Introduction* (Oxford University Press, Oxford).
4   1870년 12월 6일에 제임스 클러크 맥스웰이 존 윌리엄 스트럿John William Strutt 레일리 남작에게 보낸 편지.
5   Goodstein, D. L. (2002), *States of Matter* (Dover Publications, New York).
6   Feynman, R. P. (1997), *The Character of Physical Law* (Random House, New York).

10장

1   Hawking, S. W. (1974) 'Black Hole Explosions?', *Nature*, 248: 30–31.
2   Bardeen, J. M., Carter, B. and Hawking, S. W. (1973), 'The Four Laws of Black Hole Mechanics', *Comm. Math. Phys.*, 31(2):161–170.

3 Hawking, S. W. (1974) 'Black Hole Explosions?', *Nature*, 248: 30–31.

11장

1 Proceedings of the third International Symposium on the Foundations of Quantum Mechanics, Tokyo, 1989.

2 Fulling, S. A. (1973), 'Nonuniqueness of Canonical Field Quantization in Riemannian Space-Time', *Phys. Rev., D.*, 7(10): 2850. Davies, P. C. W. (1975), 'Scalar Production in Schwarzschild and Rindler Metrics', *Phys. A.*, 8(4):609. Unruh, W. G. (1976), 'Notes on Black-hole Evaporation', *Phys. Rev. D.*, 14(4):870.

3 블랙홀의 상보성은 레너드 서스킨드와 라루스 톨라시우스Lárus Thorlacius, 그리고 존 어그럼John Uglum이 1993년에 발표한 논문을 통해 처음으로 도입되었다. Susskind, L., Thorlacius, L., Uglum, J. (1993), 'The Stretched Horizon and Black Hole Complementarity', *Phys. Rev. D.*, 48(8):3743. 이들이 참고한 논문은 아래와 같다. 't Hooft, G. (1990), 'The Black Hole Interpretation of String Theory', *Nucl. Phys. B.*, 335(1):138.

4 Susskind, L. (2008), *The Black Hole War* (Little Brown, New York).

12장

1 Nielsen, M. A. and Chuang, I. L. (2010), *Quantum Computation and Quantum Information* (Cambridge University Press, Cambridge).

2 Kwiat, P. G. and Hardy, L. (2000), 'The Mystery of the Quantum Cakes', *Am. J. Phys.*, 68(1):33–36.

3 Page, D. N. (1993), 'Information in Black Hole Radiation', *Phys. Rev. Lett.*, 71:3743.

13장

1 Almheiri, A., Marolf, D., Polchinski, J. and Sully, J. (2013), 'Black Holes: Complementarity or Firewalls?', *J. High Energy Phys.*, 2013(2).

2 Hayden, P. and Preskill, J. (2007), 'Black Holes as Mirrors: Quantum Information in Random Subsystems', *J. High Energy Phys.*, 2007(9):120.

3 Susskind, L. (1995), 'The World as a Hologram', *J. Math. Phys.*, 36:6377–6396.

4 Maldacena, J. (1998), 'The Large N Limit of Superconformal Field Theories and Supergravity', *Adv. Theor. Math. Phys.*, 2(4): 231–252.

14장

1 Penington, G. (2020), 'Entanglement Wedge Reconstruction and the Information Paradox', *J. High Energy. Phys.*, 2020(9):2.

2 Ryu, S. and Takayanagi, T. (2006), 'Aspects of Holographic Entanglement Entropy', *J. High Energy Phys.*, 2006(8):045.

3 Maldacena, J. and Susskind, L. (2013), 'Cool Horizons for Black Holes', *Fortsch. Phys.*, 61:781.

4 Einstein, A., Podolsky, B. and Rosen, N. (1935), 'Can Quantummechanical Description of Physical Reality be Considered Complete?', *Phys. Rev.*, 47(10):777.

5 Almheiri, A., Engelhardt, N., Marolf, D. and Maxfield, H. (2019), 'The Entropy of Bulk Quantum Fields and the Entanglement Wedge of an Evaporating Black Hole', *J. High Energy Phys.*, 2019(12):63. Penington, G., 'Entanglement Wedge Reconstruction and the Information Paradox', *J. High Energy Phys.*, 2020(9):2.

15장

1 Proceedings of the third International Symposium on the Foundations of Quantum Mechanics, Tokyo, 1989.

2 ibid.

3 Almheiri, A., Dong, X. and Harlow, D. (2015), 'Bulk Locality and Quantum Error Correction in AdS/CFT', *JHEP*, 04:163.

4 Pastawski, F., Yoshida, B., Harlow, D. and Preskill, J. (2015), 'Holographic Quantum Error-correcting Codes: Toy Models for the Bulk/Boundary Correspondence', *JHEP*, 06:149.

그림 출처

그림 **9.1**   Science History Images/Alamy Stock Photo

그림 **10.2** Copyright © Dean and Chapter of Westminster

그림 **12.1** Figure 1 from 'The Mystery of the Quantum Cakes', by P. G. Kwiat and L. Hardy, *American Journal of Physics*, 68:33–36(2000), https://doi.org/10.1119/1.19369. Reproduced here by permission of the authors.

그림 **13.2** M.C. Escher's Circle Limit I © 2022 The M.C. Escher(right) Company-The Netherlands. All rights reserved. www.mcescher.com

찾아보기

블랙홀

1판 1쇄 발행 2025년 4월 2일
1판 2쇄 발행 2025년 4월 25일

지은이 브라이언 콕스, 제프 포셔
옮긴이 박병철

발행인 양원석 **편집장** 김건희 **책임편집** 곽우정
디자인 형태와내용사이
영업마케팅 조아라, 박소정, 이서우, 김유진, 원하경

펴낸 곳 ㈜알에이치코리아
주소 서울시 금천구 가산디지털2로 53, 20층 (가산동, 한라시그마밸리)
편집문의 02-6443-8932 **도서문의** 02-6443-8800
홈페이지 http://rhk.co.kr 등록 2004년 1월 15일 제2-3726호

ISBN 978-89-255-7393-9 (03420)